普通高等教育  教材

土木工程结构试验与检测

TUMU GONGCHENG
JIEGOU SHIYAN YU JIANCE

赵来顺　张淑云　主编

化学工业出版社

·北京·

本书主要介绍土木工程结构试验与检测的基本理论和基本方法，内容包括概论、结构试验的荷载和加载方法、结构试验的量测技术、结构静载试验、结构动力试验、结构检测技术、结构试验的数据处理等。

　　本书可作为高等学校土木工程专业及相关专业高年级本科生与研究生的教材使用，也可作为从事结构工程的科研人员、试验人员和有关工程技术人员的专业技术参考书。

图书在版编目（CIP）数据

土木工程结构试验与检测/赵来顺，张淑云主编. —北京：化学工业出版社，2014.12（2023.8重印）

普通高等教育"十二五"规划教材

ISBN 978-7-122-21983-1

Ⅰ.①土… Ⅱ.①赵…②张… Ⅲ.①土木工程-工程结构-结构试验-高等学校-教材②土木工程-工程结构-检测-高等学校-教材 Ⅳ.①TU317

中国版本图书馆 CIP 数据核字（2014）第 231594 号

责任编辑：满悦芝　　　　　　　　　　　　　装帧设计：韩　飞
责任校对：宋　夏

出版发行：化学工业出版社（北京市东城区青年湖南街 13 号　邮政编码 100011）
印　　装：北京科印技术咨询服务有限公司数码印刷分部
787mm×1092mm　1/16　印张 14½　字数 361 千字　　2023 年 8 月北京第 1 版第 4 次印刷

购书咨询：010-64518888　　　　　　　　售后服务：010-64518899
网　　址：http://www.cip.com.cn

定　　价：45.00 元

前　言

　　土木工程结构试验与检测是土木工程专业的一门专业基础课，其任务是通过理论和实践性教学环节，使学生获得土木工程结构试验方面的基本知识和基本技能，初步掌握土木工程结构的检测方法，学会运用试验手段验证工程结构的计算理论，能够进行一般土木工程结构试验的规划和方案设计，并能进行试验与分析，为毕业后从事结构工程设计、科研及施工工作奠定良好的基础。

　　本教材根据土木类本科教学大纲要求编写，并配有《土木工程结构试验指导书》。教材内容注重理论与实践相结合，并结合编者在教学、科研、指导学生实验和大量土木工程结构试验及检测工作方面的经验，在阐明结构试验与检测技术基本原理的基础上，重点介绍基本试验与检测的方法，并力求反映近些年国内外最新的工程结构试验理论和试验方法，以适应本科教学的要求，并同时满足研究生教学及结构工程学科的科研人员和有关工程技术人员的参考需要。

　　本教材由西安科技大学赵来顺、张淑云、赵曼合编，其中第1、2章及第3章3.4～3.7节由赵来顺编写，第4、5、6章由张淑云编写，第7章及第3章3.1～3.3节由赵曼编写，全书由赵来顺负责统稿。另外，书中绘图、文字与例题校对工作由研究生白苗苗、王云、张艳、王印等完成，编者在此深表感谢。教材中借鉴和参考了有关兄弟单位的研究与应用成果，并得到西安科技大学教材建设项目支持，特此致谢。由于编者业务水平有限，书中难免有疏漏或不妥之处，敬请专家、同行和读者批评指正。

编　者
2014 年 12 月

目　　录

第1章 概 论

1.1 土木工程结构试验的作用及地位

土木工程结构试验是研究和发展工程结构理论的重要手段。早在1767年，由法国科学家容格密里完成的简支木梁试验，证明了梁受弯时并非全截面受拉，而是上缘受压，下缘受拉。容格密里这个定性的试验总结了人们一百多年的探索，给人们指出了发展结构强度计算理论的正确方向和方法，被誉为"路标试验"。1821年，法国科学家纳维叶进一步从理论上推导了受弯构件截面应力分布的计算公式，并经过二十多年的经验进行了验证，最终才得到了现在材料力学教科书上给出的正应力计算公式。纵观我国钢筋混凝土结构和砌体结构的计算理论发展史，几乎全部是以试验研究的直接结果作为基础的，从确定结构材料的力学性能到验证梁、板、柱等单个构件的计算方法，乃至建立复杂结构体系的计算理论，都离不开试验研究。另外，在近年来国内外蓬勃兴起的既有建筑物加固改造业中，通过结构试验与结构性能检测，可以准确地评定既有建筑物的可靠性，并为结构工程病害的成因分析及制定加固改造方案提供依据，同时也为研究和发展结构加固改造理论与技术提供了依据。由此可见，结构试验在工程结构学科的科学研究和技术创新中一直起着至关重要的作用，并具有较强的实践性。尽管近年来计算机的大量应用为工程结构的计算分析创造了条件，为结构理论的研究提供了方便，使结构试验不再是研究和发展结构理论的唯一方法。但由于实际结构的复杂性，特别在钢筋混凝土结构的塑性阶段性能、徐变性能、结构耐久性性能、钢结构的疲劳和稳定问题、结构的动力性能分析，以及力学模型的边界约束条件确定等方面，采用数值模拟分析法仍存在一定问题，还只有通过必要的实际结构试验研究才有可能解决技术难题。因此，结构试验仍然是结构理论研究和结构性能检测的主要手段。

与此同时，工程结构学科发展的要求又推动了结构试验与检测技术的发展和提高。随着超高层建筑、大跨度桥涵、海洋石油平台、地铁、隧道等各种土木工程结构的理论研究及设计方法的研究要求，尤其是结构抗震性能的研究要求，对结构整体工作性能、结构动力反应、结构非线性性能等问题的研究已日益突出，迫使结构试验由过去的单个构件试验向整体结构试验和足尺试验发展。目前各种伪静力试验、拟动力试验、振动台试验等已打破了结构静载试验和动力试验的界限，尤其利用计算机控制的结构试验技术，以及新型高性能传感器的应用和远程网络控制技术的应用，为实现荷载再现、数据采集、数据处理，以及整个试验过程控制提供了条件，使结构试验技术发生了根本性的变化。目前，在工程结构学科发展演变过程中形成的结构试验、结构理论与结构计算三级构成的新学科结构中，结构试验本身也成为一门真正的试验科学，今后将有更深入的发展。

综上所述，结构试验是结构理论发展的先驱和路标，是研究和发展结构理论的重要手段，同时，结构理论的研究要求又推动了试验技术的发展和提高。

1.2 土木工程结构试验的任务及分类

1.2.1 土木工程结构试验的任务

工程结构在外荷载作用下将产生各种反应。外荷载包括常见的恒荷载和活荷载，又包括地基基础的不均匀沉降，以及外界环境温度的

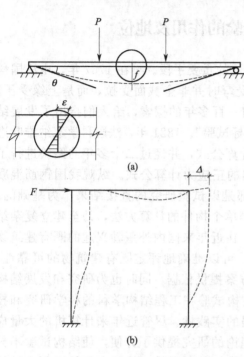

图 1-1 结构在不同荷载作用下的各种反应

变化等。结构反应即荷载效应，包括结构内力、应力、变形、转角、位移等。对由各种材料构成的结构构件或结构体系，其外荷载与结构反应可由结构试验联系起来，即由结构试验可得到结构反应，或由结构反应反求外荷载，或在已知外荷载和结构反应的情况下，可由结构试验结果修改或确定结构构件的材料、截面特征以及结构体系。如图 1-1(a) 所示，钢筋混凝土简支梁在静荷载 P 作用下，可通过结构试验测得梁在不同受力阶段的挠度、角变位、截面上纤维应变和裂缝宽度等参数，分析梁的整个受力过程及梁的强度、刚度和抗裂性能。如图 1-1(b) 所示，一个框架结构承受水平的动荷载作用时，同样可由结构试验测得结构的自振频率、阻尼系数、振幅（动位移）和动应变等反应参数，进而研究结构的动力特性和结构承受动力荷载作用下的动力反应状况，并根据结构的功能要求，反求合理的截面特征参数。另外，在结构抗震性能研究中，可通过结构在承受低周反复荷载作用下的伪静力试验，得到恢复力和变形关系的滞回曲线，分析结构的承载能力、刚度、延性、耗能及抗倒塌能力等。

由此可见，土木工程结构试验的任务就是在结构物或试验对象（实物或模型）上，利用试验仪器、设备为工具，以各种试验技术为手段，在荷载（重力、机械扰动力、地震力、风力或温度变形等）作用下，通过量测与结构工作性能有关的各种反应参数（变形、挠度、应变、振幅、频率等），从强度、刚度、稳定性和抗裂性，以及结构实际破坏形态来判断结构的实际工作性能，估计结构的承载能力，确定结构对使用要求的符合程度，并用以检验和发展工程结构的计算理论。

1.2.2 土木工程结构试验的分类

土木工程结构试验可按试验目的、试验对象、荷载性质、试验场合、试验时间等不同因素进行分类。

1.2.2.1 探索性试验和验证性试验

在实际工作中，根据不同的试验目的，结构试验与检测可分为探索性试验和验证性试验。

(1) 探索性试验 探索性试验是为科学研究及开发新技术（材料、工艺、结构形式）等

目的而进行的探讨结构性能和规律的试验。探索性试验具有研究、探索和开发的性质，故又称研究性试验、开发性试验。如为创造某种新型结构体系及其计算理论、为制定或修改结构设计规范提供依据，为发展和推广新结构、新材料与新工艺提供试验数据或实践经验，以及为对病害建筑的原因分析等所做的试验，均属探索性试验。

探索性试验的试验对象（试件或试验结构）是专门为试验研究而设计制作的，它不一定是研究任务中的具体结构模型，更多的是经过力学分析后抽象出来的模型。试件设计时，原则上应突出解决问题的关键和研究的主要因素，能反映研究任务中的主要参数，忽略一些对实际工作只有次要影响的因素，尽可能简化试验设备和试验装置。如开滦煤矿工业广场的受煤煤仓，主体结构为由筒壁、折形底板、圈梁和立柱组成的钢筋混凝土空间结构，1976 年唐山大地震中受煤煤仓被震塌。为研究煤仓受震倒塌的原因，设计制作了 1∶100 的有机玻璃煤仓结构试验模型，采用气压和重力（黄砂，用于模拟实际煤的荷载）两种加载方法，进行了缩小比例的弹性模型试验。通过试验，分析其在弹性工作阶段的内力及计算方法是否可靠，结构内部应力及总变形是否异常，并取得结构的自振频率等动力特性资料，为重新设计和建造提供依据。

探索性试验一般都是破坏性试验，而且主要在实验室内进行，需要使用专门的加载设备和数据测试系统，以便对受载试件的变形性能进行连续观察、测量和全面的分析研究，从而找出其变化规律，为研究设计理论和计算方法提供依据。

（2）验证性试验　验证性试验是为证实科研假定和计算模型、核验新技术（材料、工艺、结构形式）的可靠性等目的而进行的试验。验证性试验是非探索性的，一般是在比较成熟的设计理论基础上进行，如为验证结构计算理论某些假定的正确性所做的试验。又如在既有工程结构现场进行加载和量测的原位加载试验，得出检验结构构件是否符合结构设计规范及施工验收规范的要求，并对检验结果作出技术结论等，故又称鉴定性试验。

验证性试验的试验对象一般是真实的结构或构件。除特殊情况外，一般不做破坏性试验，且多为短期荷载试验。这类试验常用来解决以下几方面的问题：

① 验证结构计算理论的科学假定和计算模型的正确性。

② 检验结构的质量，说明工程的可靠性。对某些重要性建筑或采用新材料、新生产工艺及新设计计算理论而设计建造的建筑物或构筑物（如桥梁），在建成后需进行总体的结构性能检验，以综合评价其结构设计及施工质量的可靠性。

③ 产品质量检验。例如预制构件厂或建筑工地生产的预制构件，在出厂或吊装前均应对其承载力、刚度和变形性能进行抽样检验，以确定其结构性能是否满足结构设计和构件检验规范所要求的指标。

④ 判断既有建筑的实际承载力，为改造、扩建工程提供数据。当建筑物由于使用功能发生了变化（例如车间工艺流程的改变，设备的更新换代等），原有建筑物需要改扩建、加层或提高桥式吊车的起重能力或楼面承载能力时，往往需要通过试验实测及分析，从而确定原建筑物的结构潜力，为结构加固、改造提供依据。

⑤ 检验和鉴定既有建筑物的可靠性，推断其剩余寿命。建成并投入使用两年以上的建筑物称为既有建筑，这类建筑物经过几十年的使用，发生过异常变形或局部损伤，继续使用时人们对其安全性及可靠性持有怀疑。鉴定这类结构的性能首先应进行全面的科学普查，普查的方法包括观察、检测和分析，检测手段大多只能采用无损检测方法。在普查和分析基础上评定其所属安全等级，最后推算其可靠性或剩余寿命。这类鉴定工作应该按照国家有关建

筑物可靠性鉴定规范的规定进行。

⑥ 为处理工程事故提供依据。对因遭受地震、火灾、爆炸而损伤的结构，或在建造期间及使用过程中发生严重工程事故，产生了过度变形和裂缝的结构，都要通过试验为加固和修复工作提供依据。

1.2.2.2 原型试验和模型试验

根据试件大小可分为原型试验和模型试验。

(1) 原型试验 原型试验的试验对象是实际结构或者是按实物结构足尺复制的结构或构件。原型试验一般用于验证性试验，例如对于工业厂房结构的刚度试验、楼盖承载能力试验等均在实际结构上加载量测。另外，在高层建筑上直接进行风振测试和通过环境随机振动测定结构动力特性等均属此类试验。在原型试验中，另一类是足尺结构或构件的试验，如构件的足尺试验对象就是一根梁、一块板或一榀屋架之类的实物构件，它可以在实验室内试验，也可以在现场进行。由于建筑结构抗震研究的发展，国内外开始重视对结构整体性能的试验研究，通过对这类足尺结构物进行试验，可以对结构构造、各构件之间的相互作用、结构的整体刚度以及结构破坏阶段的实际工作性能进行全面观测了解。如西安建筑科技大学结构试验室可进行4层楼一个单元的足尺试验，日本曾在室内完成了7层房屋足尺结构的伪静力试验。还有些既有建筑物的扩建、改造或增层，为了判定原有结构的实际承载力，可从原结构上拆下具有代表性的物件（梁或板）进行加载试验，或在原结构上进行原位加载试验。

(2) 模型试验 由于原型试验投资大、周期长、测量精度受环境因素等影响，在经济或技术方面存在一定困难。因此，在结构方案设计阶段进行初步探索比较或对设计理论和计算方法进行科学研究时，可采用按原型结构缩小的模型进行试验。模型是仿照真型（真实结构）并按照一定比例关系复制而成的试验代表物，它具有实际结构的全部或部分特征，但尺寸却是比真型小得多的缩尺结构。

模型的设计制作与试验是根据相似理论，用适当的比例和相似材料制成与真型几何相似的试验对象，在模型上施加相似力系（或称比例荷载），使模型受力后重演真型结构的实际工作，最后按照相似理论由模型试验结果推算实际结构的工作状况。为此，这类模型要求有比较严格的模拟条件，即要求做到几何相似、力学相似和材料相似。如前述的唐山开滦煤矿的煤仓结构就是采用相似理论设计的有机玻璃模型进行试验的。建筑结构教学试验中，通过钢筋混凝土小梁验证受弯构件正截面的设计计算理论也属于模型试验，不过其不一定满足严格的相似条件而已。

1.2.2.3 静力试验和动力试验

按试验荷载的性质分为静力试验和动力试验。

(1) 静力试验 静力试验是结构试验中最大量、最常见的基本试验，一般可以通过重力或各种类型的加载设备来实现和满足加载要求。静力试验的加载过程是从零开始逐步递增一直到结构破坏为止，也就是在一个不长的时间段内完成试验加载的全过程，故称为结构静力单调加载试验。

静力试验的优点是加载设备相对比较简单，操作比较容易；荷载可以逐步施加，还可以停下来仔细观测结构变形的发展，给人们以最明确和清晰的破坏概念。缺点是不能反映荷载作用下的应变速率对结构产生的影响，特别是在结构抗震试验中与任意一次确定性的非线性地震反应相差较大。

近年来，为了探索结构的抗震性能，结构抗震试验无疑成为一种重要的研究手段。结构抗震静力试验是以静力的方式模拟地震作用的试验，它是一种控制荷载或控制变形作用于结构的周期性的反复静力荷载，为区别于一般单调加载试验，称之为低周反复静力加载试验，或称为伪静力试验。

（2）动力试验　对于主要承受动力作用的结构或构件，为了解结构在动力荷载作用下的工作性能，一般要进行动力试验。动力荷载与时间有关，而且荷载值也会改变，因此，动力试验需要通过动力加载设备直接对结构构件施加动力荷载。

动力试验中，由于荷载特性的不同，其加载设备和测试手段与静力试验有很大的差别，并且要比静力试验复杂得多。例如结构抗震性能试验研究中，除了用上述静力加载模拟以外，更为理想的是直接施加动力荷载进行试验。目前抗震动力试验需要用电液伺服加载设备或地震模拟振动台等专用设备来进行，其设备造价和试验经费较静力试验都昂贵得多。

1.2.2.4　短期荷载试验和长期荷载试验

按试验荷载作用时间长短分为短期荷载试验和长期荷载试验。

（1）短期荷载试验　对于主要承受静力荷载的结构构件，实际的荷载经常是长期作用的。但是在进行结构试验时限于试验条件、时间和基于解决问题的步骤，我们不得不大量采用短期荷载试验，即荷载从零开始施加到最后结构破坏或到某阶段进行卸荷的时间总和只有几十分钟、几小时或者几天。对于承受动力荷载的结构，即便是结构的疲劳试验，整个加载过程也仅在几天内完成，与实际工作有一定差别。对于爆炸、地震等特殊荷载作用时，整个试验加荷过程只有几秒钟甚至是微秒或毫秒，这种试验实际上是一种瞬态的冲击试验。严格地讲，这种短期荷载试验不能代替长年累月进行的长期荷载试验。这种由于具体客观因素或技术的限制所产生的影响，在分析试验结果时必须加以考虑。

（2）长期荷载试验　为了研究结构在长期荷载作用下的性能，如混凝土结构的徐变、预应力结构中钢筋的松弛等就必须进行静力荷载的长期试验。这种长期荷载试验也可称为持久试验，它将连续进行几个月或几年时间，通过试验获得结构变形随时间变化的规律。为了保证试验的精度，经常需要对试验环境有严格的控制，如保持恒温恒湿、防止振动影响等，当然这就必须在实验室内进行。如果能在现场对实际工作中的结构物进行系统、长期的观测，所积累和获得的数据资料对于研究结构的实际工作性能，进一步完善和发展工程结构的理论都具有极为重要的意义。

1.2.2.5　实验室试验和现场试验

根据试验地点的不同分为实验室试验和现场试验。

实验室试验具有良好的工作条件，可以应用精密和灵敏的仪器设备进行试验，具有较高的准确度，甚至可以人为地创造一个适宜的工作环境，以减少或消除各种不利因素对试验的影响，所以适宜于进行探索性试验。因此，实验室试验可以突出研究问题的主要方面，消除一些对试验结构实际工作有影响的次要因素。这种试验可以在真型结构上进行，也可以采用小尺寸的模型试验，并可以将结构一直加载到破坏。尤其近年来发展足尺结构的整体结构试验，大型实验室可为试验提供比较理想的条件。

现场试验由于客观环境条件的影响，不宜使用高精度的仪器设备来进行观测，相对而言，试验方法比较简单粗率，所以试验精度和准确度较差。现场试验多数用于解决生产性的问题，所以大量的试验是在生产和施工现场进行，有时研究或检验的对象就是已经使用或将要使用的结构物，它可以获得近乎完全实际工作状态下的数据资料。

1.2.2.6　其他

结构试验的类型除了按上述情况区分外，也可按结构试验的最终结果分为破坏性试验和非破损性试验。非破损性试验多用在现场工程质量检验及既有建筑物的性能检验；也可按试验对象的特征分为单个构件（或部件）和整体房屋（或构筑物）试验；也可按结构特点分为杆系结构试验、平面结构试验及空间结构试验等。

1.3　土木工程结构检测的任务及分类

土木工程结构检测是为评定工程结构的质量或鉴定既有工程结构的性能等所实施的检查和测试工作。检查是指利用目测了解结构或构件的外观情况，例如目测检查地基基础是否有沉降，结构是否有倾斜、开裂，混凝土结构表面是否有蜂窝、麻面，钢结构焊缝是否存在夹渣、气泡，连接节点是否有松动等，主要用于定性判断；测试是指通过工具或仪器测定结构构件的材料性能、几何特征及受力性能。因此，土木工程结构检测的任务就是在既有工程上采用外观检查，专用检测仪器、设备的无损或局部破损定量测试的方法，检查和测定结构或构件的外观质量及内在质量（材料强度、内部缺陷等）和与结构工作性能有关的各参数（承载能力、变形、振幅、频率等），对工程结构或构件质量作出评价，为工程质量检查验收及既有建筑可靠性鉴定提供依据，为既有建筑工程病害成因分析、病害状况判断和制定加固改造方案提供依据。

土木工程结构检测可按检测目的分为结构工程质量检测和既有结构性能检测。

（1）结构工程质量的检测　结构工程质量检测的目的在于控制在建结构在施工过程中可能出现的质量问题，处理工程质量事故，评估新结构、新材料和新工艺的应用等。当其遇到下列情况之一时，应进行结构工程质量的检测。

① 涉及结构安全的试块、试件以及有关材料检验数量不足；

② 对施工质量的抽样检测结果达不到设计要求；

③ 对施工质量有怀疑或争议，需要通过检测进一步分析结构的可靠性；

④ 发生工程事故，需要通过检测分析事故的原因及其对结构可靠性的影响。

（2）既有结构性能的检测　既有结构性能检测的目的在于评估既有结构的安全性和可靠性，为结构的改造和加固处理提供依据。检测对象为已建成并投入使用的结构。当其遇到下列情况之一时，应对其现状缺陷和损伤、结构构件承载力、结构变形等涉及结构性能的项目进行检测：

① 结构安全性鉴定；

② 结构抗震性鉴定；

③ 大修前结构的可靠性鉴定；

④ 改变用途、改造、加层或扩建前的结构鉴定；

⑤ 达到设计使用年限要继续使用的技术鉴定；

⑥ 受到灾害、环境侵蚀等影响结构安全的鉴定；

⑦ 结构工程病害（开裂、下沉、倾斜等）的检测鉴定。

1.4 土木工程结构试验的程序

土木工程结构试验一般可分为四个阶段：试验设计阶段、试验准备阶段、试验实施阶段和试验资料整理分析阶段。各阶段之间的关系如图 1-2 所示。

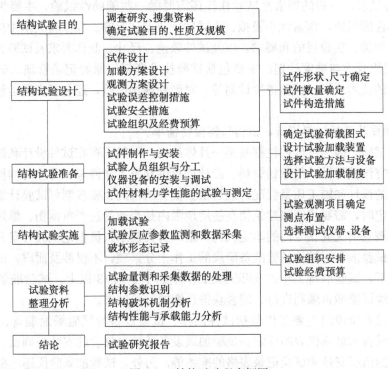

图 1-2 结构试验程序框图

（1）结构试验设计 结构试验设计或称试验规划是结构试验的总体构思，是整个结构试验中极为重要的并且带有全局性的一项工作，对整个试验起到统管全局和具体指导的作用，关系到整个试验的成败。

对于研究性试验，在结构试验设计时，首先应根据研究课题内容，了解国内外的研究状况及发展趋势，查询国内外有关资料，包括前人已做过的类似试验、试验成败情况、试验方法及试验结果等，以避免重复试验，并在以上工作的基础上确定试验目的、任务和规模，最后提出试验大纲。试验大纲是指导试验的技术文件，具体应包含下列内容。

① 概述。主要介绍试验背景、目的、任务与要求等，并简要介绍调查研究的情况，必要时还应介绍试验依据的相关标准、规范等。试验目的是试验大纲的主题，包括本次试验预期要得到哪些成果，以及为达到这些目的要进行哪几项试验。应明确要取得哪些数据和资料，如荷载-挠度曲线图、弯矩-曲率变化图、钢筋混凝土构件的开裂荷载、裂缝宽度、破坏荷载及形态，试件的极限变形及设计荷载下的最大应力等，并详细列出与此相应的观测项目。

② 试件设计与制作要求。试件是试验的对象。试件设计主要介绍设计的依据及分析和计算，试件的规格、数量和编号，制作施工图及对材料、施工工艺的要求等。

③ 试验方案。土木结构试验方案包括加载方案、观测方案及安全措施。

a. 加载方案。主要介绍试验加载方案设计的依据及要求、加载方法及加载装置、加载图式及加载程序等，并给出试验控制荷载特征值（开裂荷载、屈服荷载、最大荷载等）。

b. 观测方案。主要介绍观测项目内容、测点布置、仪器仪表的选择及标定、观测方法与顺序，以及相关的补偿措施等。并给出试验观测控制特征值（如变形值、内力值等）。

c. 安全措施。应介绍试验准备及试验实施阶段人身、构件和仪器设备的安全防护措施。

④ 辅助性试验。一般的探索性试验往往还需要做一些辅助性试验，主要为测定试件所用材料的力学性能试验，探索性小模拟、小试件、节点试验等。在试验大纲中应列出辅助性试验的内容、种类、实验目的和要求，以及试件数量、尺寸、制作要求及试验方法等。

⑤ 试验组织管理与进度计划。主要包括试验技术资料、原始记录管理、试验人员的组织分工、必要的技术培训、试验进度计划等。对野外现场试验，还包括交通运输、水、电安排等。

⑥ 经费预算及消耗材料用量，试验仪器设备清单。

对验证性试验，因为试件往往都是某一具体结构，一般不存在试件设计和制作问题，但需要收集和研究该试件设计的原始资料、设计计算书和施工文件等，并应对构件进行实地考察，检查结构的设计和施工质量状况，最后根据检验的目的、要求制订试验计划。对既有建筑物作技术鉴定时，需要了解该建筑物在使用期限内是否遭受过严重损伤、爆炸或火灾等损害，根据初步调查情况成立专门的鉴定机构，组织有关技术人员拟定试验方案和鉴定计划。

（2）结构试验准备　结构试验准备阶段的工作十分繁琐，不仅涉及面广，而且工作量很大，一般情况下，试验准备工作占全部试验工作量的 $1/2\sim2/3$ 以上。试验准备工作的好坏直接影响到后续试验能否顺利进行，能否获得预期的试验结果。

结构试验准备阶段的主要工作包括试件制作、试验设备与试验场地准备、试件安装就位、加载配套设备和量测仪表的标定、试验加载设备及量测仪表的安装与调试、辅助性试验以及试验人员的组织安排和试验记录表格的准备等。另外，试验准备阶段还应根据需要，提前计算各加载阶段的荷载控制值及主要特征部位的内力及变形控制值，以备在试验过程进行随时监控。试验准备阶段的各项工作均应按既定结构试验大纲要求进行，其具体内容见后续章节。

（3）结构试验实施　加载试验阶段是整个试验过程的中心环节，应按既定试验大纲中设计的加载程序和观测顺序进行，并做好试验记录，作为备忘录归入试验资料档案。

在试验过程中，对试验起控制作用的重要数据，如钢筋的屈服应变、构件的最大挠度和最大侧移、控制截面上的应变等，应随时整理和分析，必要时还应跟踪观察其变化情况，并与事先计算的理论数值进行比较。如有反常现象应立即查明原因，排除故障，或根据实际情况，调整试验加载量，实现动态控制，保证试验的正常进行。

试验过程中，除认真读数记录外，必须仔细观察试件的外观变化，例如砌体结构和混凝土结构裂缝的出现、裂缝的走向及其宽度，以及试件的破坏特征。尤其对试验过程发生的突变，应随时加以监控，及时采取措施予以排除。

试件破坏后，要绘制破坏特征图，有条件的可拍照或录像，作为原始资料保存，以便以后研究分析时使用。

（4）试验资料的整理分析　试验资料的整理分析一般包括原始资料的收集整理、数据处理及试验结论两部分工作。

① 原始资料的收集整理　任何一个试验研究项目，都应有一份详细的原始记录，连同

试验过程中的试件外观变化观察记录、仪表设备标定数据记录、材料的力性能试验结果、试验过程中的工作日志等，经查实后收集完整，不得丢失。

对于试验的量测数据记录及记录曲线，应由负责人、记录人员签名，不能随便涂改，以保证数据的真实性和可靠性，并将全部原始资料完善归档。

② 数据处理和试验结论 从各种量测仪表获得的量测数据和记录曲线，一般不能直接解答试验任务书中所提出的各类问题，它们只是试验的原始数据，必须对这些数据进行科学地整理、分析和计算，做到去粗取精，去伪存真。最后根据试验数据和资料编写试验报告，并给出试验结论。

试验报告是试验过程的真实反映和试验成果的集中体现，应准确、清楚、全面地反映科研或工程背景、探讨目的、试验方案，详尽的试验过程和现象描述、量测结果等。试验报告应实事求是，并根据试验结果进行分析，得出试验结论。

由于试验目的的不同，试验的技术结论内容和表达形式也不完全一样。

验证性试验的技术结论应根据《建筑结构设计统一标准》规定，对试验结构或构件的结构性能作出"合格"、"不合格"的技术结论。验证性试验的技术报告主要包括下列内容。

a. 检验或鉴定的原因和目的；

b. 试验前或试验后存在的主要问题，结构所处的工作状态；

c. 采用的检验方案或鉴定整体结构的普查方案；

d. 试验数据的整理和分析结果；

e. 技术结论或建议；

f. 试验计划，原始记录，有关的设计、施工和使用情况调查报告等附件。

探索性试验大多是为了探讨验证某一新的结构理论，因而试验的技术结论无论从深度和广度上都远比验证性试验结论复杂，要求的内容也完全取决于具体的试验研究目的，对于试验发现的新问题应提出建议和进一步的研究计划。

1.5 土木工程结构试验设计

1.5.1 试件设计

试件是试验的对象，试件设计包括试件形状选择、试件尺寸与数量确定以及构造措施等，同时还必须满足结构与受力的边界条件、试件的破坏特征、试验加载条件的要求，并以最少的试件数量获得最多的试验数据，反映研究的规律，满足研究任务的需要。

1.5.1.1 试件形状选择

试验试件的形状与实际结构构件的形状可能相同，也可能不相同。对于探索性试验，试件形状设计的基本要求是构造一个与实际受力相一致的应力状态，即试件受荷载作用后的受力状况（内力分布状况）应与实际构件受荷载作用后的受力状况保持一致。另外还需考虑试验条件、试验的可行性及试验安全，其中试验条件涉及实验室的设备及技术水平，试验可行性指在满足试验目的的前提下，尽可能简化试验，方便操作，节省费用，并具有良好的可操作性。例如钢筋混凝土框架在水平力作用下，梁和柱的内力如图 1-3 所示，框架柱受有轴力 N、剪力 V 和反对称的弯矩 M。如何构造一个柱使其受这样一组复合内力，可能的选择试

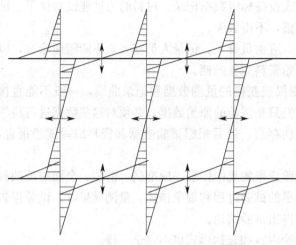

图 1-3　水平力作用下的框架内力

件形状有表 1-1 的几种方案，具体选哪一种方案，应根据试验目的和对 N、V、M 组合的要求，以及现有试验设备情况、试验技术水平和试验安全等条件而定。又如在做钢筋混凝土梁、柱节点受力性能试验时，试件受有轴力、剪力和弯矩作用，使节点处于复合应力状态，但其中主要是剪切变形，以致节点部位由于较大剪力作用而发生剪切破坏。因此，为了研究梁柱节点的承载力和刚度，选择试件形状时，不仅应能充分反映节点的应力状态，还需避免试验过程梁、柱部分先于节点破坏，可在试件设计时事先对梁、柱部分进行适当的加固处理，以保证试验正常进行，达到预期的试验效果。

表 1-1　框架柱型式与 N、M、V 关系

柱型式						
力	N_{max}	P	$P\cos\theta$	$P\cos\theta$	N	N	N
	M_{max}	Pa	$Pa\cos\theta$	$P\dfrac{h}{2}\sin\theta$	$\dfrac{h}{2}V$	$\dfrac{h}{2}V$	$\dfrac{h}{2}V$
	V_{max}	—	$P\sin\theta$	$P\sin\theta$	V	V	V

1.5.1.2　试件尺寸确定

试件的尺寸和大小与试验目的有关，它可以是真型结构，也可以是其中的某一部分，或按原型尺寸按一定比例缩小后的缩尺试件（或称模型）。

模型的试验结果与原型之间存在着一定的关系，这种关系称模型律。模型律可用相似常数 C 来表示，实际工作中 C 也称缩尺比。例如原型的线性尺寸为 L，与其对应位置的模型线性尺寸为 L_m，则其缩尺比 $C_L = L_m/L$。

一般来说，静力试验试件的合理尺寸应不大又不小。太小的试件需考虑尺寸效应，如普通混凝土构件的截面小于 10cm×10cm，砖砌体小于 74cm×36cm，砌块砌体小于 60cm×120cm 的试件都有尺寸效应，必须予以考虑。当砌块砌体试件大到 120cm×244cm 时，尺寸效应才不显著。另外，对砌体墙试件，当小于真型的 1/4 时，不但灰缝和砌筑等方面的条件难于相似，而且容易出现失稳破坏。但是，在满足构造模拟要求的条件下，太大的试件尺寸也没有必要。

在建筑结构试验研究中，国内框架结构试验试件的梁、柱截面尺寸大约为原型的 $1/4 \sim 1/2$。对框架节点试验，国内外一般都做得比较大，一般为原型的 $1/3 \sim 1$，具体缩尺比应根据节点中要求反映的结构构造确定。对于基本构件性能研究，压弯构件的截面尺寸为 $16\text{cm} \times 16\text{cm} \sim 35\text{cm} \times 35\text{cm}$，短柱（偏压柱）为 $15\text{cm} \times 15\text{cm} \sim 50\text{cm} \times 50\text{cm}$，双向受力构件为 $10\text{cm} \times 10\text{cm} \sim 30\text{cm} \times 30\text{cm}$。单层剪力墙体的外形尺寸一般为 $80\text{cm} \times 100\text{cm} \sim 178\text{cm} \times 274\text{cm}$，多层剪力墙为原型的 $1/10 \sim 1/3$。另外，国内外多层足尺房屋或框架结构试验实践表明，足尺原型的试验并不合算，一般局部性试件的缩尺比可取 $1/4 \sim 1$，整体结构性能试验试件的缩尺比可取 $1/10 \sim 1/2$，水工结构的缩尺比可取 $1/200 \sim 1/300$。

对于动力试验，试件尺寸经常受试验激振加载条件等因素的限制。对于结构动力特性试验，一般可在现场的原型结构上直接量测结构的动力特性。对于在试验室内进行的动力试验，可以对足尺构件进行试验，当在模拟振动台上试验时，由于受振动台台面尺寸和激振力大小等参数的限制，一般只能做缩尺的模型试验。国内在地震模拟振动台上进行的动力试验试件大多为 $1/50 \sim 1/4$ 的缩尺模型。

1.5.1.3　试件数量确定

结构试验试件的数量，直接关系到能否满足试验目的、任务及整个试验的工作量大小，同时也受试验研究经费预算和时间期限的限制。因此，对于试件数量的确定也是一个不可忽视的重要问题。

对于验证性试验，一般按照试验任务的要求有明确的试件，其试件数量应按国家有关结构性能检验标准或规范规定执行。

对于探索性试验，其试件是按照研究课题要求而专门设计制作的，其试件数量主要取决于影响试件基本性能的变动参数的多少，变动参数多则试件数量大。试验试件基本性能的变动参数由主要分析因子和水平数构成。主要分析因子为对试验结构起控制作用的因素（可有 $1，2，\cdots，n$ 个），水平数为每个分析因子的几种不同状态（或工况，可有 $1，2，\cdots，n$ 个）。所以应根据各参数构成的因子数和水平数来决定试件数量。

当按构成变动参数的因子数和水平数多少，采用单因素组合法确定试件数量时可由表 1-2 查得。由表 1-2 知，主要因子和水平数稍有增加，试件的个数就极大地增多。例如，在进行钢筋混凝土柱抗剪承载力的基本性能试验研究中，当取不同混凝土强度、不同配筋率、配箍率在不同轴向压力和剪跨比情况下进行试验，要求考虑的主要因子有受拉钢筋配箍率、配箍率 ρ_s、轴向应力 σ_c、剪跨比 λ 和混凝土强度等级 C 等。如果每个因子各自有 3 个水平数（每个选定的因子安排若干不同状态的试验点），按单因素法将所有因子与水平一一搭配，逐组轮换，就需要试件 243 个。如果每个因子各自有 5 个水平数，则试件的数量将猛增为 3125 个。显然，实际上是很难做到的，且试验结果也不一定就是理想的。

为减小试件数量，试验工作者在试验设计中经常采用一种解决多因素问题的试验设计方法——正交试验设计法，它是通过一套特殊表格（即正交表）设计试件，分析影响试件试验目标的主要因素和次要因素，为选取最佳参数提供依据。由于正交设计把试验结果和试件数量联系在一起分析，所以能够合理安排试验。以钢筋混凝土柱抗剪承载力基本性能研究问题为例，用正交试验法进行试件数目设计时，如上所述主要分析因子数为 5，而混凝土只用一种强度等级 C20，这样实际因子数只有 4，当每个因子各有三个差别，即水平数为 3，详见表 1-3。

表 1-2 单因素法确定试件数量表

	水平数	2	3	4	5
主要因子数	1	2	3	4	5
	2	4	9	16	25
	3	9	27	64	125
	4	16	81	256	625
	5	32	243	1024	3215

表 1-3 钢筋混凝土柱抗剪承载力试验分析因子与水平数

		因子差别(水平数)	1	2	3
主要分析因子	A	受拉钢筋配筋率	0.4	0.8	1.2
	B	配箍率 ρ_s	0.2	0.33	0.5
	C	轴向应力 σ_c	20	60	100
	D	剪跨比 λ	2	3	4
	E	混凝土强度等 C20		13.4N/mm²	

用于正交设计的正交表见表 1-4、表 1-5。表 1-4 中 $L_9(3^4)$ 表示有 4 个因子，每个因子有 3 个水平，组成的试件数量为 9 个。表 1-5 中 $L_{12}(3^1 \times 2^4)$ 表示有 1+4＝5 个因子，第一个因子有 3 个水平，第 2~5 个因子有 2 个水平，组成的试件数量为 12 个。

对于上述钢筋混凝土柱抗剪承载能力试验，分析因子数为 4，每个因子的水平数为 3，由表 1-4 知，通过正交设计使原来单因素组合法需要的 243 个试件可综合为 9 个试件。

表 1-4 试件数目正交设计 $L_9(3^4)$

	因子数	1	2	3	4
试件数	1	1	1	1	1
	2	1	2	2	2
	3	1	3	3	3
	4	2	1	2	3
	5	2	2	3	1
	6	2	3	1	2
	7	3	1	3	2
	8	3	2	1	3
	9	3	3	2	1

表 1-5 试件数目正交设计 $L_{12}(3^1 \times 2^4)$

	因子数	1	2	3	4	5
试件数	1	2	1	1	1	2
	2	2	2	1	2	1
	3	2	1	2	2	2
	4	2	2	2	1	1
	5	1	1	1	2	2
	6	1	2	2	2	1
	7	1	2	1	1	1
	8	1	1	2	1	1
	9	3	1	1	1	2
	10	3	2	1	1	1
	11	3	1	2	2	2
	12	3	2	2	2	1

试件数量设计是一个多因素问题，利用正交表确定试件数量，可对所得试验结果进行综

合分析，取得很好的效果，但因为正交设计不能反映某一因子的单指变化，要建立单个因子与试验目标间的函数关系有一定困难。因此，在实践中应该使整个试验的试件数目少而精，以质取胜，切忌盲目追求数量；要使所设计的试件尽可能做到一件多用，即是以最少的试件，最小的人力、经费，得到最多的数据；要使通过设计所决定的试件数量经试验得到的结果能反映试验研究的规律性，满足研究目的要求。

1.5.1.4 试件构造措施

在具体试件的设计和制作过程中，还必须同时考虑试件安装、加载、量测的需要，对试件采取必要的构造措施。例如，为了对偏心受压柱施加偏心力，设计柱试件时应在柱的两端附设构造牛腿，为了防止柱头破坏先于柱身破坏，设计时应在柱两端加设分布钢筋网，见图 1-4(a)；对混凝土试件的支承点应预埋钢垫板，见图 1-4(b)；在钢筋混凝土框架做恢复力特性试验时，为了给框架端部侧面施加反复荷载，应设置预埋件，以便与液压加载器或测力传感器连接。为保证框架柱脚部分与试验台座的固结，一般均设置加大截面的基础梁，见图 1-4(c)。这些构造措施是根据不同的加载方法而设计的，其强度应大于试件本身的强度，以防止因附加构造的提前破坏而妨碍试验的继续进行，而且必须保证它不产生过大的变形以致改变加载点的位置或影响试验精度。

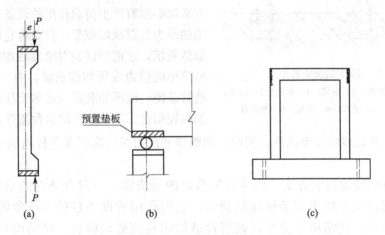

图 1-4 试件构造措施

为了保证试验量测结果的可靠性和仪表安装的方便性，需在试件内设置预埋件或做有关处理，如用附着式应变计量测试件表面应变时，应埋设相应的测点标脚；对钢筋混凝土试件用电阻应变仪量测钢筋应变时，应在浇筑混凝土前先在钢筋上贴好应变计（片），并做好防潮、防机械损伤及量测连线处理；对需测定混凝土内部应力的预埋元件或专门的混凝土应变计、钢筋应变计等，均应在浇筑混凝土前按相应的技术要求用专门的方法就位固定、安装埋设在混凝土内部。这些要求均应在试件设计施工图上明确标出，注明具体作法和精度要求，必要时试验人员还需亲临现场参加试件的施工制作。

1.5.1.5 辅助试件

辅助试件对正确估计和判断整体结构的承载力有重要意义，也是试验数据处理和结构性能评定的基本依据。辅助试件一般包括下列几种。

① 反映结构材料性能的材性试件。主要有混凝土的立方体试件、棱柱体试件和劈裂试验的试件等；钢材的物理力学性能试件；砖砌体的强度和弹性模量试件等。

② 为整体结构试验的需要而补充的某些杆件或节点试件。

③ 对处于复杂应力状态的某些部位，或难于直接计算和进行应力测定的区段，均可将其局部部位做成单独试件进行试验研究。

1.5.2　试验方案设计

结构试验方案包括加载方案、量测方案和试验安全防护措施等。试验方案的合理与否关系试验能否成功，试验方案的先进与否关系试验结果的先进性。

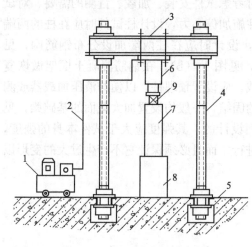

图 1-5　液压加载装置系统

1—油泵；2—油管；3—横梁；4—立柱；5—台座；
6—千斤顶；7—试件；8—支墩；9—测力计

1.5.2.1　加载方案

加载方案主要取决于试件的结构形式、试验的目的和要求，试件承受荷载的性质和受荷的形式等。对每一项试验都应针对具体试验对象选择其加载方案。

根据试验荷载的加载方法，结构静力试验的加载方案可分为重力加载、杠杆重力加载、机械力加载、真空气压加载、结构试验机加载、液压千斤顶加载以及电液伺服加载等。实现以上加载方案都必须有产生荷载作用的设备、承受荷载作用的承力台以及加载架，只有将它们组成配套的加载系统，才能对试验对象实现加载。图 1-5 为最简单的静力液压加载系统，由一台液压油泵、油管系统、液压加载器（或称千斤顶或作动器）、加载控制台、加载架和试验台座等组成。加载器产生的集中力 P 直接传递至试件，同时，加载器的反力又由横梁和立柱组成的加载架及承力台来平衡。

结构动力试验的加载方案，由动力试验目的所决定。一般有结构的动力特性试验、结构抗震性能试验及结构疲劳性能试验等。它们所用的设备包括各种激励结构起振的激振器和振动台，使结构承受重复疲劳荷载的结构疲劳试验机，使结构承受反复地震荷载作用的拟动力试验装置等。这些设备都必须根据试验需要，有目的地选择和有针对性地进行组合设计，才能正确使用。尤其当由计算机控制试验过程时更应做好加载方案设计。

有关加载方法及加载设备和具体的试验加载方案设计将在第 2、4、5 章作详细介绍。

1.5.2.2　量测方案设计

量测方案取决于试件受力后的反应参数。结构试验量测的反应参数主要有结构的整体变形（如挠度、侧移、振幅等）和局部纤维的变形（如应变）两种。这两种不同形式的参数采用的量测仪表与量测方法也因之而异。例如对于单个静态参数的测定，可以利用简单的单一仪表来进行。当量测与时间因素有关的动态参数或两个变量之间相互关系的静态曲线时，必须采用多种仪表组成的测试系统来完成。按其测量结果的表达方式不同，可将测试系统归纳为以下两类。

（1）非连续测试系统　例如用单个机械式仪表量测静力试验试件的挠度和侧移时，所测到的都是非连续的数据。又如量测应变用的电阻应变仪，当采用人工方法测读时，每个测点的应变由人工逐点读取和分别记录，所得结果是指某一时刻或与某一参数（如荷载）对应的应变值，也是一组非连续的数据。

（2）连续测试系统　连续测试系统所得量测结果为一组连续的曲线。例如荷载-位移曲线，需要配备的量测仪表有传力传感器、动态应变仪和 X-Y 函数记录仪，这时需将以上仪表按一定线路联接组成测试系统才能得到荷载-位移曲线。

现代的连续测试系统，还可以借助计算机进行自动控制，对试验参数进行自动扫描、高速记录、储存、显示以及进行数据处理和分析等。

量测方案设计除应确定被测参数和参数的测点布置外，正确选择量测仪表，并将其组成相互匹配的测试系统，最后对测试系统的灵敏度进行标定等都是观测方案设计的主要内容。

关于测试仪表和观测方案设计的具体内容见后面章节。

1.5.2.3　安全防护措施

在制订试验大纲时，对试验准备阶段、试验实施阶段以及试验结束后的构件拆除过程，都应提出可靠的安全防护技术措施。

（1）试验准备与试件拆除过程的安全与防护　从结构试验所发生的事故调查表明，有相当多的事故发生在试验准备阶段，例如在试件安装就位过程中、起吊或运输加载设备的过程中以及拆除加载装置过程中，都曾发生过安全事故。对这些试验环节的安全操作规定，可参照我国有关安全规程中的规定执行。此外，还应针对结构试验的特点，在试验方案中拟定更具体的安全操作细则。

试验中所使用的各种加载设备，尤其是大型加载设备，例如各种试验机、拟动力试验装置、机房的控制系统、车间的吊车等，均应有各自的操作规程，并应指定专人使用、维修和保养。

试验用的加载架、支座、支墩及支撑等均应有足够的强度、刚度和稳定性，能够承受试验荷载可能产生的冲击作用。此外，还应注意加载架的连接件及其与承力台的紧固件必须工作可靠。

在大型构件（如屋架和桁架）试验时，由于构件比较高，为防止可能产生的侧向失稳或倒塌现象，应设置侧向支撑或安全架。支撑或安全架不应与构件直接接触，以免阻碍构件的正常变形。

（2）试验进行过程的安全与防护　试验过程中，为便于工作人员读数、观察裂缝和进行加载等操作，在试件附近或周围应设置安全可靠的工作平台。为保证人员和仪表设备的安全，试验区域内宜设置明显标志，非试验人员不得入内。

当结构进入破坏阶段时，由于变形过大或因试件表面材料酥松，可能导致安装在试件上的仪表（百分表、千分表等）发生松动，严重的甚至跌落。因而当试验荷载达到极限荷载的85%左右时，可将大部分量测仪表拆除，留下少量起控制作用的仪表并应对其加强保护措施，或改变量测方法后继续工作。

在结构试验中，还可能发生试验结构的局部倒塌或整体倒塌事故，因而事先应设置安全托架或支墩，但不得阻碍结构的自由变形。

对于在试验中可能跌落的千斤顶、荷载分配梁和个别仪表等，均应用保护绳悬吊在试件附近的固定点上。

试验前，必须对参与试验的全体工作人员进行安全交底，做到人人心中有数。在现场进行大型结构试验时，一般应设安全员随时检查安全工作。

复习思考题

1. 土木工程结构试验的任务是什么？结构试验与检测如何分类？
2. 探索性试验与验证性试验有何区别？验证性试验主要解决哪些问题？
3. 土木工程结构试验过程分为哪几个阶段？试验大纲包括哪些内容？
4. 试验试件设计时，选择试件形状应考虑哪些要求？
5. 试验方案的主要内容是什么？

第 2 章　土木工程结构试验的荷载与加载方法

2.1　概　　述

建筑结构上作用着由结构自重和各种活荷载产生的垂直荷载和水平荷载，工业建筑结构上还有因吊车制动力产生的水平荷载，这些均为直接作用荷载。另外，由于温度变化、地基不均匀沉降和结构内部的物理、化学作用引起结构产生附加变形或约束，使结构内力发生变化，此类荷载为间接作用荷载。一般可将前述荷载归纳为静荷载和动荷载两大类，静荷载对结构不产生加速度作用，动荷载则对结构产生加速度作用。

结构试验为模拟结构在实际受力工作状态下的结构反应，应根据不同的试验目的，在试验对象上再现要求的荷载，即试验荷载。实现试验荷载的加载方法很多，它与试验目的和试验荷载的性质有关。

在静载试验中，有利用重物直接加载或通过杠杆作用间接加载的重力加载方法，利用液压加载设备或试验机加载的液压加载方法，利用绞车、差动滑轮组、弹簧和螺旋千斤顶等机械设备的机械加载方法，还有利用压缩空气或真空作用的特殊加载方法等。

在动力试验中，有利用运动物体质量的惯性力加载方法，利用电磁系统激振的电磁加载方法，利用液压加载设备或疲劳试验机加载的液压加载法，还有模拟地震的振动台加载方法，以及利用环境随机激振方法（脉动法）和人工爆炸方法的加载方法等。近几年，随着试验理论与技术的发展，通过计算机和电液伺服液压加载系统联机对足尺或大比例的结构模型按实际的反应位移进行加载，使试验更接近于实际结构动力反应的真实情况，它是在伪静力试验基础上发展起来的一种拟动力加载试验方法。

综上所述，土木工程结构试验的方法很多，但都需由加载设备产生，同时，还需有与它们相匹配的一套加载支承装置，才能构成完整的试验加载系统。因此，为了顺利地完成试验加载任务，在选择加载方法和加载设备及配套加载支承装置时，应满足下列要求。

① 荷载传递方式明确，符合试件实际受力状态。选用的试验荷载图式应与结构计算的荷载图式所产生的内力值相一致或极为接近；荷载传力方式和作用点应明确，不影响试件的受力和自由变形。

② 荷载值应准确、稳定。荷载量的相对误差不大于±3%，现场试验不大于±5%，特别是静载试验时荷载不随加载时间、外界环境和试件的变形而变化。加载设备的加载能力应大于最大试验荷载值，并有足够的安全储备。

③ 加载过程不影响试件受力性能。加载设备及支承装置的变形、位移不能参与试件工作，应能予以修正，避免改变试件的受力状态或产生次应力。

④ 加载设备要安全可靠，有足够的强度和刚度。加载设备及支承装置的变形应很小（加载设备及支承装置受力构件的刚度为相应试件刚度的 10 倍为宜），使加载值很容易稳定。

⑤ 加载操作方便，技术上先进。选用的加载设备及支承装置能方便地加、卸载，并能

控制加载速度，荷载分级值能满足试验的精度要求；试验加载方法要力求采用现代化先进技术，减轻体力劳动，提高试验质量。

　　本章介绍常用加载方法的基本原理和主要特点，以及配套加载支承装置的性能特点、设计要点和构造特点，以便在具体结构试验方案设计中根据试件的结构特点、试验的目的、试验室设备和现场条件，以及经费开支等因素综合考虑，选择合适的试验加载方法。

2.2　重力加载法

　　重力加载法是利用物体自身的重量作为静荷载作用于试件上。它既可以形成垂直荷载，还可以通过传力装置转化为水平荷载。在试验室多用专门制作的标准铸铁块、混凝土块、水箱等，在现场可利用砖、砂石、水或废构件、钢锭等作为重物。重物可以直接放置在试件上，也可通过有关传力系统间接施加在试件上。

2.2.1　重力直接加载法

　　图 2-1 为重物直接放在试件表面上作为均布荷载对板加载试验，图 2-2 为将重物置于荷载盘上，通过吊盘形成集中荷载对屋架加载试验，图 2-3 为借助钢索和混轮导向，对结构施加水平荷载。

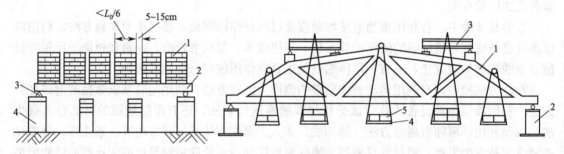

图 2-1　用重物对板加载试验　　　　　　　图 2-2　用重物做集中荷载加载试验
1—重物；2—试验板；3—支座；4—支墩　　1—试件；2—支座；3—分配梁；4—吊盘；5—重物

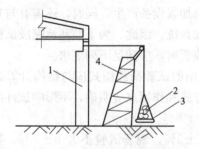 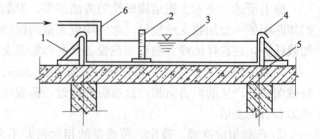

图 2-3　用重物加水平荷载　　　　　　　图 2-4　用水做均布荷载的装置
1—试件；2—重物；3—荷载盘；　　　　1—侧向支撑；2—标尺；3—水；4—防水胶布
4—荷载支架　　　　　　　　　　　　　或塑料布；5—试件；6—水管

　　用水作为重力荷载既简便又经济，一般采用图 2-4 的装置作为均布荷载加于结构物的表面。对于大面积的平板结构（如楼面、平屋顶等）采用水作试验荷载甚为合适，每施加 $1kN/m^2$ 的荷载只需要 10cm 高的水。加载时可利用进水管，因此大大减轻了运输及加载的劳动强度。在现场试验水塔、水池及油库等特种结构时，水更是理想的试验荷载，它不仅符合结构的实际使用条件，且能检验结构物的抗裂和抗渗性能。

在上述加载方法中，当采用形体较为规则的砖石、铸铁块、钢锭等块材加载时，应将其叠放整齐，每堆重物的宽度≤$L/6$（L 为试件的跨度），堆与堆之间应有一定间隔（5～15cm），以防止荷载本身起拱作用引起试件局部卸载。当采用铁块钢锭做载重时，为了加载方便与操作安全，每块重量不大于 200N。当采用砂石等松散颗粒材料加载时，应装入袋中使用。对吸水性强或水分蒸发量大的重物还应考虑其含水量对重量的影响，避免因大气湿度变化引起重量的变化，导致荷载值不恒定。

2.2.2　杠杆-重力加载法

利用重物作集中荷载时，经常会受到荷载量的限制。当利用杠杆原理，将荷重放大后作用于试件上，不仅能扩大使用范围，而且能减轻加载的劳动强度（图 2-5）。但在使用过程中应注意使杠杆的三个着力点在同一水平线上，以免因试件变形使杠杆倾斜，从而改变原有的放大率。杠杆比应根据试验荷载大小自行选择，但不宜过大，一般控制在 a∶b＝1∶3～6之间为宜。图 2-6 为几种杠杆加载装置。

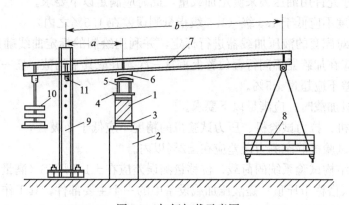

图 2-5　杠杆加载示意图

1—试件；2—支墩；3—试件铰支座；4—分配梁铰支座；5—分配梁；6—加载点；
7—杠杆；8—加载重物；9—杠杆拉杆；10—平衡重；11—钢销（支点）

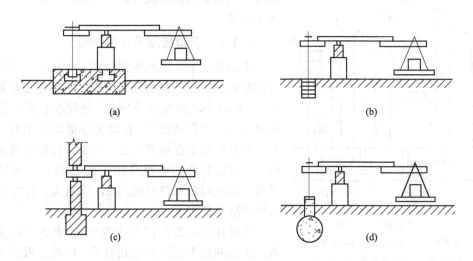

图 2-6　杠杆加载装置

(a) 利用试验台座；(b) 利用平衡重；(c) 利用墙身；(d) 利用桩

重力加载法具有设备简单、取材方便、荷载稳定、加载形式灵活等优点，特别适用于长期荷载和均布荷载试验。其缺点是荷载量不能太大，操作笨重且费工，此外，重力加载法除了需要重物外，还需要吊盘、杠杆、平衡装置和测力装置等设备，且当试件达到极限承载力时，因荷重不能随试件变形而自动卸载，当试件产生过大变形时可能引起倒塌事故，因此对安全保护措施应引起足够重视。

2.3 液压加载法

液压加载目前一般多为油压加载，其加载系统主要由油泵、油管系统、液压加载器、加载控制台和加载架组成。它的最大优点是利用油压使液压加载器产生较大的荷载，试验操作安全方便，可用于静载试验，也可用于动力试验。液压加载法大致可分为两种：一种是利用液压加载系统和试验台座进行结构试验，另一种是采用大型结构试验机进行结构试验。

当采用液压加载系统时，为提高加载精度，对加载量应进行直接测定或标定，只有在条件受到限制时，才允许用油压表来测定加载量，此时应满足以下要求。

① 油压表精度不应低于 1.5 级（1.5 级指量测误差在 1.5% 之内）。

② 使用前应对配套的液压加载器进行标定，并利用绘制的标定曲线确定加载量。绘制标定曲线时至少应在加载器不同行程位置上重复三次，并取其平均值。任一次的测量值与标定曲线对应的偏差不应超过 ±5%。

当采用试验机加载时，应满足以下要求。

① 万能试验机、拉力试验机、压力试验机的精度不应低于 2 级。

② 结构疲劳试验机静态测力误差应在 ±2% 以内。

③ 电液伺服结构试验系统的荷载、位移量测误差应在 ±1.5%FS（满量程）以内。

液压加载器（俗称千斤顶）是液压加载设备中的一个主要部件，其工作原理是用高压油泵将具有一定压力的液压油压入液压加载器的工作油缸，使之推动活塞，对结构施加荷载。常用的液压加载器有普通工业用的手动液压千斤顶，也有专门为结构试验设计的单向作用及双向作用的液压加载器。

2.3.1 手动液压千斤顶加载

手动液压千斤顶的构造如图 2-7 所示，主要由手动油泵和液压加载器两部分组成。使用时先拧紧泄油阀 9，掀动手动油泵的手柄 6，使储油缸中的油通过单向阀压入工作油缸 2，推动工作活塞 1 上升。试验时千斤顶底座放在加载点上，如果工作活塞的运动受阻，则油压作用力将反作用于底座 10，从而使试件受载。卸载时只要打开阀门 9，使油从工作油缸 2 流回储油缸 3 即可。

手动油泵一般能产生 40N/mm² 或更大的液体压力，工作油缸中的压力与此相等。因此，根据工作活塞面积的大小就可以得到不同规格的千斤顶。

为了确定实际施加的荷载值，可在千斤顶的活塞

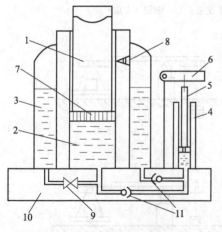

图 2-7 手动液压千斤顶
1—工作活塞；2—工作油缸；3—储油缸；
4—油泵油缸；5—油泵活塞；6—手柄；
7—油封；8—安全阀；9—泄油阀；
10—底座；11—单向阀

顶上装一个荷重传感器，或在工作油缸中引出紫铜管，装上油压表，根据油压表测得的液体压力和活塞面积即可算出荷载值。千斤顶的活塞行程在 200mm 左右，通常均能满足结构静载试验的要求。其缺点是一台千斤顶需一个人操作，多点加载时难以做到同步加载。

图 2-8 是一个简支梁三分点加载的加载装置，用一个手动液压千斤顶和一个分配梁对试件施加两个集中荷载。千斤顶上部安装一个荷载传感器，通过 X-Y 函数仪控制加载值。加载架的立柱固定在试验台座上。

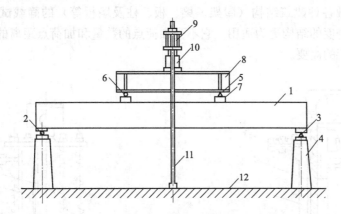

图 2-8　用千斤顶分配梁对简支梁加载试验

1—试验梁；2，5—滚动铰支座；3，6—固定铰支座；4—支墩；7—垫板；
8—分配梁；9—加载架横梁；10—千斤顶；11—加载架立柱；12—试验台座

2.3.2　同步液压加载

同步液压加载的液压系统如图 2-9 所示，主要由液压加载器、高压油泵、各种阀门、测力传感器等组成。其工作原理是利用油路上的稳压系统，根据试验加载需要，通过调节溢流阀和调节阀，达到多点加载时实现同步加载的要求。

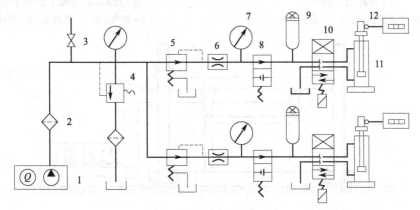

图 2-9　同步液压加载系统图

1—高压油泵；2—滤油器；3—截止阀；4—溢流阀；5—减压阀；6—节流阀；
7—压力表；8—电磁阀；9—蓄能器；10—电磁阀；11—加载器；12—测力器

同步液压加载系统采用的是单向作用液压加载器，它与普通手动千斤顶的主要区别是储油缸、油泵、阀门等不附在千斤顶上，只由活塞和工作油缸两者构成，故又称液压缸。单向作用液压加载器的行程较大，顶端装有球铰，可在 15°范围内转动，可按结构试验需要安装在指定位置。目前常用的有以下两种。

一种是双油路液压加载器，如图 2-10 所示，其中上油路用来回缩活塞，下油路用来加荷。这种加载器的自重轻，但活塞与油缸之间的摩擦力较大。

另一种是间隙密封液压加载器，如图 2-11 所示，它是靠弹簧进行活塞复位的。与双油路液压加载器相比，活塞与油缸间的摩擦力小，使用稳定，但加工精度高。

如图 2-12 所示，使用同步液压系统和加载架及试验台座，即可进行结构静载试验。利用这套设备可以做各种建筑结构（屋架、梁、板、柱及墙板等）的静载试验，尤其对大吨位、大挠度、大跨度的结构更为适用。它不受加荷点的数量和加荷点距离的限制，并能适应对称和非对称加荷的需要。

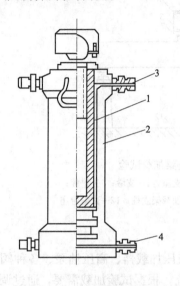

图 2-10　双油路加载器
1—活塞；2—油缸；
3—上油路接头；4—下油路接头

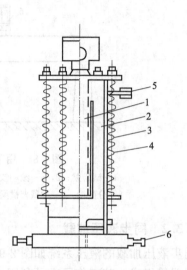

图 2-11　间隙密封加载器
1—活塞；2—油缸；3—丝杆；
4—拉簧；5—油管接头；6—吊杆

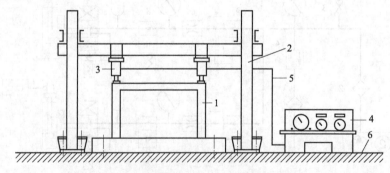

图 2-12　液压加载试验系统
1—试件；2—加载架；3—液压加载器；4—液压操纵台；5—管路系统；6—试验台座

2.3.3　双向液压加载

双向液压加载系统由双作用液压加载器、高压油泵和加载架等组成，多用于对结构施加低周反复荷载试验。

拉压双向液压加载器的构造与工作原理如图 2-13 所示，工作时，先打开高压油泵 10，向上扳动换向阀 11，油压经过油管 3 进入工作油缸 1 推动活塞 8 前进（这时对构件施加压力），同时，工作油缸 1 中的油经油管 7 被压入油箱 12；若要反向加载，只要向下扳动换向阀 11，油泵里的高压油经油管 7 进入工作油缸，推动活塞 8 后退（这时对试件施加拉力），同时油缸 1 中的油被推出，经油管 3 回到油箱 12。

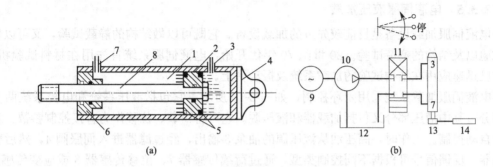

图 2-13　双作用液压加载器
(a) 双向作用加载器构造示意图；(b) 换向阀工作原理图
1—工作油缸；2—活塞；3，7—油管接头；4—固定环；5—油封；6—端盖；8—活塞杆；9—电源；
10—油泵；11—三位四通换向阀；12—油箱；13—荷载传感器；14—应变仪

为了测定拉力或压力值，可在液压加载器活塞杆端头安装拉压荷载传感器，直接用应变仪测量，或将信号送入记录仪记录。

双向液压加载器的最大优点是可以方便地做水平方向的反复加载试验。在抗震试验中，虽然这种方法与实际的动力作用不尽相同，但它在一定条件下可以获得结构或构件抗震性能的重要反应参数，且为实现数据自动采集、自动记录创造了条件，是一种较为理想的加载设备，目前在抗震试验中应用甚广。

2.3.4　试验机加载

结构试验机本身就是一种比较完善的液压加载系统，其构造和工作原理与材料试验机相同，如图 2-14 所示，由液压操纵台、大吨位的液压加载器和试验机架三部组成。常见的有长柱式结构试验机和结构疲劳试验机，可实现对试件的拉、压、弯及疲劳等试验。目前最大

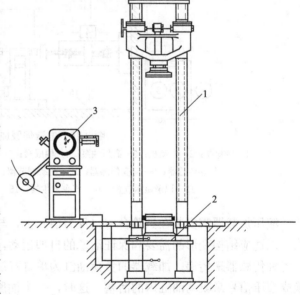

图 2-14　结构长柱试验机
1—试验机架；2—液压加载器；3—液压操纵台

的长柱试验机净空高达 9.8m，加载能力可达 54000kN，此外，还有 5000kN 卧式结构试验机、三轴试验机等。

结构疲劳试验机主要由脉动发生系统、控制系统和液压加载器三部分组成，可做正弦波形荷载的疲劳试验，也可做静载试验和长期荷载试验等。目前国产 PME-50A 疲劳试验机的试验频率可在 100～500 次/分内任意选用，可进行单向（拉或压）应力疲劳试验，同类型的还有瑞士 Amsler 疲劳试验机，因附有蓄力器等一套系统，尚可进行交变（拉或压）应力疲

劳试验。但这些疲劳试验机均靠机械传动，其自动化程度尚受到一定限制。

试验机加载具有精度高、操作方便等优点，在结构试验中选择加载系统时应优先选择。另外，大型结构试验机还可以通过专用的中间接口与计算机连接，并配置专门的数据采集和数据处理设备，可实现由程序控制自动操作及数据采集和数据处理等功能。

2.3.5　电液伺服液压加载

电液伺服加载设备是目前较先进的加载设备。它既可以做结构的静载试验，又可以做动力试验以及结构的疲劳试验。20世纪70年代开始，电液伺服系统首先用在材料试验机上，现在已迅速应用在结构试验的加载系统及振动台上。

电液伺服加载系统采用闭环控制，如图2-15所示，它包括液压系统和电控系统两个主要部分，其中液压部分又包括加载器和液压源。它可将荷载、位移作为直接控制参数，实现试验自动控制。工作时，高压油从液压源的油泵3输出，经过滤器进入伺服阀4，然后输入加载器。反馈信号可根据不同控制类型，通过荷载传感器7、位移传感器8或应变传感器9测得。经相应调节器10、11或12放大后，将输出控制值送到伺服控制器15，与指令发生器14输出的指令信号进行比较，其差值经放大后予以反馈，用来控制伺服阀工作，从而完成了全系统的闭环控制。这种比较校正是迅速而连续地进行的，并由该信号转换成液压信号，控制进入加载器油缸的液压油流量及方向，使活塞按加载要求往复运动。

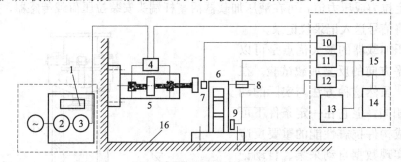

图2-15　电液伺服加载系统

1—冷却器；2—电动机；3—高压油泵；4—伺服阀；5—液压加载器；6—试件；7—荷载传感器；
8—位移传感器；9—应变传感器；10—荷载调节器；11—位移调节器；12—应变调节器；
13—记录显示装置；14—指令发生器；15—伺服控制器；16—试验台座

液压加载器需安装在试验台座（反力墙）上，与反力墙和试件的连接分别采用旋转式接头，以适应结构变形的需要和保证活塞的自如运动，才能对被试验结构施加荷载。荷载值通过各种传感器来传递。加载器的负荷油缸为单缸双油腔结构，工作时由电控系统的伺服阀转换成液压信号来驱动油缸内的活塞，这时，一个油腔内进入高压油，另一个油腔低压排出，两个油腔的压力差即为加载器活塞输出的压力，由此对结构产生拉伸或压缩荷载。

液压加载器产生的荷载可达1～3000kN，行程为±15～±50cm。按加载器规格不同，活塞运行的最大速度为2mm/s和35mm/s，后者可用于动力试验。加载器工作频率一般均在5Hz以下，当要求提高加载频率时，则荷载值和行程均受到限制。

电液伺服液压加载系统的频率范围宽，波形种类多，测量与控制负荷、行程及应变的精度高，配用电子计算机后可进行复杂的加载程序控制、数据处理、分析及打印和显示等。它是目前结构试验中一种较理想的试验设备，特别用来进行抗震结构的静载试验或动力试验尤为适宜，所以被广泛应用。但其投资较大，维护费用较高。

2.4　机械力与气压加载法

2.4.1　机械加载法

机械力加载常用的机具有卷扬机、绞车、吊链、花篮螺丝、螺旋千斤顶及弹簧等。

机械力加载适用于水平荷载试验。利用卷扬机、绞车、吊链和花篮螺丝等机具加载，必须配合绳索对结构施加拉力，与滑轮及滑轮组联合使用时，可改变作用力的方向或提高荷载值。拉力的大小可通过拉力测力计测定。按测力计量程不同，可有两种不同的装置：当测力计量程大于最大加载值时可用图 2-16(a) 所示的串联方式，直接从测力计上测出绳索拉力；当测力计量程较小时，采用图 2-16(b) 的方式连接，此时作用在结构上的实际拉力按式(2-1)计算：

$$P = \varphi n k p \tag{2-1}$$

式中，P 为拉力测力计读数；φ 为滑轮摩擦系数（对普通涂有良好润滑剂的滑轮可取 $0.96 \sim 0.98$）；n 为滑轮组的滑轮数；k 为滑轮组的机械效率。

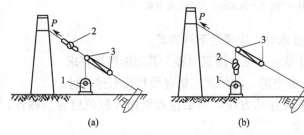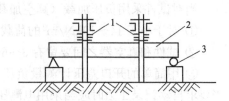

图 2-16　绞车或卷扬机加载的试验装置　　　　图 2-17　弹簧加载的试验装置

(a) 测力计量程大于最大拉力值；(b) 测力计量程小于最大拉力值　　　　1—弹簧；2—试件；3—支墩

1—绞车；2—测力计；3—滑轮

当需要的加载值很小时（如小比例模型试验时），用花篮螺丝加载更为方便。

弹簧加载常用于长期荷载试验。图 2-17 为对梁施加长期荷载的弹簧加载试验装置，弹簧变形值与压力的关系应预先测定，试验时用千分表测量弹簧的压缩变形，从而换算出弹簧所施加的压力（荷载）值。加载值较小时可直接拧紧螺帽加载，加载值很大时，先用千斤顶压缩弹簧后再拧紧螺帽。当结构发生徐变时，会产生卸载现象，因此需经常拧紧螺帽以调整压力。

螺旋千斤顶是利用蜗轮蜗杆机构传动原理制成。使用时，需由测力计来测定其加载值。它适用于对结构施加等变形荷载。

机械力加载的优点是设备简单，当采用索具加载时，很容易改变荷载的方向，故在建筑物、柔性构筑物（烟囱、塔架等）的性能检测或大尺寸模型试验中，常用此法施加水平集中荷载。其缺点是荷载值不可能很大，且当结构在荷载作用点产生变形时，会引起荷载值的改变。

2.4.2　气压加载法

利用气体压力或真空对试件表面施加垂直均布荷载，称为气压加载法。它通常只适用于平板或壳体结构的模型试验。

气压加载法分为正压加载和负压加载两种。正压加载是利用压缩空气对试件施加荷载，如图 2-18（a）所示，在加力装置和试件之间先填充一个气囊，然后对气囊充气，借助气囊的压力对试件表面施加均布压力。负压加载是利用真空泵将试件下面密封室内的空气抽出，使之形成真空，试件外表面受到的大气压，就成为施加在试件上的均布荷载，如图 2-18（b）所示，加载值可由真空度得出，故又称为真空加载。

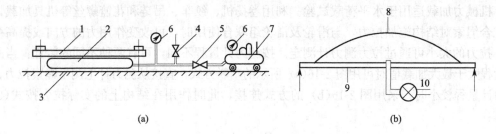

图 2-18　气压加载示意图

（a）正压加载；（b）负压加载

1—板试件；2—气囊；3—试验台座；4—泄气针阀；5—进气针阀；6—压力表；

7—空气压缩机；8—壳体试件；9—支承板；10—接真空泵

当对试件采用负压加载（真空加载）技术时，应满足下列要求。

① 对于小于 $14\sim19kN/m^2$ 的荷载，任意一种工业用真空吸尘器都能满足要求。

② 试件和真空器之间要留有 $3\sim6mm$ 的空隙，并用聚乙烯薄膜和凡士林密封。

③ 用简单的开口差压计测量负压力是最好的方法，如果在水里加入颜色更容易测读。当要求自动记录压力时应当采用电测压力表。

④ 应在真空室的壁上设置调节孔，以便控制荷载。

气压加载的优点是加、卸载方便安全，荷载稳定，构件破坏时能自动卸载，构件外表面便于观察与安装仪表。其缺点是内表面无法直接观察，安装量测仪表也受到限制。

2.5　动力激振加载法

结构动力试验中的振动力振源有两类：一类是自然振源，如地面脉动、气流产生的振动、地面爆破以及动力机械、运输机械和起吊机械在运行中产生的振动等；另一类是人工振源，如利用惯性力激振、电磁激振、疲劳机激振等。

2.5.1　惯性力加载法

惯性力加载法是利用物体质量在运动中产生的惯性力对试件施加动力荷载。按照产生惯性力的方法通常分为冲击力、离心力两类。

2.5.1.1　冲击力加载

冲击力加载的特点是在极为短促的时间内，在它的作用下使试件产生自由振动，适用于动力特性测定试验。产生撞击力的方法有突加荷载法和突卸荷载法两种。

（1）突加荷载法　突加荷载法又称初速度加载法。图 2-19 为利用落锤或摆锤的方法使试件在瞬时内受到垂直方向或水平方向的冲击，产生一个初速度，使试件获得所需的冲击荷载并产生振动。冲击作用力的总持续时间应比试件有效振型的自振周期尽可能短些，这样引起的振动是整个初速度的函数，而不是力大小的函数。

　　突加荷载法只需用较小的荷载便可产生较大的振幅，它适用于试件刚度较大的动力试验。但图 2-19(a) 中垂直跌落的落锤重量将附在试件上一起振动，并且落锤弹起落下既会影响试件自振阻尼振动，又可能使试件受到局部损伤。因此，为了避免试件产生过度的应力和变形，落锤不宜过重，落距也不宜过大。通常，落锤重量取试验跨内试件自重的 0.10%，落距 $h \leqslant 2.5m$，为防止落锤跳动和试件局部损坏，可在落点铺一层厚 10～20cm 的砂垫层。

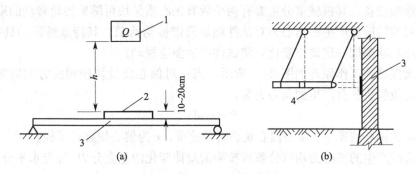

图 2-19　突加荷载法示意图
(a) 垂直突加荷载；(b) 水平突加荷载
1—落锤；2—砂垫层；3—试件；4—摆锤

　　(2) 突卸荷载法　突卸荷载法又称初位移加载法。如图 2-20 所示，在试件上拉一根钢丝绳，首先使试件变形并产生一个人为的初始强迫位移（静挠度），然后突然卸去荷载，使试件在静力平衡位置附近做自由振动。突卸荷载法的荷载量应根据试件允许的最大振幅计算确定。在加载过程中，当拉力达到足够大时，事先连接在钢丝绳上的钢拉杆被拉断［图 2-20(b)、(c) 为剪断钢丝绳］而形成突然卸载，故可通过调整拉杆的截面面积，获得不同的拉力和不同的初位移。突卸荷载法的优点是在试件自振时荷载已不存在于试件上，没有附加质量的影响，因而特别适合结构动力特性试验。但因施加的荷载量不会太大，故仅适用于刚度不大的试件，特别是柔性的高耸结构等。

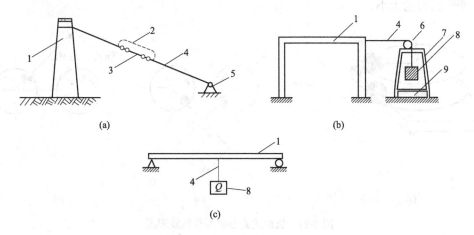

图 2-20　突卸荷载法示意图
(a) 绞索张拉；(b) 钢丝绳张拉；(c) 绳索悬吊
1—试件；2—保护钢丝绳；3—钢拉杆；4—钢丝绳；5—绞车或卷扬机；
6—滑轮；7—支架；8—重物；9—减振垫层

当采用惯性力加载时，荷载的作用点要根据结构物振动形态来确定。例如图 2-19（a）要得到简支梁的第一振型，应该用一个集中荷载作用于跨中，若要得到第二振型，则应该用两个荷载分别作用在跨度的 1/4 处，方向相反。此外，还可以利用现成的动力设备来使结构产生自振，例如桥式吊车的纵向或横向制动力，可使厂房空间结构受到水平撞击荷载。

2.5.1.2　离心力加载法

离心力加载也称偏心式激振器加载。偏心式激振器是一种能提供稳态简谐振动的具有较大激振力的激振设备，其机械部分主要有两个载有偏心质量块可随旋转轮转动的扇形圆盘构成。它是依靠旋转质量产生的离心力对试件施加简谐振动荷载。其特点是运动具有周期性，作用力的大小和频率按一定规律变化，使试件产生强迫振动。

偏心式激振器的工作原理如图 2-21 所示，当一对偏心质量块按相反方向以等角速度 ω 旋转时，偏心质量块各自产生的离心力为：

$$P = m\omega^2 r \qquad (2-2)$$

式中，m 为偏心块质量；ω 为偏心块旋转角速度；r 为偏心块旋转半径。

在任何瞬时产生的离心力均可分解成按简谐规律变化的垂直分力 P_V 与水平分力 P_H：

$$P_V = P\sin\alpha = m\omega^2 r\sin\omega t \qquad (2-3)$$

$$P_H = P\cos\alpha = m\omega^2 r\cos\omega t \qquad (2-4)$$

式中，α 为离心力的合力与分力的夹角，$\alpha = \omega t$。

当两个旋转的偏心质量块的相对位置按图 2-21（b）放置时，两个力的水平分力互相平衡而相互抵消，从而只对试件施加两个垂直分力的合力（激振力）：

$$P_V = 2m\omega^2 r\sin\omega t \qquad (2-5)$$

当质量块的相对位置按图 2-21（c）放置时，则垂直分力相互抵消，只对试件施加两个水平分力的合力：

$$P_H = 2m\omega^2 r\cos\omega t \qquad (2-6)$$

试验时，将偏心式激振器底座固定在试件上，由底座把激振力传递给试件，致使试件受到简谐变化激振力的作用。改变质量块的重量或位置，调整电机的转速（即改变角速度 ω），均可改变激振力的大小。

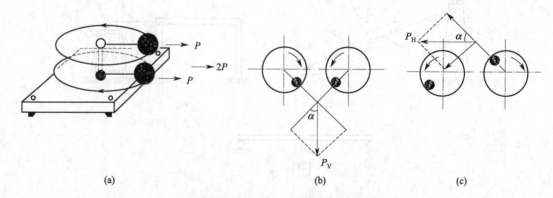

图 2-21　机械式偏心激振器的原理图

偏心式激振器的优点是激振力范围大，可由几十牛顿到几兆牛顿。缺点是频率范围较小，一般在 100Hz 以内。特别是因它输出的激振力与旋转频率的平方成正比，则在低频时激振力不大。

图 2-22 为另一种机械式振动台。它由曲柄连杆系统来带动台面做水平振动，台面的振幅由偏心距 e 的大小来调节，台面振动频率由变速箱调整，因而振动台的振幅与频率变化无关。

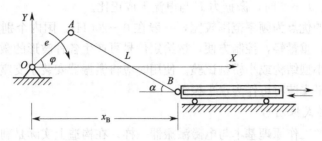

图 2-22　曲柄连杆式机械振动台原理图

机械式振动台的结构简单，容易产生比较大的振幅和激振力；缺点是频率范围小，振幅调节比较困难，机械摩擦影响大，波形失真度也较大，因而，机械式振动台目前使用得较少。

2.5.2　电磁加载法

由物理学可知，在磁场中通电的导体受到与磁场方向相垂直的作用力，电磁加载就是利用电磁力推动试件做强迫振动。当在磁场（永久磁铁或直流激励磁线圈）中放入动圈，通入交变电流即可产生交变激振力，促使固定于动圈上的顶杆做往复运动，推动试件做强迫振动。若在动圈上通以一定的直电流，则可产生静荷载。

目前常用的电磁加载设备有电磁式激振器和电磁振动台。

2.5.2.1　电磁式激振器

图 2-23 为电磁式激振器的构造图，它由磁场系统（包括励磁线圈、铁芯、磁极板）、动圈（工作线圈）、弹簧、顶杆等部件组成。动圈固定在顶杆上，置于铁芯的孔隙中，并由固定在壳体上的弹簧支承。弹簧除支承顶杆外，工作时还使顶杆产生一个稍大于电动力的预压力，以免振动时产生顶杆撞击试件的现象。

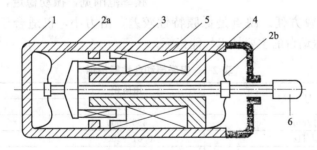

图 2-23　电磁式激振器构造图

1—外壳；2a，2b—弹簧；3—动圈；4—铁芯；5—励磁线圈；6—顶杆

当激励线圈通以稳定的直流电时，铁芯与磁极板的空隙中形成一个强大的恒磁场。与此同时，由低频信号发生器输出的交变电流经功率放大器放大后输入工作线圈，工作线圈即按交变电流谐振规律在磁场中运动并产生一电磁感应力 F，使顶杆推动试件振动。根据电磁感应原理：

$$F = 0.102 BLI \times 10^{-4}$$

$$(2-7)$$

式中，F 为电磁力；B 为磁场强度；L 为工作线圈导线的有效长度；I 为输入工作线圈的交变电流。

当输入工作线圈的交变电流以简谐规律变化时，通过顶杆作用于试件上的激振力也按同样规律变化。当 B、I 不变时，激振力 F 与电流 I 成正比。

电磁式激振器的优点为频率范围较宽，一般在 $0 \sim 200$Hz，国内个别产品可达 1000Hz，推力可达几千牛顿，重量轻，控制方便，按给定信号可产生各种波形的激振力。缺点是激振力不大，仅适合于小型结构或小模型试验。使用时应将激振器安装于支座上，垂直安装时可作为垂直振源，水平安装时可作为水平振源。

2.5.2.2　电磁式振动台

电磁式振动台的工作原理基本与电磁激振器一样，在构造上实际是利用电磁激振器推动一个活动的台面而构成，即在振动台面上安装一个电磁式激振器。

如图 2-24 所示，电磁式振动台的激振系统由信号发生器、振动自动控制仪、功率放大器、激振器及台面等部分组成。

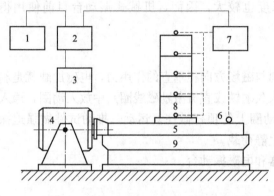

图 2-24　电磁振动台组成的激振系统图

1—信号发生器；2—自动控制仪；3—功率放大器；
4—电磁激振器；5—振动台台面；6—测振传感器；
7—振动测量记录系统；8—试件；9—台座

电磁振动台与电磁式激振器的工作原理一样，其动力学原理也是载流导体在磁场中受力而运动。但振动台可动部分的质量比激振器要大，因此，可动部分的惯性力和电磁感应力相比是不可忽略的。

自动控制仪由自动扫频装置、振动测量及定振装置等部分组成。它是按闭环振动试验的要求设计的。信号发生器可提供功率放大器所需的正弦波、三角波、方波等多种激振信号，这样振动台面就会按提供的信号进行振动。

电磁振动台的噪声比机械式振动台小，频率范围宽，振动稳定，波形失真小，振幅和频率的调节都比较方便。缺点是低频特性较差，出力小，仅适合于小模型动力试验。表 2-1 为两种电磁振动台的主要技术性能指标。

表 2-1　电磁振动台性能指标

型　号		电磁式	电磁式
		2S-20D	日本 IMV
指标	台面尺寸/mm	450×600	800×1000
	频率范围/Hz	0.01～1000	0.5～1000
	最大振幅/mm	±5	±12.5
	最大加速度	$2.5g$	
	激振力/kN	0.2	15
	激振方式	电磁	电磁
	最大载重/kN	0.5	
	台面支承方式	悬吊簧片	液压导轨

2.5.3　现场动力试验的激振方法

在野外现场结构动力试验中，可采用人工激振加载法、人工爆炸激振法和环境随机振动激振法加载。

2.5.3.1 人工振动加载法

人工振动加载法是利用人们自身在结构物上有规律的活动，给试验结构物提供激振力的一种方法。当人的身体做与结构自振周期同步的前后运动时，使其产生足够大的惯性力，就可能形成适合做共振试验的振幅。在操作人员停止运动后，让结构做有阻尼的自由振动，可以获得结构的自振周期和阻尼系数。

试验发现，一个体重约 0.7kN 的人如果做频率为 1Hz、振幅为 15cm 的前后运动时，将产生约 0.2kN 的水平惯性力。由于在 1% 临界阻尼的情况下共振时的动力放大系数为 50，这意味着作用于建筑物上的有效作用力大约为 10kN。利用这种方法曾在一座 15 层钢筋混凝土建筑上取得了振动记录。开始几周运动就达到最大值，这时操作人员停止运动，让结构做有阻尼自由振动，从而获得了结构的自振周期和阻尼系数。

2.5.3.2 人工爆炸激振法

在试验结构附近场地采用炸药进行人工爆炸，利用爆炸产生的冲击波对结构进行瞬时激振，使结构产生强迫振动。可按经验公式估算人工爆炸产生场地地震的加速度 A 和速度 V：

$$A = 21.9 \left[\frac{Q^m}{R} \right]^n \tag{2-8}$$

$$V = 118.6 \left[\frac{Q^m}{R} \right]^q \tag{2-9}$$

式中，Q 为炸药量，t；R 为试验结构距离爆炸源的距离，m；m、n、q 为与试验场地土质有关的系数。

近几年在现场结构动力试验中，研制了一种反冲激振器，又称火箭激振，它是利用火箭发射时的反冲力对建筑物实施激振。对于高层建筑物，可将多个反冲激振器沿结构不同高度布置，以进行高阶振型的测定。国内已进行过几幢建筑物和大型桥梁的现场试验，其试验效果较好。

2.5.3.3 环境随机振动激振法

在结构动力试验中，除了利用以上各种设备和方法进行激振加载以外，环境随机振动激振法近年来发展很快，被人们广泛应用。

环境随机振动激振法也称脉动法。人们在许多试验观测中，发现建筑物经常处于微小而不规则的振动之中。这种微小而不规则的振动来源于微小的地震活动、机器运行、车辆行驶等人为扰动，它使地面存在着连续不断的运动，其运动的幅值极为微小，而它所包含的频谱相当丰富，故称为地面脉动，利用高灵敏度的测振传感器可以记录到这些信号。地面脉动激起建筑物经常处于微小而不规则的脉动中，通常称为建筑物脉动。可以利用这种脉动现象来分析测定结构的动力特性，它不需要任何激振设备，又不受结构形式和大小的限制。

20 世纪 50 年代开始，我国就应用这一方法测定结构的动态参数，但数据分析方法一直采取从结构脉动反应的时程曲线记录图上按照"拍"的特征直接读取频率数值的主谐量法，所以一般只能获得第一振型频率这个单一参数。70 年代，随着计算机技术的进步，随着信号处理机、结构动态分析仪的诞生和应用，使这一方法得到了迅速发展。目前已可以从记录到的结构脉动信号中识别出全部模态参数（各阶自振频率、振型、模态阻尼比等），这使环境随机激振法的应用得到了很大的发展。

2.6　模拟地震振动台加载

地震作用不同于冲击荷载和简谐振动荷载，它具有很大的随机性。要构造一个随机振动状态，激励建筑物做随机振动，使建筑物再现地震振动状态的难度是很大的。

模拟地震振动台可以很好地再现各种地震波，是结构动力试验的一种先进的试验设备。它可以按照试验需要，模拟地震现象，置于该模拟地震台上的结构和基础的反应，经相似换算后，即为原型结构在真实地震下的反应。其特点是具有自动控制和数据采集的处理系统，采用了电子计算机和闭环伺服液压控制技术，并配合先进的振动测量仪器，使工程结构动力试验水平提高到了一个新的高度。

模拟地震振动台的研制工作开始于20世纪60年代。各国的研制过程一般都是从规则波发展到随机波；从单个加振器发展到多个加振器同步作用；从模控台面波形到数控台面波形再现；从单向水平发展到双向、三向以至加上转动等六个自由度的运动等。

模拟地震振动台有单向运动（水平或垂直）、双向运动和三向运动等数种。图2-25为水平、垂直双向模拟地震振动台系统框图，它由振动台台体、液压驱动和动力系统、控制系统及测试分析系统等组成。

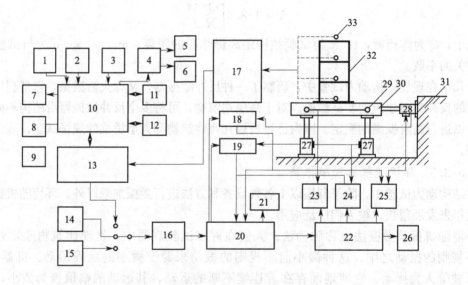

图2-25　水平垂直双向振动台系统框图

1—电传打字机；2—硬盘存储器；3—软盘存储器；4—频率分析系统；5—示波器；
6—输入输出接口：A/D、D/A转换器；7—打印描图机；8—终端显示器；9—硬拷贝机；
10—计算机主机；11—绘图仪；12—行式打印机；13—输入输出接口：A/D、D/A转换器；
14—信号发生器；15—数据记录仪；16—输入信号选择器；17—振动测量系统；
18—水平振动控制器；19—垂直振动控制器；20—电子控制站；21—示波器；22—液压动力源；
23—液压限位控制器；24—垂直加载伺服控制器；25—水平加载伺服控制器；26—冷却系统；
27—垂直电液伺服加载器；28—水平电液伺服加载器；29—液压限位器；
30—振动台台面；31—基础；32—试件；33—测振传感器

（1）振动台台体结构　振动台台面一般是由钢或铝合金制成的平板结构，支承于静压导轨上，台面尺寸大小由结构模型的最大尺寸决定，台体自重和台身结构与承载的试件重量及使用频率范围有关,试验模型重量与台身重量之比以不大于 2 为宜。

　　振动台必须安装在质量很大的刚性基础上,基础的重量一般为可动部分重量或激振力的 $10 \sim 20$ 倍以上,这样可以保证系统的高频特性。另外,基础底部及四周要采取隔振措施,如设置防振沟、砂垫层、橡胶垫或金属弹簧等,以减小对周围建筑和其他设备的影响。

　　(2) 液压驱动和动力系统　液压驱动系统是向振动台施加巨大的推力,目前基本是采用电液伺服系统来驱动。液压加载器上的电液伺服阀根据输入信号(周期或地震波)控制进入加载器液压油的流量大小和方向,从而由加载器推动台面作垂直或水平方向的正弦运动或随机运动。

　　液压动力部分是一个巨大的液压功率源,能供给所需的高压油流量,以满足巨大推力和台身运动速度的要求,以便模拟地震力。

　　(3) 控制系统　模拟地震振动台有模拟控制和数字计算机控制两种控制方法。模拟控制方法又有位移反馈控制和加速度信号输入控制两种。在单纯的位移反馈控制中,由于系统的阻尼小,很容易产生不稳定现象,为此,在系统中加入加速度反馈,可增大系统阻尼,从而保证系统的稳定性。与此同时,还可以加入速度反馈,以提高系统的反应性能,减小加速度波形的畸变。为了能使直接记录到的强地震加速度推动振动台,可在输入端通过二次积分,同时输入位移、速度和加速度三种信号进行控制。数字计算机控制方法采用计算机进行数字迭代的补偿技术,可实现台面地震波的再现,提高振动台的控制精度。由于包括台面、试件在内的系统的非线性影响,在计算机给台面的输入信号激励下所得到的反应与输入的期望波形之间必然存在误差,这时,可由计算机将台面输出信号与系统本身的传递函数(频率响应)求得下次驱动台面所需的补偿量和修正后的输入信号。经过多次迭代,直至台面输出反应信号与原始输入信号之间的误差小于预先给定的量值,从而完成迭代补偿并得到满意的期望地震波形。

　　(4) 测试系统和分析系统　测试系统除了对台身运动进行控制和测量位移、加速度之外,更重要的是测量试件在地震波作用下的速度、加速度、位移和应变反应及频率等。位移测量多采用差动变位器式和电位计式位移计,可测量试件相对台面的位移或相对于基础的位移。加速度测量采用应变式加速度计、压电式加速度计、差容式或伺服式加速度计等。试件的破坏过程可采用摄像机进行记录,便于在电视屏幕上进行破坏过程的分析。

　　试验数据的采集系统可以在直视式示波器或磁带记录仪上将反应的时间历程记录下来,也可以经过模数转换送到计算机进行储存,并进行分析处理。随着数字技术和网络技术的迅速发展,液压控制系统和数据采集及处理系统已实现了完全数字化,以前需人工进行的大量繁琐而复杂的手工操作,现在只需在计算机前点几下鼠标即可完成。振动台试验的大量数据可以由组成网络的几台微机来实时采集处理。另外,通过互联网,用户还可以在千里之外实时了解试验的情况和进程。

　　振动台台面运动参数最基本的是位移、速度和加速度以及使用频率。一般是按模型比例及试验要求确定台身满负荷时的最大加速度、速度和位移等数值;使用频率范围由所做试验模型的第一频率而定,一般各类结构的第一频率在 $1 \sim 10 \mathrm{Hz}$,故整个系统的频率范围应该大于 $10 \mathrm{Hz}$,考虑到高阶振型,频率上限当然越大越好。

　　表 2-2 为国内外几种模拟地震振动台的规格及性能指标,可供参考。

表 2-2　国内外部分模拟地震振动台的性能与技术参数

国家与单位	台面尺寸/(m×m)	台重/kN	最大载重/kN	频率范围/Hz	激振力/kN	最大振幅/mm	最大速度/(mm/s)	最大加速度/g	激振方向	生产厂家
中国同济大学(1983)	4×4	100	150	0.1~50	X:200×2 Y:200×2 Z:135×2	X:±100 Y:±100 Z:±50	1000 1000 600	1.2 1.2 0.8	X、Y和Z	MTS
中国水利科学研究院(1985)	5×5	250	200	0.1~120		X:±40 Y:±40 Z:±30	400 400 300	1.0 1.0 0.7	X、Y和Z	SCH-ENCK
中国建筑科学研究院	6×6	400	800	0.1~50	250	X:±150 Y:±250 Z:±100	1000 1250 800	1.5 1.0 0.8	X、Y和Z	MTS
中国地震局工程力学研究所(1987)	5×5	200	300	0.4~50	X:250×2 Y:250×2 Z:1000	X:±80 Y:±80 Z:±50	600 600 600	1.0 1.0 0.7	X、Y和Z	红山厂
中国西安建筑科技大学(2010)	4.1×4.1		300	0.1~50		X:±150 Y:+250 Z:±100	1000 1250 800	1.0 1.0 0.9	X、Y和Z	MTS
中国交通部重庆公路研究所	6×3		350	0.1~50				1.0 1.0 1.0	X、Y和Z	重庆
日本科学技术厅国立防灾科学技术中心(1970)	15×15	1600	X:5000 Z:2000	0~50	X:900×4 Z:900×4	X:±30 Z:±30	370 370	0.55 1.00	X和Z	三菱
中国台湾地震工程研究中心	5×5		500	0~50	40	X:±80 Y:±50 Z:±200	600 500 1000	1.0	X、Y和Z	MTS
中国国有铁道研究所(1979)	12×8		4000	0~20		±50	400		X	日立
日本原子能工程试验中心(1983)	15×15	4000	1000	0~30	X:30000 Z:33000	X:±200 Z:±100	750 375	1.8 0.9	X和Z	三菱
日本建设省建设研究所(1999)	8×8		3000	0~30				4.0	X、Y和Z	MTS
美国加利福尼亚伯克利分校(1971)	6.1×6.1	450	450	0~50	X:245×3 Z:113×4	X:±152 Z:±51	635 254	0.67 0.22	X和Z	MTS
美国E.G.&G(1981)	3×3		100	0~30		X:±152 Z:±76	635 318	1.0 0.5	X和Z	MTS
美国纽约州立大学	3.65×3.65	200	200	0.1~60	X:400 Z:720	X:±304 Z:±152	762 508	1.15 4.3	X和Z	MTS

2.7　土木工程结构试验荷载的支承装置

土木工程结构试验加载时，除了前述各种加载设备外，还必须有一套荷载支承装置。荷载支承装置包括反力装置、支座装置和辅助设备等。

2.7.1 反力装置

在结构试验中，通过加载器（或千斤顶）对试件施加竖向或水平荷载时，必须依靠反力装置来平衡加载器的反作用力。

2.7.1.1 竖向反力装置

竖向反力装置主要由垂直加载架、加载器连接件及试验台座等组成。

（1）加载架　加载架又称反力架，主要是由横梁、立柱组成的钢结构Ⅱ型架，横梁与立柱采用精制钢栓或圆销连接，立柱柱脚用地脚锚栓与试验台座连接固定。试验室常用的加载架有组合式加载架和移动式加载架。

图 2-26 是与电液伺服程控结构试验机配套的组合式加载架。由立柱、横梁、大梁及地脚锚栓等组成。柱脚可设计为单向与双向两种形式，立柱和梁及其连接按钢结构设计方法设计，但还应满足 2.1 节中对加载设备的性能要求。为了安装方便，地脚锚栓可与槽式试验台配合设计成卡扣式。该加载架可满足高度为 11m 以下的砖混住宅、框架、剪力墙、大比例模型及特种结构等试验需要，承载力大（可达 4000kN），使用灵活。但在进行大型试验时加载架的组装工作仍需花费一定劳动强度，且要求有一定的吊装设备。

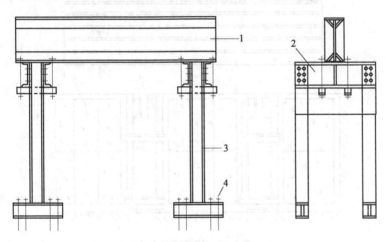

图 2-26　组合式加载架示意图
1—大梁；2—横梁；3—立柱；4—地脚锚栓

试验室使用的另一种组合式加载架是用截面较大的圆钢制成的钢柱及钢制横梁组成。在圆钢立柱两端加工螺纹，上端用螺帽固定横梁，下端用螺帽与试验台座固定。这类加载架比较轻便，但刚度较小，使用不当容易产生弯曲变形，同时立柱的螺纹容易损坏，影响使用。

移动式加载架是在加载梁立柱底部设置 4 个滚轮，并安装一套电子驱动机构，使加载架沿试验台的槽轨为导轨前后运行。其横梁可升可降，液压加载器可挂在横梁上。这样，整个加载梁相当于一台移动式结构试验机。当试件在试验台上安装就位后，加载架可按试件位置需要调整位置，然后用立柱上的地脚螺栓固定，即可进行试验加载。移动式加载架在使用上较方便，但设备成本较高，且由于不能组装，故在使用时受到一定限制。

（2）试验台座　试验台座是一个巨型的整体式钢筋混凝土或预应力钢筋混凝土厚板或箱形结构。台座表面一般与试验室地坪标高一致，以利于使用试验室的面积。台座长由几米至几十米，宽可达十余米，厚几十厘米至几米。台座的承载力一般在 200～1000kN/m²。台座的刚度极大，受力后变形较小，故允许在台面上沿纵向或横向同时进行几组结构试验，而不必考虑相互之间的影响。

台座结构设计时，纵向和横向均应按各种试验时可能产生的最不利受力情况进行验算及配筋，以保证台座具有足够的强度和整体刚度。用于动力试验的台座还应有足够的质量和耐疲劳强度，以免工作时引起共振和疲劳破坏，尤其应注意局部预埋件等的疲劳破坏。动力试验台座与静力试验台座应分离设置，避免动力试验对静力试验的干扰。

按台座结构构造的不同，目前国内常见的试验台座可分为以下四种形式。

① 槽式试验台座。图 2-27 是目前国内用得较多的一种槽式静力试验台座。其构造特点是沿台座纵向全长布置若干条槽轨。槽轨是用型钢制成的纵向框架式（或桁架式）结构，埋置在台座的混凝土内。槽轨用于锚固加载架及其他支架。加载架立柱如用圆钢制成，可直接用螺帽固定在槽内；加载架立柱如用型钢制成，其底部可按钢结构柱脚的构造设计，用地脚锚栓固定在槽内。试验时，试件受压，则立柱受拉，故设计台座时应保证槽轨不会由混凝土中拔出。

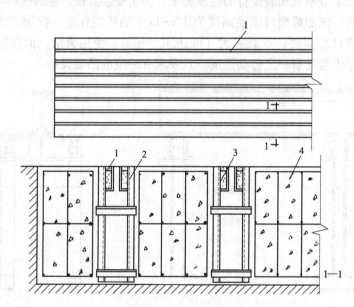

图 2-27　槽式试验台座

1—槽轨；2—型钢骨架；3—高标号混凝土；4—钢筋混凝土

这种台座的加载点位置可沿台座纵向或横向任意变动。其缺点为型钢用量大，槽轨施工精度要求较高，不适用于动力试验，因为地脚螺丝容易松动。

② 地锚式试验台座。图 2-28 为地锚式试验台座，其特点是在台面上每隔一定间距设置一个地脚螺丝，螺丝下端锚固在混凝土内，顶端伸出到台座表面特制的地槽内，并略低于台座表面标高，使用时，通过套筒螺母与加载架的立柱连接。平时用盖板将地槽盖住，以保护螺丝端部，并防止杂物落入孔穴。这种台座不仅用于静力试验，还可以安装结构疲劳试验机进行动力疲劳试验。其缺点是螺丝受损后修理困难。此外，由于螺丝位置是固定的，所以安装试件的位置受到限制，不如槽式台座方便。

③ 箱型试验台座。图 2-29 为一箱型试验台座，其台座本身就是一个刚度很大的箱型结构，其构造特点是台座顶板沿纵、横两个方向按一定间距留有竖向贯穿的孔洞（地锚孔），以固定立柱或梁式槽轨。台座配备有短的梁式活动槽轨，便于沿孔洞连线的任意位置加载，即先将槽轨固定在相邻的两孔间，然后将立杆（或拉杆）按加载的位置固定在槽轨上。箱型

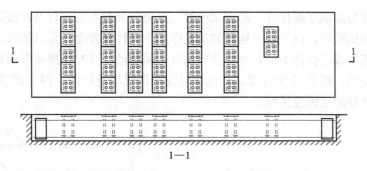

图 2-28　地锚式试验台座

1—地脚螺丝；2—台座地槽

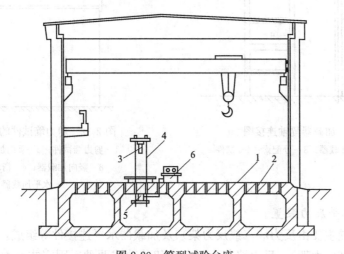

图 2-29　箱型试验台座

1—箱型台座；2—地锚孔；3—试件；4—加荷架；5—液压加载器；6—液压操作台

结构内部（相当地道）可作为地下室，可供长期结构试验或特种试验使用。其缺点为台座型钢用量大，槽轨施工难度较大，且因地脚螺丝容易松动，故不适用于结构动力试验。

　　更大型的箱型试验台座同时还可兼作为试验室房屋的基础，因而场地的空间利用率高，加载器设备管路易布置，台面整洁不乱。主要缺点是安装和移动设备较困难。

　　④ 槽、锚式试验台座。图 2-30 为槽锚式试验台座。这种台座具有槽式及地锚式台座的特点，同时由于抗震试验的需要，利用锚栓一方面可固定试件，另一方面可承受水平剪力。

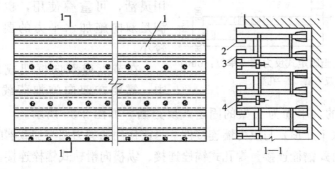

图 2-30　槽锚式试验台座

1—滑槽；2—高标号混凝土；3—型钢骨架；4—锚栓

（3）加载器与加载架连接件　静力试验时，只要使加载器与试件及加载架之间保持稳定即可。但在抗震试验时，由于水平地震的反复作用，试件要发生一定的侧移，此时垂直方向的加载器要使其荷载点保持不变，就必须同试件一起移动，这时需要依靠加载器与横梁之间的滚动辊轴来完成，图 2-31 为框架试件试验时加载器辊轴连接图。图 2-32 为剪力墙试件试验时，竖向加载器的辊轴连接图。

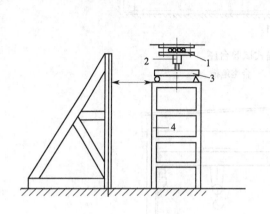

图 2-31　加载器辊轴连接图

1—辊轴；2—加载器；3—分配梁；4—试件

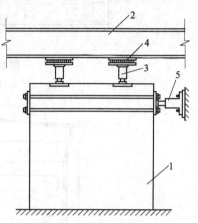

图 2-32　剪力墙试件的加载示意

1—剪力墙试件；2—竖向加载架大梁；

3—竖向加载器；4—滑动小车；

5—水平加载器

2.7.1.2　水平反力装置

水平反力装置主要由反力墙（或反力架）及加载器水平连接件等组成。

（1）反力墙（反力架）　反力墙分为固定式和移动式两种。固定式反力墙在国内外多采用混凝土结构（钢筋混凝土或预应力混凝土），而且和试验台座刚性连接，以减少自身的变形。在混凝土反力墙上，按一定距离设有孔洞，以便用螺栓锚固加载器的底板，如图 2-33 所示。

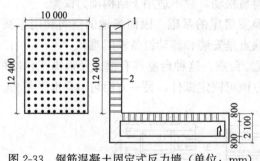

图 2-33　钢筋混凝土固定式反力墙（单位：mm）

1—反力墙；2—孔洞

移动式反力墙（或反力架）一般采用钢结构，可做成单片式或多片式，均为板梁式结构，通过螺栓与试验台座的槽轨锚固，如图 2-34 所示。这种反力墙加载方便，使用灵活，可重叠使用，也可分别使用，可满足双向施加水平力的要求，但其承载力较小。

在节点或双向框架或房屋的抗震试验中，需要在双向施加荷载。这时，反力装置应设计成正交的，平面为 L 型的固定式反力墙，如图 2-35 所示。

（2）加载器（千斤顶）与反力墙连接件　目前使用的剪力墙与加载器的连接方式大致分为三种：纵向滑轨式锚栓连接、螺孔式锚栓连接、纵横向滑轨式锚栓连接。

图 2-36 为水平加载装置连接件，它由铸钢铸造而成，抗弯刚度很大，加载器可在反力墙上纵、横向滑动，以满足任意点加载的需要。

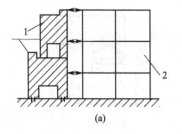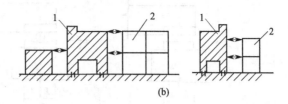

图 2-34　移动式反力墙

(a) 装配使用示意图；(b) 单片使用示意图

1—反力墙；2—试件

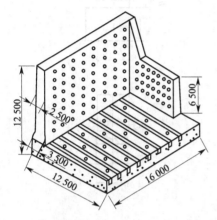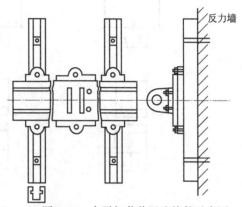

图 2-35　钢筋混凝土 L 型固定式反力墙示意图　　　图 2-36　水平加载装置连接件示意图

（单位：mm）

2.7.2　支座装置

土木工程结构试验中的支座装置是支承试件、传递作用力和模拟试件边界条件的设备，通常由支座和支墩组成。

2.7.2.1　支座

土木工程结构试验中，试件支座的基本形式为铰支座。铰支座一般都用钢材制作，按自由度不同可分为固定铰支座、活动铰支座和球铰支座等形式，如图 2-37 所示。

（1）铰支座的性能及构造要求　为了正确模拟试件受力和边界条件，铰支座的性能及构造应满足下列几点基本要求：

① 必须保证试件在支座处能自由转动；

② 必须保证试件在支座处力的传递。

为防止试件和支墩的局部受压破坏，并能减小滚动摩擦力，应在钢滚轴的上、下设置钢垫板。钢垫板的宽度不小于试件支承处的宽度，钢垫板的长度 L 可按下式计算：

$$L = \frac{R}{2bf_c} \quad （\text{mm}） \tag{2-10}$$

式中，R 为支座反力，N；b 为试件支承处截面宽度，mm；f_c 为试件材料的抗压强度设计值，N/mm^2。

③ 试件支座处铰的上、下钢垫板要有一定的刚度和强度。钢垫板的宽厚比不宜小于 1/6，钢垫板的厚度 δ 可按下式计算：

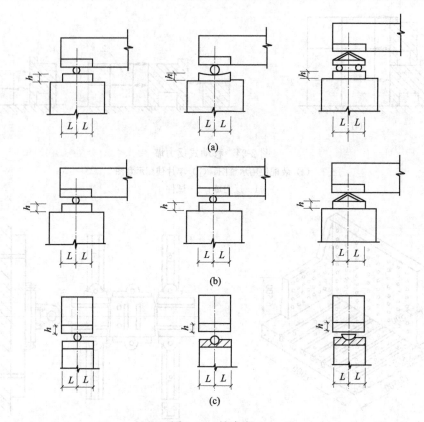

图 2-37 铰支座

(a) 活动铰支座；(b) 固定铰支座；(c) 球铰支座

$$\delta = \sqrt{\frac{2f_c L^2}{f_y}} \geqslant 6 \quad (\text{mm}) \tag{2-11}$$

式中，f_c 为试件混凝土抗压强度设计值，N/mm^2；f_y 为垫板钢材的强度设计值，N/mm^2；L 为滚轴中心至垫板边缘的距离，mm。

④ 滚轴的长度一般取等于试件支承处截面宽度 b。

⑤ 滚轴的直径可参照表 2-3 选用，并按下式进行强度验算：

$$\sigma = 0.418 \sqrt{\frac{RE_s}{rb}} \tag{2-12}$$

式中，E_s 为滚轴钢材的弹性模量，N/mm^2；R 为支座反力，N；r 为滚轴半径，mm，$r \geqslant 50$mm；b 为滚轴长度，mm。

表 2-3 钢滚轴直径选用表

滚轴荷载/(kN/mm)	<2	2~4	2~6
滚轴直径 d/mm	50	60~80	80~100

(2) 常见试件的支座形式及要求　土木工程结构试验中，对不同形式的试件，其支座的形式及要求也不相同。

① 简支构件和连续梁的支座　这类构件除一端为固定铰支座外，其他应为活动铰支座。安装时各支座轴线应彼此平行并垂直于试验构件的纵轴线，各支座间的距离取为构件的计算跨度。

当需要模拟梁的嵌固端支座时，除在梁底设置铰支座（下支座）外，可利用试验台座用拉杆锚固，形成梁顶面的铰支座（上支座），如图 2-38 所示。只要保证下支座与拉杆间的嵌固长度，即可满足试验要求。

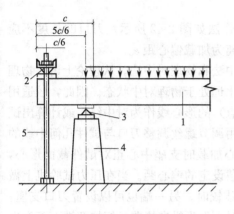

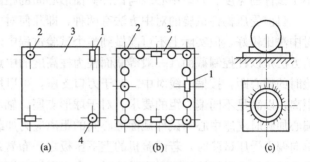

图 2-38　梁嵌固端支座设置

1—试件；2—上支座刀口；

3—下支座刀口；4—支墩；5—拉杆

图 2-39　板壳结构的支座布置方式

（a）四角支撑板；（b）四边支撑板；（c）固定球铰

1—滚轴；2—钢球；3—试件；4—固定球铰

② 四角支承板和四边支承板的支座　在配置四角支承板支座时，应安放一个固定滚珠，滚珠直径至少 30～50mm。对四边支承板，滚珠间距不宜过大，宜取板在支承处厚度的 3～5 倍。

此外，对于四边简支板的支座应注意四个角部的处理。当四边支承板无边梁时，加载后四角会翘起，因此，角部应安置能受拉的支座。板、壳支座的布置方式如图 2-39 所示。

③ 受压构件两端的支座　在进行柱或压杆试验时，支座只对试件提供沿轴向的反力，无水平反力也不应发生水平位移；另外，试件端部应能自由转动，无约束弯矩。因此，试件两端应分别设置球形支座或刀口支座，如图 2-40、图 2-41 所示。对轴心受压试件两端宜设

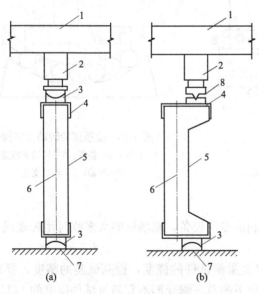

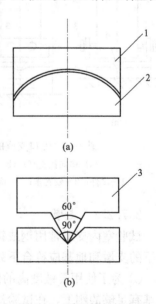

图 2-40　受压构件的支座布置

（a）轴心受压；（b）偏心受压

1—加载架大梁；2—千斤顶；3—球形支座；4—柱头钢套；

5—试件；6—试件几何轴线；7—底座；8—刀口支座

图 2-41　受压构件的支座

（a）球形支座；（b）刀口支座

1—上半球；2—下半球；3—刀口座

置球形支座。单向偏心受压试件两端宜设置沿偏压方向的刀口支座，也可采用球形支座。双向偏心受压试件两端应分别设置球形支座或双层正交刀口支座。刀口支座和球形支座中心应与加载点重合。

刀口支座是固定铰支座的一种特殊形式，其构造作法如图2-42所示。刀口的长度不应小于试件的宽度。刀口中心线与试件截面形心间的距离为加载偏心距 e_0。

目前受压构件试验的对中方法有两种，即几何对中法和物理对中法。从理论上讲，物理对中法比较好，但实际上不可能做到整个试验过程中永远处于物理对中状态。因此，较适用的方法是以柱控制截面（一般等截面柱为柱高度的中点）的形心线作为对中线，或计算出试验时的偏心距，按偏心线对中。对于刀口支座，可以用调节螺丝调整刀口与试件几何中线的距离，以满足不同偏心距的要求。对于球形支座，轴心加载时支座中心正对试件截面形心，偏心加载时支座中心与试件截面形心间的距离应为加载设定的偏心距。当在压力试验机上做单向偏心受压试验时，若试验机的上下压板之一布置球铰时，另一端也可以设置刀口支座；当在试验机上做短柱抗压强度试验时，由于短柱破坏时不发生纵向挠曲，短柱两端面不发生相对转动，因此，当试验机上下压板之一已有球铰时，短柱两端可不另设刀口。这样处理是合理的，且能和混凝土棱柱体强度试验方法一致。

④ 受扭构件两端的支座　对于梁式受扭构件，当采用偏心距加载方法进行受扭加载试验时，为了减少支座的转动摩擦力，保证试件在受扭平面内自由转动，试件应架设在配有滚轴的两个自由转动支座上，如图2-41所示，支座的转动中心应与试件的转动中心重合。安装试件时，两支座的转动平面应彼此平行，并应垂直于试件的扭转轴。

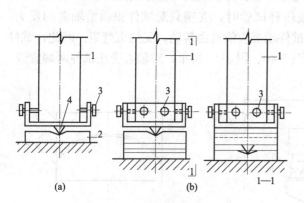

图2-42　刀口支座的构造作法
（a）单向铰支座；（b）双向铰支座
1—试件；2—铰支座；3—调整螺丝；4—刀口

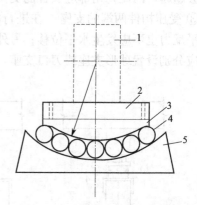

图2-43　受扭试验转动支座构造
1—试件；2—垫板；3—转动支座盖板；
4—滚轴；5—转动支座

2.7.2.2　支墩

试验室内支墩常用钢或钢筋混凝土制成专用设备，现场试验大多临时用砖砌成。试件支座下的支墩和地基应符合下列规定。

① 为了使用灵敏度高的位移量测仪表量测试件的挠度，提高试验的精度，要求支墩和地基有足够的刚度，在试验最大荷载作用下的总压缩变形不宜超过试件挠度的1/10。

② 当试验需要使用两个以上支墩的试件，如连续梁、四角支承板和四边支承板等，为了防止支墩的不均匀沉降及避免试件产生附加应力而破坏，要求各支墩应具有相同的刚度。

③ 单向简支试件的两个铰支座的高差应符合结构构件支座设计高差的要求，其允许偏差不宜大于试件跨度的 1/200。双向板试件支墩在两个跨度方向的高差和偏差也应满足上述要求。这是因为过大的高差会在结构中产生附加应力，改变结构的工作机制。

④ 连续梁的各中间支墩应采用可调式支墩，必要时还应安装测力计，按支座反力的大小调节支墩高度，这是因为支墩的高度对连续梁的内力有很大影响。

2.7.3　加载辅助设备

2.7.3.1　荷载传递装置

加载设备产生的作用力是通过荷载传递装置作用到试验试件上去的，因而一般静力系统传力装置除自身应有足够的强度和刚度外，还应满足以下条件。

① 当用一个加载器施加 2 个集中荷载或模拟均布荷载时，可通过分配梁来实现，如图 2-44 所示。但分配梁系统应设计成静定结构系统，以保证荷载分配比例恒定，一般分配梁层数不宜超过三层，以保证传递的荷载准确和试验安全。当在水平方向采用分配梁系统时，需增加辅助装置。

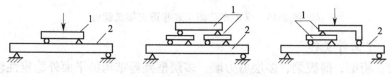

图 2-44　分配梁加载示例
1—分配梁；2—试件

② 墙板受压试验的加载简图应保证墙板计算截面上的应力沿长度方向均匀分布，为此应设置卧梁，卧梁应具有足够的刚度。

③ 用杠杆施加试验荷载时，杠杆的三支点应明确，且在一直线上，杠杆的放大比不宜大于 6。

④ 对于柱的试验，必要时可增设钢柱帽，防止柱端局部压坏。

⑤ 对于隧道模型、地下巷道模型、箱型结构或桁架结构等加载试验时，可设置专用的加载辅助设备。图 2-45 为隧道或地下巷道模型试验的加载支承装置。图 2-46 为西安科技大学的煤矿多功能立式巷道支架试验台，本试验台由 5 榀自平衡钢结构加载架组成，总加载能

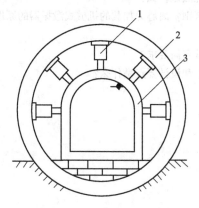

图 2-45　加载框支承
1—加载器；2—加载框；3—试件

力 25000kN，可进行断面尺寸为 10～20m² 多架巷道支架的受力及变形性能试验和巷道支架的空间作用性能试验，是目前亚洲最大的一个功能齐全的巷道支架试验台。

图 2-46　煤矿多功能立式巷道支架试验台

2.7.3.2　平面外支撑

由于屋架、桁架、薄腹梁、多层剪力墙、多层框架等结构的平面外稳定性较差，因此在试验时应严格按结构的实际工作条件可靠地设置平面外支撑，有效地限制试验结构的平面外侧移，确保结构的安全工作。同时也不应设置比设计要求更严密的平面外支撑，以免掩盖实际结构可能存在的隐患。

平面外支撑应有足够的刚度和承载力，且应可靠地锚固，并不应阻碍试件在平面内的自由变形。

复习思考题

1. 试验荷载与实际结构荷载有何区别？
2. 对结构试验加载设备有哪些基本要求？
3. 重力加载法的特点是什么？通常采用的两种重力加载方法有何区别？
4. 同步液压加载的特点及其优点是什么？
5. 两种冲击力加载方法有何区别？离心力加载的机械式激振器的原理是什么？根据离心公式 $P=m\omega^2 r$ 如何改变激振力 P 的大小？
6. 试验支座有什么作用？对其有何要求？
7. 分配梁传递装置的基本要求和设计要点是什么？

第3章 土木工程结构试验的量测技术

3.1 概　　述

在结构试验中，试件所受到的外部作用（如力、位移、温度等）是输入参数，试件的反应（如应变、应力、裂缝、位移、速度、加速度等）是输出参数。只有通过对输入与输出参数的测量、采集和分析处理，才可以了解试件的工作特性，进而对结构的性能作出正确的评价，或为创立新的计算理论提供依据。

试验量测技术一般包括量测方法、量测仪器、量测误差分析三部分。随着科学技术的不断发展，先进的量测仪器不断涌现，试验量测技术也得到不断地发展和提高，从用简单的工具进行人工测量和人工记录，到用仪器进行逐个读数和人工记录，再到用仪器进行量测与记录，以致发展为用电子计算机快速、连续地自动采集数据并进行数据处理的数据采集系统，使结构试验与检测的量测技术进入了一个全新的阶段。

数据量测是人类对客观事物取得定量的认识过程，是判断事物质量指标的手段。准确可靠数据的取得不仅取决于可靠的量测仪器，也依赖于正确的量测方法。因此，实验技术人员除对被测参数的性质和要求深刻理解外，还必须熟悉量测仪器的基本原理、性能特点和使用方法，才能正确地选择和使用量测仪器设备，全面完成试验任务，取得良好的结构试验效果。

本章主要介绍土木工程结构试验中常用量测仪器、仪表的构造原理与使用方法。

3.2 量测仪器的基本概念

3.2.1 量测仪器的基本组成

不论是一个简单的量具还是一套高度自动化的快速量测系统，尽管在外形、内部结构、量测原理及量测精度等方面有很大差别，但作为量测仪器设备，都必须具备三个基本组成部分：

$$\boxed{感受部分} \longrightarrow \boxed{放大部分} \longrightarrow \boxed{显示记录部分}$$

其中感受部分包括检出与变换部分，检出部分的敏感元件一般都直接与被测对象接触或直接附着在被测对象上，用来感受被测对象的参数变化，有时还需要将感受的参数经过变换部分的转化后才能进入放大部分；放大部分通过各种方式（如机械式的齿轮、杠杆、电子放大线路或光学放大等）将被测参数进行放大后，进入显示记录部分；显示记录部分通过指针或电子数码管、屏幕等将量测结果进行显示，或通过各种记录设备将量测参数或曲线记录下来。

常用机械式仪表的三部分都在同一个仪表内。而电测仪器的三部分常常是分开的三个仪器设备，其中第一部分——感受部分将非电量的反应参数转换为电量变化的参数，称为传感器。传感器有多种专用的可供选用，有的还需要试验量测人员根据试验目的自行设计制作。放大器及记录仪器则大部分属于通用仪器设备，有现成的产品可供选用。

3.2.2 量测仪器的分类

量测仪器种类繁多，功能各异。按功能和使用情况可以分为：传感器、放大器、显示器、记录器、分析仪器、数据采集仪。由传感器、数据采集仪和计算机或其他记录仪、显示器等组成集成式仪器，称为数据采集系统，用来进行自动扫描、采集及进行数据处理。

量测仪器还可以按以下方法分类。

① 按工作原理可分为：机械式仪器（纯机械传动、放大和指示）、电测仪器（利用机电变换，并用电量显示）、光学测量仪器（利用光学原理转换、放大和显示）、复合式仪器（由两种以上工作原理复合而成）、伺服式仪器（带有控制功能的仪器）等。

② 按仪器的用途可分为：测力传感器、位移传感器、应变计、倾角传感器、频率计、测振传感器等。

③ 按仪器与试件的关系可分为：附着式与手持式、接触式或非接触式、绝对式与相对式。

④ 按仪器显示与记录方式可分为：直读式与自动记录式、模拟式和数字式。

3.2.3 量测仪器的主要技术性能指标

试验仪器、仪表的技术性能指标是反映量测仪器、仪表性能优劣的标准，其主要技术性能指标如下。

① 刻度值 A。指仪器的指示或显示装置所能指出的最小测量值（最小分度值）。刻度值的倒数为该仪表的放大率 V，即 $V=1/A$。

② 量程 S。指仪器能测量的最大输入量与最小输入量之间的量值范围。

③ 灵敏度 K。指仪器在稳定状态下，单位输入增量引起仪器输出增量的变化，即单位输入量与输出量的比值。如图 3-1 所示，$K=\Delta y/\Delta x$。当仪器的输入特性曲线为一条直线时，各点的斜率相等，K 为常数，如图 3-1(a) 所示；若输入特性为曲线，说明仪器的灵敏度将随被测物理量的大小而变动，如图 3-1(b) 中 x_1、x_2 处的灵敏度是不相等的。

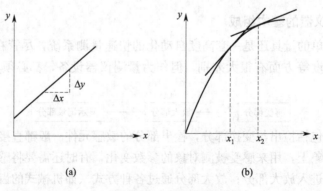

图 3-1　仪表的灵敏度

(a) K 为常量；(b) K 为变量

④ 分辨率：它是使仪器输出量产生能观察的最小变化值。

⑤ 精确度：精确度简称精度，它是仪器指示值与被测值的符合程度。精确度愈高，意味着被测量值的随机误差和系统误差越小。精确度最终是用测量误差的相对值来表示，误差

愈小，精度越高。工程实际中，为了简单表示仪器测量结果的可靠程度，可用仪器精确度等级 A 表示：

$$A = \frac{\Delta Y_{max}}{X_{max} - X_{min}} \times 100\% \tag{3-1}$$

式中，ΔY_{max} 为最大绝对允许误差值；X_{max}、X_{min} 为测量范围的最大输入量（上限）与最小输入量（下限）。

例如一般精度为 0.2 级的仪表，表明测量值的误差不超过最大量程的 $\pm 2\%$。

⑥ 滞后。仪器的输入量从起始值增至最大值的测量过程为正行程，输入量由最大值减至起始值的测量过程称为反行程。同一输入量正反两个行程输出值间的偏差称为滞后。滞后常用满量程中的最大滞后值与满量程输出值之比表示。滞后是由于机械仪器中内摩擦或仪器元件吸收能量所引起的。

⑦ 漂移。漂移分为零位温漂与满量程热漂移。零位温漂是指当仪器的工作环境温度不为 20℃时，零位输出量随温度的变化率；满量程热漂移是指当仪器的工作环境温度不为 20℃时，满量程输出量随温度的变化率。漂移是温度的变化函数，一般由仪器的高低温试验得出其温漂曲线并在试验值中加以修正。

除上述技术性能指标外，对于动力试验量测仪器的传感器、放大器及显示记录仪器等还需考虑下述性能指标。

⑧ 线性范围。指保持仪器的输入量和输出量为线性关系时，输入量的允许变化范围。

⑨ 线性度。指仪表使用时的校准曲线与理论拟合直线的接近程度，用校准曲线和拟合直线的最大偏差与满量程输出的百分比表示。在动力试验测试中，对仪表的线性度应严格要求，否则会影响测量结果，引起较大误差。

⑩ 频响特性。指仪器在不同频率下的灵敏度的变化特性，常以频响曲线表示（对数频率值为横坐标，相对灵敏度为纵坐标）。

⑪ 相移特性。振动参数经传感器转换成电信号或经放大、记录后，在时间上产生的延迟称为相移。相移特性常以仪器的相频特性曲线表示。

量测仪器的某些性能之间常互为矛盾，如精度高的量程常较小，灵敏度高的往往适应性能稍差。因此，在选用时，应避繁就简，根据试验的目的要求，综合考虑，防止盲目性和片面性。

3.2.4　仪器的量测方法

在土木工程结构试验中，应用量测仪器测定反应参数的量测方法有直接测量法和间接测量法、偏位测定法和零位测定法。

3.2.4.1　直接测量法和间接测量法

直接测量法：它是用一个事先按标准量分度的测量仪表对某一被测的量进行直接测定，从而得出该量的数值。直接测量法既"直接"又较"简便"，因此是结构试验中最广泛应用的一种方法。应该指出，直接测量不等于必须用直读式仪表进行，用电压表（直读式仪表）和电位差计（比较式仪表）测量电压均属直接测量。

间接测量法：它是不直接测量待求量 x，而是对与待求量 x 有确切函数关系的其他物理量 y_1，y_2，…，y_n 进行直接测量，然后通过已知函数关系式求待求量 x 的值，即 $x = F(y_1, y_2, …, y_n)$。例如测量试件某特定点上的应力，一般都是通过测定应变，然后根据函数关系式（$\sigma = E\varepsilon$）再导出应力。间接测量法是在直接测量法不便进行时，或没有相应仪表可采用时，或直接测量产生的误差过大时使用。

3.2.4.2　偏位测量法和零位测量法

偏位测量法：当量测仪表使用指针相对于刻度线的偏位来直接表示被测值的大小时，这种量测方法称为"偏位测量法"。用偏位法测量时，指针式仪表内没有标准量具，而只设有经过标准量具标定过的刻度尺。因为刻度尺的精确度不可能做到很高，所以这种测量方法的测量精度不高。如用机械百分表、千分表测定试件变形等。

零位测量法：它是使被测的量 x 和某已知标准量 x' 对仪表的指零机构的作用达到平衡，即两个作用的总效应为零（指零机构的示值为零，即 $x = x'$）。在零位测量法中测量结果的误差主要取决于标准量的误差，因而测量精度高于偏位测量法。但采用零位测量法必须及时调整标准量，所以操作速度慢，如用天平称重，较早使用的 YJ-5 型静态电阻应变仪测量应变等。

偏位测量法和零位测量法均属直接测量法，在土木工程结构试验中均被广泛采用。

3.2.5　仪器误差及消除方法

3.2.5.1　仪器误差

误差包括偶然误差和系统误差。仪器本身的误差属于系统误差范畴，产生系统误差的主要原因是由于仪器在生产工艺上或设计上的缺陷所造成的（如零件的尺寸、安装位置和刻度分划不准确等），或者是由于使用日久带来的零件磨损、零件变形等影响造成的。在设计原理上用线性关系近似地代替非线性关系也会产生系统误差。

仪器系统误差出现的规律可区分为定值误差和变值误差两种。在整个测量过程中，误差的大小和符号都保持不变称为"定值误差"（如仪器的刻度不准确）。变值误差较复杂，分为累进误差、周期误差和按复杂规律变化的误差三种。在测量过程中，随时间递增或递减的误差称为"累进误差"。周期性的改变其数值及符号的误差称为周期误差。

3.2.5.2　消除系统误差的方法

消除系统误差的基本方法是事先找出仪器存在的系统误差及其变化规律，并对其建立各种修正公式，或绘制修正曲线、编制修正表格等。这就需要对仪器进行定期率定，率定方法有如下三种。

① 在专门的率定设备上进行率定。这种设备能产生一个已知标准量的变化，把它和被率定仪器的示值做比较，求出被率定仪器的刻度值 A。这种方法所用率定设备的准确度要比被率定仪器的准确度高一个等级以上。

② 采用和被率定仪器同一等级的"标准"仪器做比较进行率定。所谓"标准"仪器，其准确度并不比被率定的仪器高，但它不常使用，因而可以认为该仪器的度量性能技术指标可保持不变，准确度也为已知。显然这种率定方法的准确度取决于"标准"仪器的准确度。因为被率定仪器和"标准"仪器具有同一精度，故率定结果的准确度要比第一种方法稍差。但本办法不需要特殊率定设备，所以常被采用。

③ 利用标准试件率定。将标准试件放在试验机上加荷，使标准试件产生已知的变化量，根据这个变化量就可以求出安装在试件上的被率定仪器的刻度值。此法准确度不高，但它更简单，容易实现，所以被广泛采用。

此外，对于在工作期间随时要求进行率定的仪器，可将专门的率定装置直接安装在仪器内部。例如动态电阻应变仪内部就设有这种内标定装置。

3.3　应　变　测　量

土木工程结构试验中，直接测定试件截面的应力比较困难，现有的一般方法是先测定应变 ε，然后通过 $\sigma=E\varepsilon$ 的关系间接测定应力或由已知的 σ-ε 关系曲线求得应力。

应变定义为单位长度范围内的伸长或缩短量（$\varepsilon=\Delta L/L$），因此，在土木工程结构试验中，可通过测得单位长度内的伸长量 ΔL 导出应变。另外，为测定荷载或作用力的大小，可以借助仪器将力变换为仪器中某一部件相对于另一部件的位移而导出力的大小（如 $F=C\times\Delta L/L$，C 为仪器部件的刚度）。

应变测量在结构试验的反应参数测量中具有极其重要的地位，结构的位移、应力、力、转角，以及压力等都可以由应变通过已知的函数关系式导出。应变测量的方法主要有应变机测法、应变电测法及应变光测法三类。

3.3.1　应变机测法

3.3.1.1　手持应变仪

手持应变仪构造如图 3-2 所示，它是一台自成套的应变仪，主要由两片弹簧钢片连接两个刚性骨架组成，两个骨架可做无摩擦的相对移动。骨架两端附带有锥形插轴，进行测量时将锥形插轴插入结构表面预定的空穴里。结构表面的预定空穴应按照仪器插轴之间的距离进行设置，这个距离就是仪器的标距。试件的伸长或缩短量由装在骨架上的千分表来测读。千分表每一刻度代表的应变为 $1/1000L$（当用百分表测读时，百分表每一刻度代表的应变为 $1/100L$）。

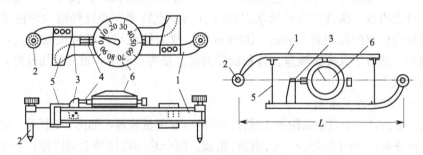

图 3-2　手持应变仪构造示意图
1—刚性骨架；2—插轴；3—骨架外凸缘；4—千分表测杆；5—薄钢片；6—千分表

不同型号手持应变仪的标距有很大差别，国外的手持应变仪标距有 50mm、250mm 等，国产手持应变仪有 200mm 和 250mm 两种。由于标距不同，其上千分表每一刻度代表的应变值也不相同。一般大标距适用于量测非均匀材料的应变。

手持应变仪的操作步骤为：①根据试验要求确定标距，在标距两端粘贴两个脚标（脚标上做有锥形孔穴）；②试件变形前，用手持应变仪先测读一次；③试件变形后，再用手持应变仪测读；④试件变形前后的读数差即为标距两端的相对位移，由此可求得平均应变。由于用手持应变仪测量应变时，将应变仪两端的锥形插轴插入试件表面的脚标内，而脚标离试件表面的距离为 a，因而在弯曲平面内进行测量时，千分表的示值将大于（对受拉边）或小于（对受压边）试件表面纤维的实际伸长或缩短量，这时应对实测值进行修正。假定受弯构件截面的应变符合平截面假定，则修正后的应变 ε 为：

$$\varepsilon = \frac{h}{2\left(a + \dfrac{h}{2}\right)} \times \frac{\Delta L'}{L} \tag{3-2}$$

式中，h 为试件截面高度；a 为试件表面至脚标空穴底的距离；$\Delta L'$ 为在高度 a 处的位移示值，如图 3-3 所示；L 为应变仪标距。

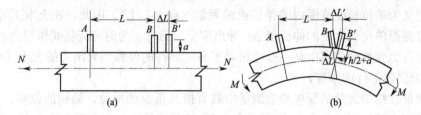

图 3-3　弯曲平面内的 $\Delta L'$
(a) 轴向变形；(b) 弯曲变形

手持应变仪的主要优点是仪器不需要固定在测点上，因而一台仪器可进行多个测点的测量。缺点是每测读一次要重新变换一次位置，这样很可能引起较大的误差。因此，为减小测量误差，在整个测试过程中，最好每个操作者固定一台仪器，并保持读数方法和测试条件前后一致，使读数误差降至最低。尽管手持应变仪的测量误差偏大，但当用于测量混凝土构件的长期应变（徐变）、墙板的剪切变形，以及在大标距范围内进行其他应变测量时，手持应变仪还是相当方便的。

3.3.1.2　单杠杆应变仪

单杠杆应变仪如图 3-4 所示，它由刚性杆（一端带固定刀口）、杠杆（一端带棱形活动刀口）和千分表组成。构件变形后活动刀口以 B 为支点转动，经杠杆放大后由千分表测出应变。单杠杆应变仪的标距有 20mm、100mm 等，放大倍数与杠杆臂长度有关，标距越小放大倍数越小，适合于大标距测量。这种仪器的优点是构造简单，重复使用性好，价廉。但测量误差相对较大。

3.3.1.3　附着式应变计

附着式应变计是一个自制的附着于试件表面的应变测量装置，如图 3-5 所示，它是由一个千分表（或百分表）、两个脚标及一个刚性杆组成。两个粘贴在试件上的脚标，一个用于固定千分表（或百分表）、另一个用于固定刚性杆。测量标距可通过调节脚标位置任意确定。试件受力后的伸长（缩短）量由千分表读出，除以标距即可求得应变。其优点是构造简单、价廉，测量精度较高，可重复使用。可用于测量轴心受力构件及钢筋混凝土受弯构件混凝土截面的应变。

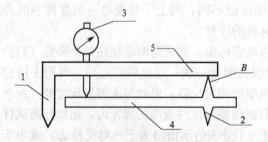

图 3-4　单杠杆应变仪

1—固定刀口；2—活动刀口；3—千分表；4—杠杆；5—刚性杆

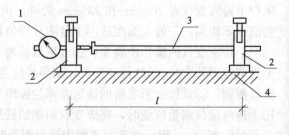

图 3-5　附着式应变计

1—千分表；2—脚标；3—刚性杆；4—试件

综上所述，机械式的应变测量仪器虽然原理简单，使用灵活，装拆方便，又能重复使用，但不可避免地存在较大的误差。因此，在土木工程结构试验中主要采用应变电测法。

3.3.2　应变电测法

在试验反应参数测量过程中，将某些物理量（如长度）发生的变化先变换为电量的变化，然后用量电器进行测量，这种方法称为电测法或称非电量的电测技术。

在土木结构试验中，因试件受外荷载或受温度及约束等原因而产生应变。应变为机械量（即非电量），用量电器量测非电量，首先必须把非电量（应变）转换成电量的变化，然后才能用量电器量测。量测由应变引起的电量变化称为应变电测法。图 3-6 为应变电测法的流程图，它是通过粘贴在试件测点的感受元件——电阻应变计（或称电阻应变片）与试件同步变形，由输出的电信号进行量测和处理，最终测得试件受力后的应变。

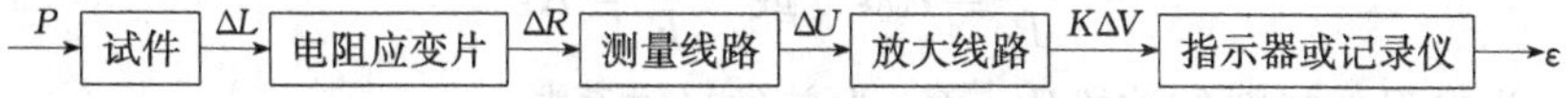

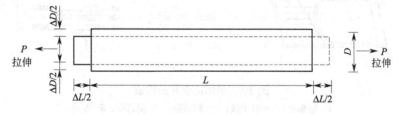

图 3-6　应变电测法流程图

3.3.2.1　电阻应变片的工作原理及构造

电阻应变片（或称电阻应变计）的工作原理是基于电阻丝具有电阻效应，即电阻丝的电阻值随其变形而发生改变。由物理学知，金属丝的电阻 R 与长度 L 和截面积 A 有如下关系：

$$R = \rho \frac{L}{A} \tag{3-3}$$

式中，R 为电阻丝的电阻值，Ω；L 为电阻丝的长度，mm；ρ 为电阻率，$\Omega \cdot mm^2/m$；A 为电阻丝的截面积，mm^2。

如图 3-7 所示，当长度为 L 的电阻丝受拉力作用后伸长 ΔL 时，则其电阻的变化为：

图 3-7　金属丝的电阻应变原理

$$dR = \frac{\partial R}{\partial \rho} d\rho + \frac{\partial R}{\partial L} dL - \frac{\partial R}{\partial A} dA = \frac{L}{A} d\rho + \frac{\rho}{A} dL - \frac{\rho L}{A^2} dA \tag{3-4}$$

则有：

$$\frac{dR}{R} = \frac{d\rho}{\rho} + \frac{dL}{L} - \frac{dA}{A} \tag{3-5}$$

电阻丝的截面积 $A = \pi D^2/4$（D 为电阻丝的直径）。因电阻丝纵向伸长时横向缩短，故有：

$$\frac{dD}{D} = -\nu \frac{dL}{L} = -\nu \varepsilon \tag{3-6}$$

$$\frac{\mathrm{d}A}{A}=\frac{\frac{2\pi D\mathrm{d}D}{4}}{\frac{\pi D^2}{4}}=2\frac{\mathrm{d}D}{D}=-2\nu\varepsilon \tag{3-7}$$

式(3-7)代入式(3-5)得：

$$\frac{\mathrm{d}R}{R}=\frac{\mathrm{d}\rho}{\rho}+\varepsilon+2\nu\varepsilon=\frac{\mathrm{d}\rho}{\rho}+(1+2\nu)\varepsilon \tag{3-8}$$

$$\frac{\frac{\mathrm{d}R}{R}}{\varepsilon}=\frac{\frac{\mathrm{d}\rho}{\rho}}{\varepsilon}+(1+2\nu) \tag{3-9}$$

令 $K_0=\dfrac{\frac{\mathrm{d}\rho}{\rho}}{\varepsilon}+(1+2\nu)$，则有：

$$\frac{\mathrm{d}R}{R}=K_0\varepsilon \quad 或 \quad \frac{\mathrm{d}R}{R}=K\varepsilon \tag{3-10}$$

式中，ν 为电阻丝材料的泊松比；K_0 为单丝灵敏系数。

由 K_0 的表达式可知，K_0 受两个因素的影响，第一项是 $\dfrac{\mathrm{d}\rho}{\rho}/\varepsilon$，它是由电阻丝发生单位应变引起电阻率的改变，为应变的函数，但对大多数电阻丝而言，它是一个常量。第二项为 $(1+2\nu)$，它是由电阻丝几何尺寸的改变所引起的，选定金属丝材料后，泊松比 ν 也为常数。故认为 K_0 是常数，因此，式(3-10)表明电阻丝的电阻变化率与应变呈线性关系。对丝栅状应变片或箔式应变片，考虑到已不是单根丝，故改用应变片的灵敏系数 K 代替 K_0。

3.3.2.2　电阻应变片的构造

不同用途的电阻应变片，其构造虽不完全相同，但都有敏感栅、基底、覆盖层和引出线，其结构如图 3-8 所示。

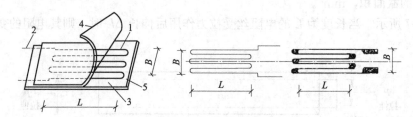

图 3-8　电阻应变片的构造

1—敏感栅；2—引出线；3—粘结剂；4—覆盖层；5—基底

① 敏感栅。它是应变片将应变变换成电阻变化量的敏感部分，是用金属或半导体材料制成的单丝或栅状体。

敏感栅的形状与尺寸直接影响到应变片的性能。对图 3-8 所示的敏感栅，其纵向中心线称为"纵向轴线"。敏感栅的尺寸用栅长 L 和栅宽 B 来表示。对带有圆弧端的敏感栅，栅长为两端圆弧内侧之间的距离；对带直线形横栅的敏感栅，则为两端横栅内侧之间的距离。与纵轴垂直方向上的敏感栅外侧之间的距离称栅宽 B。栅长和栅宽代表应变片的标称尺寸，即规格。

② 基底和覆盖层。它起定位和保护电阻丝的作用，并使电阻丝和被测试件之间绝缘。基底的尺寸通常代表应变片的外形尺寸。

③ 粘结剂。粘结剂是一种具有一定电绝缘性能的粘合材料，其作用是将敏感栅固定在基底上，或将应变片的基底粘贴在试件的表面。

④ 引出线。引出线通过测量导线接入应变测量桥。引出线一般都采用镀银、镀锡或镀合金的软铜线制成，在制造应变片时与电阻丝焊接在一起。

3.3.2.3　电阻应变片的分类

电阻应变片一般按所用材料、适用的工作温度，以及不同的用途进行分类。图 3-9 为几种应变片的形式。

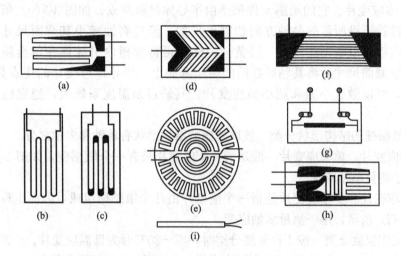

图 3-9　几种电阻应变片

(a)、(d)、(e)、(f)、(h) 箔式电阻应变片；(b) 丝绕式电阻应变片；
(c) 短接式电阻应变片；(g) 半导体应变片；(i) 焊接电阻应变片

(1) 按敏感栅所用材料分类　按敏感栅材料的不同，把应变片分为金属电阻应变片和半导体应变片两类。前者根据生产工艺不同又分为金属丝式应变片、箔式应变片和薄膜应变片。

① 金属丝式应变片。它是用直径为 0.015～0.05mm 的金属丝作敏感栅的应变片，常称丝式应变片，如图 3-10 所示。目前用得最多的有丝绕式（U 型）和短接式（H 型）两种。

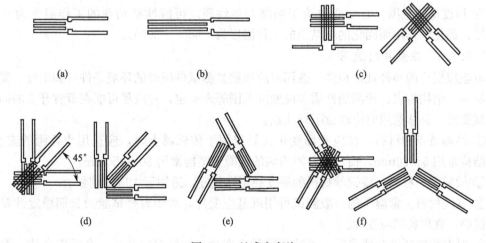

图 3-10　丝式应变片

(a) U 型；(b) H 型；(c) 二轴 90°应变花；(d) 三轴 45°应变花；(e) 三轴 60°应变花；(f) 三轴 120°应变花

② 金属箔式应变片。它的敏感栅是用0.002～0.005mm的金属箔制成，其制作工艺不同于丝式应变片，它是通过光刻技术和腐蚀等工艺技术制成。由于箔式应变片敏感栅的横向部分可以做成比较宽的栅条，因而它的横向效应比丝式的小。箔栅的厚度很薄，能较好地反映构件表面的变形，也易于在弯曲表面上粘贴。箔式应变片的蠕变小，疲劳寿命长，在相同截面下其栅条和栅丝的散热性能好，允许通过的工作电流大，测量灵敏度也较高。

③ 金属薄膜应变片。它是用真空蒸镀及沉淀等工艺，将金属材料在绝缘基底上制成一定形状的薄膜面形成敏感栅，其耐高温性能好，工作温度可达800℃以上。

④ 半导体应变片。它的敏感元件都是由半导体材料制成，如图3-9(g) 所示。敏感元件硅件是从硅锭上沿所需的晶轴方向切割出来的，经过腐蚀减小其截面尺寸后，在硅条的两端用真空镀膜设备再蒸发上一层黄金，然后再将丝栅内引线焊在黄金膜上，经二次腐蚀达到规定截面尺寸后将其粘贴在酚醛树脂基底上。半导体应变片的优点是灵敏度高，频率响应好，可以做成小型和超小型应变片。其缺点是温度系数大，稳定性不如金属丝式应变片。

(2) 按敏感栅的结构形状分类　按敏感栅的结构形状有单轴和多轴之分。

① 单轴应变片。单轴应变片一般是指一个应变片只有一个敏感栅，如图3-10(a)、(b) 所示，多用于测量单轴应变。

② 多轴应变片。多轴应变片是指一个应变片由几个敏感栅组成，因而也称应变花，如图3-10(c)～(f) 所示，用于测量多轴应变。

(3) 按工作温度分类　按工作温度分类时，≤－30℃时为低温应变片；－30～＋60℃时为常温应变片；＋60～＋350℃时为中温应变片；≥350℃时为高温应变片。

3.3.2.4　电阻应变片的主要技术性能指标

① 标距。指敏感栅在纵轴方向的有效长度。

② 规格。以标距与片宽的乘积表示，即 $A=L×B$。

③ 电阻值。与电阻应变片配套使用的电阻应变仪中的测量线路，其电阻均按120Ω作为标准进行设计，因此，应变片的阻值大部分为120Ω左右，否则应加以调整或对测量结果予以修正。

④ 灵敏系数。电阻应变片的灵敏系数出厂前经抽样试验确定。使用时，必须调整应变仪的灵敏系数功能键，使之与应变片的灵敏系数一致，否则应对测量结果予以修正。

⑤ 温度适用范围。它主要取决于粘结剂的性质。可溶性粘结剂的工作温度为－20～＋60℃；经化学作用而固化的粘结剂的工作温度为－60～＋200℃。

3.3.2.5　应变片的选用

电阻应变片的品种规格很多，选用时应根据被测试件所处的环境条件（如温度、湿度）、被测材料、结构特点、检测的性质和应变的范围等来确定，并应尽可能在节省开支的同时满足测试要求。具体选用时应注意下列几点。

① 结构特点和材料。在应变场变化大处或用于传感器上时，应选用小标距的应变片，如钢结构常用5～20mm，而对材料不均匀的混凝土结构常用80～150mm。

② 敏感栅的材料。康铜丝材料的温度稳定性较好，适用于大应变测量。

③ 基底材料。常温下的一般测试可用纸基应变片，对于野外试验及长期稳定性要求较高的试验，宜用胶基应变片。

④ 对有特殊环境和要求时，可选用特种应变片，如低温应变片、高温应变片、裂纹扩展片、疲劳寿命片等。

我国电阻应变片（计）的命名规则（GB/T 13992—2010）及技术指标见附录，结构试验一般应选用不低于 C 级应变片。

3.3.2.6　电阻应变片的粘贴技术

试件的应变是通过粘结剂传递给电阻应变片的丝栅，因而粘结质量将直接影响应变片测量结果的准确性及可靠性。

粘结剂分为水剂和胶剂两类。选择粘结剂的类型应视应变片基底材料和试件材料的不同而异。一般要求粘结剂应具有足够的抗拉强度和抗剪强度，蠕变小，电绝缘性好。目前在匀质材料上粘贴应变片采用氰基丙烯酸类水剂粘结剂，如 KH501、KH502 快速胶，此种粘结剂是借助空气中微量水分的催化作用而迅速聚合固化产生粘结强度的；在混凝土等非匀质材料上贴片常用环氧树脂胶，其剪切强度较高，防水性能较好，电绝缘性能好，但固化速度较慢。

电阻应变片的粘贴技术包括选片、选粘结剂、粘贴和防护处理等，其粘贴工艺要求详见表 3-1。

表 3-1　应变片的粘贴工艺

工作顺序	工作内容		操作方法	要　求
1	应变片检查分选	外观检查	借助放大镜肉眼检查	无气泡、霉点、锈点，栅极应平直、整齐、均匀
		阻值检查	用 0.1Ω 精度万用表检查	无短路、断路，同一测区应变片阻值相差小于 0.4Ω
2	测点处理	初步定位	确定测点的大致位置	比应变片周边宽 3~5cm 的测区
		测点检查	检查测点处的表面状况	平整、无缺陷、无裂缝
		打磨	磨光机或 1 号砂纸打磨	表面达▽₅、平整、无锈、无浮浆
		清洗	脱脂棉蘸丙酮或无水乙醇清洗	用干脱脂棉擦时无污染
		准确定位	准确画出测点的纵横中心线	纵线应与拟测的主应变方向一致
3	应变片粘贴	上胶	用镊子夹应变片引出线，在背面上一层薄胶，测点也涂上薄胶，将片对准放上	应变片的定位标志应与测点的十字中心线对准
		挤压	在应变片上盖一小片塑料薄膜，用手指沿一个方向滚压，挤出多余的胶水	胶层应尽量薄，挤压时应保持应变片不滑动
		加压	根据粘结胶特性，在应变片上稳压一段时间	应达到粘结胶的初凝时间，并保持应变片不滑动
		粘贴端子	接线端子靠近应变片引出线用贴片胶粘贴	胶达到强度后无松动、脱落
4	固化处理	自然干燥	在室温 15℃ 以上，湿度 60% 以下 1~2 天	粘结胶达到强度要求
		人工固化	粘结胶达到初凝时间后，用红外线灯照射或电吹风吹热风等人工方法加温	加热温度不超过 50℃，受热应均匀
5	粘贴质量检查	外观检查	借助放大镜肉眼检查	应变片应位置准确、无气泡、粘贴牢固
		阻值检查	用万用表检查应变片	无短路、断路
			用单臂电桥测量应变片阻值	电阻值应与前述检查结果基本相同
		绝缘检查	用北欧表检查应变片与试件绝缘	绝缘电阻大于 500MΩ
			或接入应变仪观察零点漂移	不大于 2με/15min
6	导线连接	引出线绝缘	应变片引出线下贴胶布或胶纸	引出线不能短路
		导线焊接	用电烙铁、焊锡把应变片引出线和测量导线焊接在接线端子上	焊点应圆滑、无虚焊
		固定导线	用粘结胶或胶布固定测量导线	轻微摇动导线，引出线不断
7	防潮、防护		根据环境条件，贴片检查合格后，做防潮防护处理。防护一般用胶类防潮剂浇筑或加布带绑扎	防潮剂必须覆盖整个应变片并稍大 5mm 左右。防护应能防机械损伤

3.3.2.7　应变电测法的优、缺点

应变电测法与其他方法相比有下列优点。

① 灵敏度及准确度高，测量范围大。电阻应变仪可以精确地量测 $1\mu\varepsilon$ 的应变，最大可达 $\pm 11100\mu\varepsilon$。

② 变换元件（电阻应变片）的体积小、质量轻，可安装在形状复杂而空间甚小的区段内，且不影响欲测结构的静态及动态特性。

③ 对环境的适应性强。可在高温（800～1000℃）、高压（1万大气压以上）及水中进行测量。

④ 适用性好。可以测量多种物理参数，例如测量静态应变、动态应变，还可通过各种传感器来测量位移、速度、加速度、振幅以及压力等力学参数。

⑤ 可以进行远距离测量，有助于实现测量的自动化。在试验应力分析、断裂力学及宇航工程中都有广泛用途。

应变电测法的主要缺点是连续长时间测量会出现漂移，原因是粘结剂的不稳定性和对周围环境的敏感性所造成；另外应变片必须牢固地粘贴在试件表面，才能保证正确地传递试件的变形，这种粘贴工作技术性强，粘贴工艺复杂，工作量大；电阻应变片不能重复使用。

3.3.2.8　电阻应变仪及其测量电路

由电阻应变片的工作原理知，电阻应变片可以把试件的应变转换成电阻变化，但一般情况下试件的应变较小，由此引起的电阻变化也非常微小。一般电阻应变片的灵敏系数 $K=2.0$，阻值 $R=120\Omega$，当被测试件的应变为 $500\mu\varepsilon$ 时，则应变片的电阻变化量 $\Delta R=RK\varepsilon=120\times 2\times 500\times 10^{-6}=0.12(\Omega)$，电阻变化率 $\Delta R/R=0.12/120=1.0\times 10^{-3}$，如此微弱的电信号很难直接检测出来，必须依靠放大仪器将信号放大。

电阻应变仪是电阻应变片的专用放大仪器，它是把电阻应变量测系统中放大与指示（记录、显示）部分结合在一起的量测仪器，主要由振荡器、测量电路、放大器、相敏检波器和电源等部分组成，其功能是将应变片输入的电信号进行转换、放大、检波及指示或记录，并解决温度补偿问题。根据电阻应变仪的工作频率范围可分为静态电阻应变仪和动态电阻应变仪。静态电阻应变仪本身带有读数及指示装置，当为多点量测时，可通过多点转换开关，依次将各测点与应变仪接通，逐点测量。动态电阻应变仪上仅有一粗略的指示表，需将经动态应变仪的放大信号接入记录仪器后才能得到量测值。一台动态应变仪上有多路放大线路，当进行多点测量时，每一测点接通一路放大线路同时进行测量。

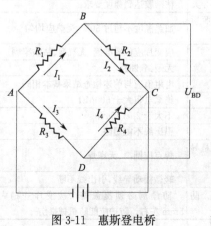

图 3-11　惠斯登电桥

电阻应变仪的测量电路涉及电阻应变片和电阻应变仪之间的连接方法，其作用是将应变片的电阻变化为电压或电流的变化，一般采用惠斯登电桥和电位计式两种测量电路，后者仅用在动态分量的量测。

（1）电桥基本原理　惠斯登电桥如图 3-11 所示，该桥以 R_1、R_2、R_3、R_4 作为 4 个桥臂，在 A、C 端接入电源，B、D 端为输出端。

若将 R_1、R_2、R_3、R_4 看成 4 个应变片，则组成全桥电路。根据基尔霍夫定律，输出电压 U_{BD} 与输入电压 U 的关系为：

$$U_{BD}=\frac{R_1R_4-R_2R_3}{(R_1+R_2)(R_3+R_4)}U \tag{3-11}$$

由惠斯登电桥原理知，当电桥平衡，即 $U_{BD}=0$ 时：

$$R_1R_4-R_2R_3=0 \tag{3-12}$$

当 R_1 变化 ΔR_1，其他电阻均保持不变时，电桥失去平衡，输出电压 $U_{BD}\neq0$。由式 (3-11)，并略去分母中的 ΔR_1，得：

$$U_{BD}=\frac{(R_1+\Delta R_1)R_4-R_2R_3}{(R_1+R_2)(R_3+R_4)}U \tag{3-13}$$

当 $R_1=R_2=R_3=R_4$，即 4 个桥臂电阻值相等时，称为等臂电桥，并将前述 $\Delta R/R=K\varepsilon$ 代入式(3-13)，得：

$$U_{BD}=\frac{\Delta R_1}{4R}U=\frac{U}{4}K\varepsilon_1 \tag{3-14}$$

式(3-14) 为 1/4 桥的桥路输出公式。

当 R_1 变化 ΔR_1，R_2 变化 ΔR_2，代入式(3-11)，并略去分母中的 ΔR，得输出电压为：

$$U_{BD}=\frac{\Delta R_1-\Delta R_2}{4R}U=\frac{U}{4}K(\varepsilon_1-\varepsilon_2) \tag{3-15}$$

式(3-15) 为半桥时的桥路输出公式。同理，当 R_3 变化 ΔR_3，R_4 变化 ΔR_4，可得：

$$U_{BD}=\frac{\Delta R_4-\Delta R_3}{4R}U=\frac{U}{4}K(\varepsilon_4-\varepsilon_3) \tag{3-16}$$

当 4 个桥臂的电阻分别变化 ΔR_1、ΔR_2、ΔR_3、ΔR_4，且变化前电桥平衡，则输出电压为：

$$U_{BD}=\frac{\Delta R_1-\Delta R_2-\Delta R_3+\Delta R_4}{4R}U=\frac{U}{4}K(\varepsilon_1-\varepsilon_2-\varepsilon_3+\varepsilon_4) \tag{3-17}$$

式(3-17) 为全桥时的桥路输出公式。

从上述公式可以看出，电桥输出电压的变化量 U_{BD} 与桥臂电阻变化率 $\Delta R/R$ 或应变 ε 成正比，输出电压与 4 个桥臂应变的代数和呈线性关系。由此可以看出电桥的增减特性，即相邻两桥臂的应变输出符号相反，相对桥臂的应变输出符号相同。利用这一特性，可以提高测量的灵敏度和解决温度补偿问题。

桥路的不平衡输出与两相对桥臂上应变之和成线性，且与两相邻桥臂上应变之差成线性，这种利用桥路的不平衡输出进行测量的电桥称为不平衡电桥，属于偏位测量法，适用于动态应变测量。

(2) 平衡电桥原理　由式(3-14)～式(3-17)可以看出，不平衡电桥的输出中含有电源电压 U。电源电压的波动又不可避免，这必将影响量测结果的准确性。另外，不平衡电桥采用偏位法测量，要求对角线上的检测计既要有很高的灵敏度又要有很大的测量范围。为满足这些测试要求，现代的电阻应变仪都改用平衡电桥，即采用零位法进行测量。

平衡电桥如图 3-12 所示，R_1 为贴在试件上的工作应变片，R_2 为贴在非受力构件上的温度补偿片，R_3 和 R_4 由滑线电阻 ac 代替，触点 D 平分电阻 ac，且使 $R_3=R_4=R''$，$R_1=R_2=R'$。试件受力前，工作电阻没有增量，桥路处于平衡状

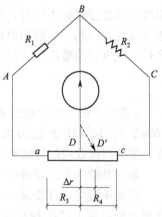

图 3-12　平衡电桥

态，检流计指零，则有 $R_1 R_4 = R_2 R_3$。试件受力变形后，应变片的电阻由 R_1 变为 $R_1 + \Delta R_1$，桥路失去平衡，检流计指针偏转至某一新的位置。此时调整接触点 D，使桥路重新恢复平衡条件：

$$(R_1 + \Delta R_1)(R_4 - \Delta r) = R_2(R_3 + \Delta r) \tag{3-18}$$

$$R_1 R'' + \Delta R_1 R'' - R_1 \Delta r - \Delta R_1 \Delta r = R_1 R'' + R_1 \Delta r \tag{3-19}$$

忽略各阶微量，可得：

$$\frac{\Delta R_1}{R} = \frac{2\Delta r}{R''} \tag{3-20}$$

所以

$$\varepsilon = \frac{2\Delta r}{K R''} \tag{3-21}$$

可见，只要在滑线电阻上标出应变刻度，即可读取 Δr 的调节幅度。用这种方法进行测量时，检流计仅用来判别电桥平衡与否，故可避免偏位法测定的缺点。由于检流计始终把指针调整至指零位置才开始读数，所以称为"零位测定法"。零位测定法常用于静态电阻应变测量。

在图 3-12 的电桥中，只有一半桥臂参与测量工作，另一半是供读数用的。为了使四个桥臂都能参与测量工作，同时也为了进一步提高电桥的输出灵敏度，现代的应变仪把平衡电桥改变成了两个桥路，即所谓"双桥路"，如图 3-13 所示。

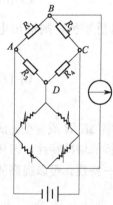

双电桥桥路除有一个连接电阻应变片的测量电桥外，还有一个能输出与测量电桥变化相反的读数电桥。读数电桥的桥臂由可以调节的精密电阻组成。当试件发生变形，测量电桥失去平衡，检流计指针发生偏转时，调节读数电桥的电阻，使其产生一个与测量电桥大小相等、方向相反的量，使指针重新指向零。由于测量电桥的输出电压 U 与 ε 成正比，因此读数电桥的电阻调整值也必定与 ε 成正比。

（3）温度补偿技术　用电阻应变片测量应变时，除能感受试件应变外，由于环境温度变化的影响，同样也能通过应变片的感受而引起电阻应变仪指示部分的示值变动，这种变动称为温度效应。

图 3-13　双桥路原理

温度变化使应变片的电阻值发生变化的原因有两个方面：一是由于电阻丝温度改变 Δt 时，电阻将随之改变；二是试件材料与应变片电阻丝的线膨胀系数不相等，但两者又粘合在一起，当试件温度改变 Δt 时，应变片中产生了温度变化，引起一个附加电阻变化。因此总的应变效应应为两者之和，可用电阻增量 ΔR_t 表示。根据桥路输出公式得：

$$U_{BD} = \frac{U}{4} \times \frac{\Delta R_t}{R} = \frac{U}{4} K \varepsilon_t \tag{3-22}$$

ε_t 称视应变。当应变片的电阻丝为镍铬合金丝时，温度变动 1℃，将产生相当于钢材（$E = 2.1 \times 10^5$ MPa）应力为 14.7N/mm² 的示值变动，这个量不能忽视，必须设法加以消除。消除温度效应的方法称为温度补偿。

温度补偿的方法有两种：应变片自补偿法和桥路补偿法。较常用的是桥路补偿法。

应变片温度自补偿法，它是使用一种特殊的应变片，当温度变化时，其电阻增量等于零或相互抵消而不产生视应变。这种特殊应变片称温度自补偿应变片，它主要用于机械类试验。

桥路补偿法是利用电桥的加减特性，当电桥的两个相邻桥臂的电阻相同时，反映在电桥输出上起了相互抵消的作用。桥路补偿法又分为温度片补偿法和工作片补偿法。

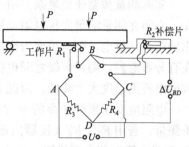

图 3-14　温度片补偿法

① 温度片补偿法。试验前，选一块与被测材料相同的材料作为温度补偿块，在它上面粘贴与工作应变片同一类型、同一阻值、同一灵敏系数的应变片，并使它处于与工作片相同的温度梯度条件下，但不使其受力，然后将其接在与工作片相邻的桥臂上，即可达到温度补偿的目的。如图 3-14 所示。

R_1 为工作片粘贴在试件上，R_2 为温度补偿片粘贴在补偿块上，R_3、R_4 为固定电阻，R_1 电阻变化为 $(\Delta R_t + \Delta R_1)$，$R_2$ 电阻变化为 ΔR_{2t}，则有

$$\Delta U_{BD} = \frac{U}{4} \times \frac{\Delta R_1 + \Delta R_{1t} - \Delta R_{2t}}{R} \tag{3-23}$$

$$= \frac{U}{4}K(\varepsilon_1 + \varepsilon_{1t} - \varepsilon_{2t}) = \frac{U}{4}K\varepsilon_1 \tag{3-24}$$

由此可见，测量结果仅为试件受力后产生的应变值，温度变化对电桥输出没有影响，达到了温度补偿的目的。

② 工作片补偿法。试验时，如果在被测构件上能找到应变符号相反、比例关系已知、温度条件相同的两个测点，在这两个测点上各粘贴一个工作应变片，例如在钢悬臂梁同一截面上下各粘贴一个应变片接在相邻桥臂上，在等臂条件下可实现温度补偿，如图 3-15 所示。

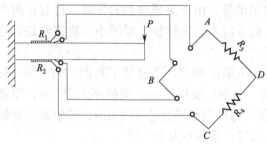

图 3-15　工作片补偿法

以上桥路补偿的主要优点是简单方便、经济实用，在常温下补偿效果较好，因此获得了广泛应用。但在温度变化梯度较大时，将会有一定误差。

3.3.2.9　多点测量线路

实际测量时，往往需要测量多个点的应变，因而要求应变仪应具有多个测量桥。图3-16是实现多点测量的两种线路。工作肢转换法是每次只切换工作片，温度补偿片为公用片；中

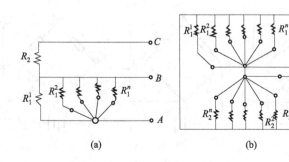

图 3-16　多点测量线路

(a) 工作肢转换；(b) 中线转换

线转换法每次同时切换工作片和补偿片，通过转换开关自动切换测点而形成测量桥。

实际测量桥路还更复杂。由于接触电阻、导线电阻等的影响，各桥臂电阻总有差异，因此，必须在测量前预先将电阻调平；另外，前述桥路输出公式中含有电源电压 U，当电源采用城市电网供电，则电桥变为交流电桥。在交流电桥中，两邻近导体以及导体与机壳之间存在有分布电容，测量导线之间也会产生分布电容。分布电容的存在，严重影响电桥的平衡，致使电桥灵敏度大大降低，因此必须在测量前也要预先将电容调平。

电阻应变仪预调平衡的原理如图 3-17 所示。R_1、R_2、R_3、R_4 均为工作片时，组成全桥测量。若用 R_3'、R_4'（仪器内部标准电阻）代替 R_3、R_4 时，组成半桥测量。其中 R_a 与 R_{ta} 组成电阻预调平衡线路，C_t 与 R_t 组成电容预调平衡线路。这样当 R_t 或 R_{ta} 的触点分别左右滑动时，就可以使电容或电阻达到平衡状态，即使电桥的输出电压 $U_{BD}=0$。

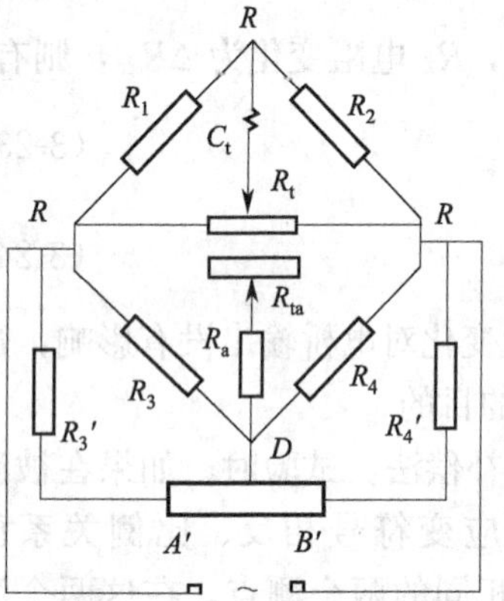

电阻应变仪型式很多，按工作特性分为静态、动态、静动态；按测量线路分有单线型、多线型；按工作原理分为指零型、偏位型；按输出特性分为电流输出、电压输出、电流和电压输出、数码输出；按指示形式分有刻度指示、数字显示；按测度形式分有逐点测读手工记录，有与计算机连接组成快速数据采集系统等。由于集成电路的发展，目前正向小型化、智能化、高分辨率、采样快、零漂小、稳定性好、容量大的方向发展。

图 3-17 预调平衡原理

静载试验用的电阻应变仪，不宜低于我国 ZBY 103—82 标准的 B 级要求。静态应变仪最小分度值不大于 $1\mu\varepsilon$，误差不大于 1‰，零漂不大于 $\pm3\mu\varepsilon/4h$。动态应变仪的标准量程不宜小于 $200\mu\varepsilon$，灵敏度不宜低于 $10\mu\varepsilon/mA$ 或 $10\mu\varepsilon/mV$，灵敏度变化不大于 $\pm2\%$，零漂不大于 $\pm5\%$。

3.3.2.10　实用电路及其应用

前述式(3-17)建立的应变与输出电压之间的关系，为我们提供了三种标准实用电路。

（1）全桥电路　全桥电路是在测量桥的四个桥臂上全部接入工作应变片，如图 3-18(a) 所示。其中相邻臂上的工作片兼做温度补偿用，桥路输出为 $U_{BD}=\dfrac{U}{4}K(\varepsilon_1-\varepsilon_2-\varepsilon_3+\varepsilon_4)$。如图 3-19 所示的圆柱体荷载传感器，在筒壁的纵向和横向分别贴有电阻应变片，根据横

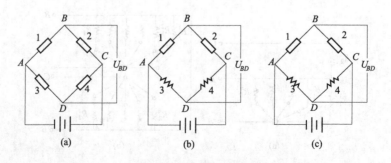

图 3-18　标准实用电路

(a) 全桥电路；(b) 半桥电路；(c) 1/4 桥电路

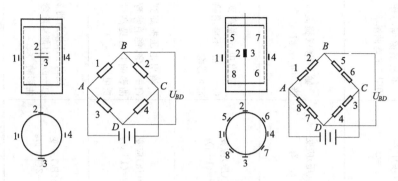

图 3-19　荷载传感器全桥接线

1～8—电阻应变片

向应变片的泊松效应和对角线输出的特性，经推导可知，图示两种贴片和连接方式的输出电压均为 $U_{BD}=\dfrac{U}{4}K\times2(1+\nu)\varepsilon$。由此可见，桥路输出公式的符号变化将输出信号放大了 $2(1+\nu)$ 倍，既提高了量测灵敏度，又自动完成了温度补偿，并消除了读数中因轴向力偏心引起的影响。

（2）半桥电路　半桥电路由两个工作片和两个固定电阻组成，工作片接在 AB 和 BC 臂上，另半个桥上的固定电阻设在应变仪内部，接线方法如图 3-18（b）所示。例如悬臂梁固定端的弯曲应变（见图 3-15）可以用 R_1 和 R_2 来测定，利用输出公式可得 $U_{BD}=\dfrac{U}{4}\times K$ $[\varepsilon_1-(-\varepsilon_2)]=\dfrac{U}{4}K\varepsilon\times2$。即电桥输出灵敏度提高了 1 倍，温度补偿也由两个工作片自动完成。

（3）1/4 桥电路　1/4 桥电路常用于测量应力场里的单个应变，接线方法如图 3-18（c）所示。例如为测量简支梁下边缘的最大拉应变（见图 3-14），这时温度补偿必须用一个补偿应变片 R_2 来完成。这种接线方法对输出信号没有放大作用。

桥路输出灵敏度取决于应变片在受力构件上的贴片位置和方向，以及它在桥路中的接线方式。除上述情形之外，还可根据各种具体情况进行桥路设计（见表 3-2），从而可得桥路输出的不同放大系数。放大系数以 A 表示，称之为桥臂系数。在外荷载作用下的实际应变，应该是实测应变 ε^0 与桥臂系数之比，即 $\varepsilon=\varepsilon^0/A$。

3.3.3　应变的其他测量方法

3.3.3.1　应变光测法

应变光测法主要包括光弹法、云纹法、全息干涉法、激光散斑干涉法等。它们各自具有独特功能，形成了近代应变光测技术，其中光弹法较多用于节点或构件的局部应力分析。

光弹法是在事先已经加工磨光的试件表面牢固地粘贴一层光弹薄片，当试件受力后，光弹片同试件共同变形，并在光弹片中产生相应的应力。若以偏振光照射，由于磨光的试件表面具有良好的反光性（如加银粉增其反光能力），则当光穿过透明的光弹薄片后经过试件表面反射，又第二次通过薄片而射出，若将此射出的光经过分光镜，最后就可以在屏幕上得到彩色的应力条纹。光弹法的试验装置如图 3-20 所示。由广义虎克定律知，主应力与主应变的关系为：

表 3-2　布片和接桥方法

序号	受力状态及其简图	工作片数	电桥型式	电桥线路	温度补偿	测量电桥输出	测量项目及应变值	特　点
1	轴向拉(压)	1	半桥		另设补偿片	$U_{BD}=\dfrac{1}{4}UK\epsilon$	拉(压)应变 $\epsilon_r=\epsilon$	不易消除偏心作用引起的弯曲影响
2	轴向拉(压)	2	全桥		另设补偿片	$U_{BD}=\dfrac{1}{2}UK\epsilon$	拉(压)应变 $\epsilon_r=2\epsilon$	输出电压提高1倍,可消除弯曲影响
3	轴向拉(压)	2	半桥		互为补偿	$U_{BD}=\dfrac{1}{4}UK\epsilon(1+\nu)$	拉(压)应变 $\epsilon_r=(1+\nu)\epsilon$	输出电压提高到(1+ν)倍,不能消除弯曲影响
4	轴向拉(压)	4	半桥		互为补偿	$U_{BD}=\dfrac{1}{4}UK\epsilon(1+\nu)$	拉(压)应变 $\epsilon_r=(1+\nu)\epsilon$	输出电压提高到(1+ν)倍,能消除弯曲影响且可提高供桥电压
5	轴向拉(压)	4	全桥		互为补偿	$U_{BD}=\dfrac{1}{2}UK\epsilon(1+\nu)$	拉(压)应变 $\epsilon_r=2(1+\nu)\epsilon$	输出电压提高到2(1+ν)倍且能消除弯曲影响
6	拉伸	4	全桥		互为补偿	$U_{BD}=UK\epsilon$	拉应变 $\epsilon_r=4\epsilon$	输出电压提高到4倍

续表

序号	受力状态及其简图	工作片数	电桥型式	电桥线路	温度补偿	测量电桥输出	测量项目及应变值	特点
7	弯曲	2	半桥		互为补偿	$U_{BD}=\dfrac{1}{2}UK\epsilon$	弯曲应变 $\epsilon_r=2\epsilon$	输出电压提高 1 倍且能消除轴向拉（压）影响
8	弯曲	4	全桥		互为补偿	$U_{BD}=UK\epsilon$	弯曲应变 $\epsilon_r=4\epsilon$	输出电压提高到 4 倍且能消除轴向拉（压）影响
9	弯曲	2	半桥		互为补偿	$U_{BD}=\dfrac{1}{4}UK(\epsilon_1-\epsilon_2)$	两处弯曲应变之差 $\epsilon_r=\epsilon_1-\epsilon_2$	可测出横向剪力 V 值 $V=\dfrac{EW}{a_1-a_2}\epsilon_r$
10	扭转	1	半桥		另设补偿片	$U_{BD}=\dfrac{1}{4}UK\epsilon$	扭转应变 $\epsilon_r=\epsilon$	可测出扭矩 M_t 值 $M_t=W_t\dfrac{E}{1+\nu}\epsilon_r$
11	扭转	2	半桥		互为补偿片	$U_{BD}=\dfrac{1}{2}UK\epsilon$	扭转应变 $\epsilon_r=2\epsilon$	输出电压提高 1 倍，可测剪应变 $\gamma=\epsilon_r$

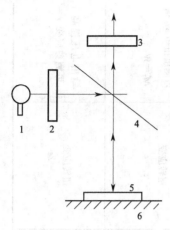

图 3-20 光弹法装置原理
1—光源；2—$\lambda/4$ 偏振片；
3—$\lambda/4$ 分析片；4—分光镜；
5—贴片；6—试件

$$E\varepsilon_1 = \sigma_1 - \nu(\sigma_2 + \sigma_3) \tag{3-25}$$

$$E\varepsilon_2 = \sigma_2 - \nu(\sigma_1 + \sigma_3) \tag{3-26}$$

$$\sigma_1 - \sigma_2 = \frac{E}{1+\nu}(\varepsilon_1 - \varepsilon_2) \tag{3-27}$$

式中，E 为试件的弹性模量；ν 为试件的泊松比。

由于试件表面处于自由状态，其中一个主应力等于零（如设 $\sigma_3 = 0$），因此，试件表面主应力差（$\sigma_1 - \sigma_2$）与主应变差（$\varepsilon_1 - \varepsilon_2$）成正比。

3.3.3.2 光纤光栅法

光纤光栅是指光纤经紫外光照射成栅技术形成的光纤型光栅，其结构如图 3-21 所示，其应变传感器原理如图 3-22 所示，作用于光栅光纤的被测物理量（如温度、应变等）发生变化时，会导致波长 λ_B 的漂移，通过检测得出波长 λ_B 的漂移量 $\Delta\lambda_B$，便可测出被测物理量的信息，轴向应变的变化与 $\Delta\lambda_B$ 之间的关系可表示为 $\Delta\varepsilon = f(\Delta\lambda_B)$，$f$ 为某种特定的函数关系。

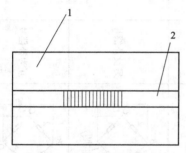

图 3-21 Bragg 光纤光栅的结构
1—电层；2—纤芯

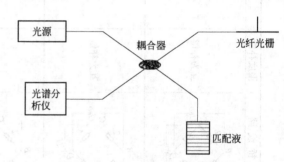

图 3-22 光纤光栅应变传感器原理图

应变和温度的变化都会导致波长 λ_B 的漂移，但可通过特定的技术，实现对应变和温度的分别测量或同时测量。

与其他测试方法比较，光纤光栅应变测试技术具有以下优点：

① 抗腐蚀，抵抗电磁干扰强，可用于恶劣环境的监测。

② 尺寸小，光纤光栅长度小于 8mm。

③ 寿命长，有关研究表明，光纤性能在工作 25 年后基本不退化。

④ 信号损失极小，可实现远距离的监测与传输。

⑤ 响应速度快，能用于动态和瞬态应变测量。

⑥ 便于进行分布式测量。采用波分复用技术，在一根光纤上可以串接多个中心波长不同的光纤光栅传感器，将波长值和测点位置对应起来，就可以实现分布式测量，节约线路，提高工作效率。

光纤光栅应变测试技术的优点是非常突出的，但是光纤光栅的制造成本和可靠性制约了它的大规模应用。随着光纤光栅的制造技术日趋成熟和可靠，光纤光栅传感器的制作成本大幅下降，可靠性得到提高，因而其在工程领域的应用前景是十分广阔的。

3.4　位移与变形量测

3.4.1　结构线位移量测

结构位移是结构承受荷载作用后的最直观反映，是反映结构整体工作情况的最主要参数。结构在局部区域内的屈服变形、混凝土局部范围内的开裂以及钢筋与混凝土之前的局部粘结滑移等变形性能，都可以在荷载-位移曲线上得到反映。因此，位移测定对分析结构性能至关重要。结构的线位移主要是指试件的挠度、侧移、转角、支座偏移等参数。量测位移的仪表有机械式、电子式及光电式等多种。在土木工程结构试验中，广泛采用的有接触式位移计和差动变压器式位移计等。

3.4.1.1　接触式位移计

接触式位移计为机械式仪表，其构造如图 3-23 所示。它主要由测杆、齿轮、指针和弹簧等机械零件组成。测杆的功能是感受试件的变形；齿轮 6、7、8 是将感受到的变形放大或变换方向；测杆弹簧是使测杆紧跟试件的变形，并使指针自动返回原位；扇形齿轮和螺旋弹簧的作用是使齿轮 6、7、8 相互之间只有单面接触，以消除齿隙所造成的无效行程。

接触式位移计根据刻度盘上最小刻度值所代表的量，分为百分表（刻度值为 0.01mm）、千分表（刻度值为 0.001mm）和挠度计（刻度值为 0.05mm 或 0.1mm）。

接触式位移计的度量性能指标有刻度值、量程和允许误差。一般百分表的量程为 5mm、10mm、30mm，允许误差 0.01mm。千分表的量程为 1mm，允许误差 0.001mm。挠度计量程为 50mm、100mm、300mm，允许误差 0.05mm。

接触式位移计使用时，将位移计安装在磁性表架上，用表架横杆上的颈箍夹住位移计的颈轴，并将测杆顶住测点，使测杆与测面保持垂直。表架的表座应放在一个不动点上，打开表座上的磁性开关以固定表座。

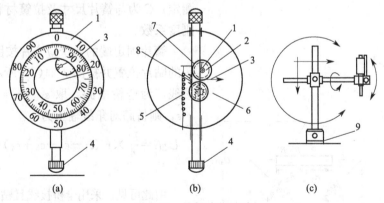

图 3-23　接触式位移计

（a）外形；（b）构造；（c）磁性表座

1—短针；2—齿轮弹簧；3—长针；4—测杆；5—测杆弹簧；6～8—齿轮；9—表座

3.4.1.2　应变梁式位移传感器

图 3-24(a) 为应变梁式位移传感器，其主要部件是一块弹性好、强度高的铍青铜制成的悬臂弹性簧片（悬臂梁），如图 3-24(b) 所示，簧片固定在仪器外壳上。在簧片固定端粘贴 4 个应变片，组成全桥或半桥测量线路。簧片的另一端固定有拉簧，拉簧与指针固定。当测

杆随位移而移动时，传力弹簧使簧片产生挠曲，即簧片固定端产生应变，通过电阻应变仪即可测得应变与试件位移间的关系。

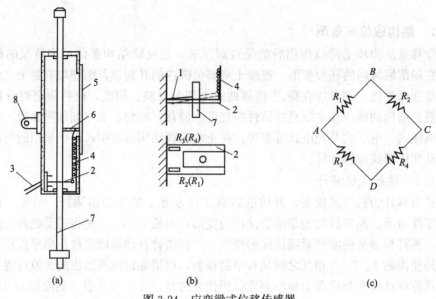

图 3-24　应变梁式位移传感器

(a) 传感器；(b) 悬臂梁贴片；(c) 接桥

1—应变片；2—悬臂梁；3—引线；4—拉簧；5—标尺；6—标尺指针；7—测杆；8—固定环

这种位移传感器的量程为 $30 \sim 150\mathrm{mm}$，读数分辨率可达 $0.01\mathrm{mm}$。由材料力学得知，位移传感器的位移 δ 为：

$$\delta = \varepsilon C \qquad (3\text{-}28)$$

式中，ε 为铍青铜梁上的应变，由应变仪测定；C 为与簧片尺寸及拉簧材料性能有关的刚度系数。

簧片固定端的 4 个应变片按图 3-24(b) 所示的贴片位置并按图 3-24(c) 所示的接线方式接线，为全桥电路。取 $\varepsilon_1 = \varepsilon_4 = \varepsilon$，$\varepsilon_2 = \varepsilon_3 = -\varepsilon$，则桥路对角线输出为：

$$U_{BD} = \frac{U}{4} \times K(\varepsilon_1 - \varepsilon_2 - \varepsilon_3 + \varepsilon_4) = \frac{U}{4}K\varepsilon \times 4$$

$$(3\text{-}29)$$

由此可见，采用全桥接线且贴片符合图中位置时，桥路输出灵敏度最高，应变放大了 4 倍。

机电复合式百分表，亦称电子百分表，其电测部分的构造原理和应变梁式位移传感器相同，机测部分与机械式百分表相同，因此它可用于机械方法测量结构位移，也可用电测法测量结构位移。

3.4.1.3　滑线电阻式位移传感器

滑线电阻式位移传感器由测杆、滑线电阻

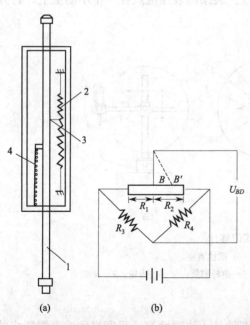

图 3-25　滑线电阻式位移传感器

(a) 位移传感器；(b) 滑线电阻测量线路

1—测杆；2—滑线电阻；3—触头；4—弹簧

和触头等组成。其构造与测量原理如图 3-25 所示。滑线电阻固定在表盘内，触点将电阻分成 R_1 及 R_2。工作时将电阻 R_1 和 R_2 分别接入电桥桥臂，预调平衡后输出等于零。当测杆向下移动一个位移 δ 时，R_1 便增大 ΔR_1，R_2 将减小 ΔR_1。由相邻两臂电阻增量相减的输出特性得知：

$$U_{BD}=\frac{U}{4}\times\frac{\Delta R_1-(-\Delta R_1)}{R}=\frac{U}{4}\times\frac{2\times\Delta R}{R}=\frac{U}{4}K\varepsilon\times2 \tag{3-30}$$

采用这样的半桥接线，其输出量与电阻增量（或与应变）成正比，亦即与位移成正比。其量程可达 10～100mm 以上。

3.4.1.4　差动变压器式位移传感器

图 3-26 为差动变压器式位移传感器的构造原理。它由一个初级线圈和两个次级线圈分内外两层同绕在一个圆筒上，圆筒内放一能自由地上下移动的铁芯。对初级线圈加入激磁电压时，通过互感作用使次级线圈感应而产生电势。当铁芯居中时，感应电势 $e_{S_1}-e_{S_2}=0$，无输出信号。当铁芯向上移动一个位移 $+\delta$，感应电势 $e_{S_1}\neq e_{S_2}$，输出为 $\Delta E=e_{S_1}-e_{S_2}$。铁芯向上移动的位移愈大，ΔE 也愈大。反之，当铁芯向下移动时，e_{S_1} 减小而 e_{S_2} 增大，所以 $e_{S_1}-e_{S_2}=-\Delta E$。因此其输出量与位移成正比。由于输出量为模拟量，当需要知道它与位移的关系时，应通过率定确定。图 3-26 中的 ΔE-δ 直线是率定得到的一组标定曲线。这种传感器的量程大，可达 500mm，适用于整体结构的位移测量。

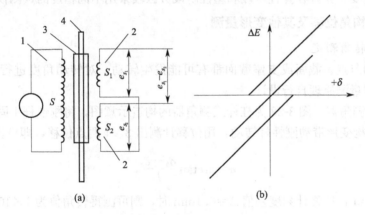

图 3-26　差动变压器式位移传感器

(a) 构造原理；(b) ΔE-δ 关系曲线

1—初级线圈；2—次级线圈；3—圆形筒；4—铁芯

以上各种位移传感器主要用于测量沿传感器测杆方向的位移，因此，在安装位移传感器时，应使测杆的方向与测点位移的方向一致。此外，测杆与测点接触面的凹凸不平也会引入测量误差。试验时，位移计应固定在一个专用表架上，表架必须与试验用的载荷架及支撑架等受力系统分开设置。

3.4.1.5　位移测量的其他方法

线位移除用上述方法测量外，还可用其他简化方法测量。如用水平仪进行位移测量，不仅可做多点测定，而且对大位移测量既方便又安全，即使结构进入破坏阶段时仍可继续测量。现代水平仪附设有能做 0.1mm 精度测定的光学副尺，为精度要求不严格的工程测量提供了方便，如图 3-27(a) 所示。

另外，位移测量还可采用精度为 1mm 的方格纸作标尺来测定，如图 3-27(b) 所示。

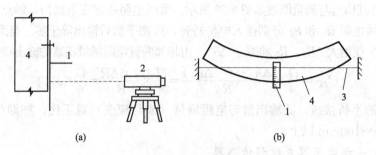

图 3-27　位移简化测量
（a）水平仪法；（b）拉紧钢丝法
1—刻度尺；2—水平仪；3—钢丝；4—试件

测量仪器的类型应根据试验目的和仪器的性能来选择，以使在短时间内能得到可靠的、高精度的测量值。位移测量中的仪器选择还应注意使选用仪器的精度与被测位移的大小相适应。例如，某试件的最小变形为 1/100～3/100mm，最大变形为 1～3mm，这两种变形在选择量测仪器时应区别对待。前者需要用 1/1000mm 的量具，而后者用 1/10mm 的精度就足够了。所以应预先比较准确地估算结构变形量，以便选择相匹配的仪器。有时为了满足后期大变形测量的需要，允许在弹性阶段和塑性阶段分区段采用不同精度的量测仪器进行测量。

3.4.2　结构角位移及其他变形量测

3.4.2.1　转角测定

受力结构的节点、截面或支座截面都有可能发生转动。对转动角度进行测量的仪器很多，也可以根据量测原理自行设计。

（1）杠杆式测角器　图 3-28 为杠杆式测角器的构造示意图，将刚性杆 1 固定在欲测试件 2 的测点上，结构变形带动刚性杆转动，用位移计测出 3、4 两点位移，即可算出转角 α：

$$\alpha = \arctan \frac{\delta_4 - \delta_3}{L} \tag{3-31}$$

当 $L=100\text{mm}$，位移计刻度差值 $\Delta=0.1\text{mm}$ 时，则可测得转角值为 1×10^{-3} 弧度，具有足够的精度。

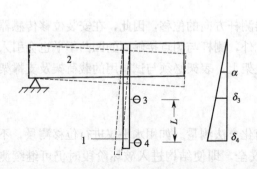

图 3-28　杠杆式测角器
1—刚性杆；2—试件；3，4—位移计

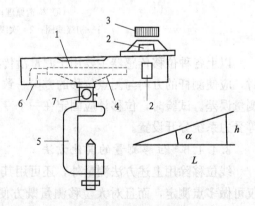

图 3-29　水准式倾角器
1—水准管；2—刻度盘；3—微调螺丝；
4—弹簧片；5—夹具；6—基座；7—活动铰

（2）水准式倾角仪　图 3-29 为水准式倾角仪的构造。水准管 1 安置在弹簧片 4 上，一端铰接于基座 6 上，另一端被微调螺丝 3 顶住。当仪器用夹具 5 安装在测点上后，用微调螺丝使水准管的气泡居中，结构变形后气泡漂移，再扭动微调螺丝使气泡重新居中，由刻度盘前后两次读数的差即可求得测点的转角：

$$\alpha = \arctan\frac{h}{L} \tag{3-32}$$

式中，L 为铰接基座与微调螺丝顶点之间的距离；h 为微调螺丝顶点前进或后退的位移。

仪器的最小读数可达 $1''\sim2''$，量程为 $3°$。其优点为尺寸小，精度高。缺点是受温度及振动影响大，在阳光下暴晒会引起水准管爆裂。

（3）电子倾角仪　电子倾角仪实际上是一种传感器，通过电阻变化来测定结构某部位的转动角度。电子倾角仪的构造原理如图 3-30 所示，其主要装置是一个盛有高稳定性的导电液体的玻璃器皿，在导电液体中插入三根电极 A、B、C 并加以固定，电极等距离设置且垂直于器皿底面。当传感器处于水平位置时，导电液体的液面保持水平，三根电极浸入液体内的长度相等，故 A、B 极之间的电阻值等于 B、C 极之间的电阻值，即 $R_1 = R_2$。使用时将倾角仪固定在结构测点上，结构发生微小转动时倾角仪随之转动。因导电液面始终保持水平，因而插入导电液体内的电极深度必然发生变化，使 R_1 减小 ΔR，R_2 增大 ΔR。若将 AB、BC 视作惠斯登电桥的两个臂，则建立电阻改变量 ΔR 与转动角度 α 间的关系，就可用电桥原理测量和换算倾角 α，$\Delta R = K\alpha$。

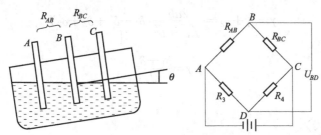

图 3-30　电子倾角仪构造原理

3.4.2.2　曲率测定

构件变形后曲率的测定可以先利用位移计测出构件表面某一点与之邻近两点之挠度差，然后根据杆件变形曲线的形式，近似计算测区内构件的曲率。图 3-31 为测定曲率的两种装置。

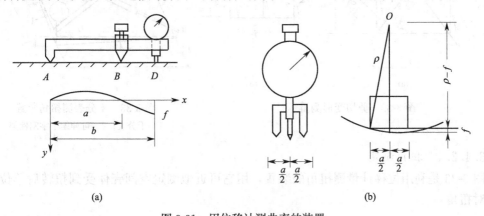

(a)　　　　　　　　　　　　(b)

图 3-31　用位移计测曲率的装置

(a) 大范围曲率测量；(b) 小范围曲率测量

图 3-31(a) 中，一根金属杆一端有固定刀口 A，一端有可移动刀口 B。当选定标距 AB 后，固定螺母使 B 刀口不因构件变形而改变 A、B 间的距离。位移计安装在 D 点，取图示 $x-y$ 坐标系。当构件表面变形符合二次抛物线时，则有：

$$y = c_1 x^2 + c_2 x + c_3 \tag{3-33}$$

将 A、B、D 的边界条件代入式(3-33)，则有：

$$c_3 = 0; \quad c_1 a^2 + c_2 a = 0; \quad c_1 b^2 + c_2 b = f \tag{3-34}$$

解方程组(3-34)，得 c_1、c_2；代入式(3-33) 得：

$$c_1 = \frac{f}{b(b-a)}; \quad c_2 = \frac{af}{b(a-b)}; \quad \frac{1}{\rho} = \frac{2f}{b(b-a)} \tag{3-35}$$

图 3-31(b) 为用于测定薄板模型曲率的装置。它是在一个位移计的轴颈上安装一个Ⅱ形零件，使其对称于位移计测杆，距离为 4~8mm。设薄板变形前后两次位移计的读数之差为 f，假定薄板变形曲线近似球面，当 $f \ll a$ 时，则有：

$$\frac{1}{\rho} = \frac{8f}{a^2} \tag{3-36}$$

3.4.2.3 剪切变形测量

梁柱节点或框架节点的剪切变形可用百分表或手持应变仪测定其对角线上的伸长或缩短量，并按经验公式求得剪切变形 γ。当采用图 3-32(a) 测定方法时，剪切变形量按式(3-37) 计算；采用图 3-32(b) 测量时，按 (3-38) 式计算：

$$\gamma = \alpha_1 + \alpha_2 = \frac{2ab}{\sqrt{a^2+b^2}}(\delta_1 + \delta_1' + \delta_2 + \delta_2') \tag{3-37}$$

$$\gamma = \frac{\delta_1 + \delta_2}{2L} \tag{3-38}$$

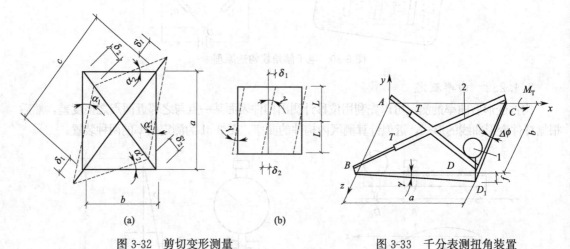

图 3-32　剪切变形测量　　　　　　　图 3-33　千分表测扭角装置

1—千分表；2—可伸缩十字刚性架

3.4.2.4 扭角测定

图 3-33 是利用位移计量测扭角的装置，用它可近似测定空间壳体受到扭转后单位长度的相对扭角：

$$\theta = \frac{\mathrm{d}\phi}{\mathrm{d}x} = \frac{\Delta\phi}{\Delta x} = \frac{f}{ba} \tag{3-39}$$

3.5 力 的 量 测

结构静载试验需要测定的力主要是荷载与支座反力，其次有预应力施力过程中钢丝或钢绳的张力，此外还有风压、油压和土压力等。量测力的仪器也分机械式与电测式两种。其基本原理是用一弹性元件去感受力或液压，弹性元件在力的作用下，发生与外力或液压成对应关系的变形。用机械装置把变形进行放大和显示的装置为机械式传感器；用电测装置把变形转换为电阻变化，然后再进行测量的装置为电测式传感器。由于电测仪器具有体积小、反应快、适应性强及便于自动化等优势，目前使用比较普遍。

3.5.1 荷载和反力测定

荷载传感器可以量测荷载、反力以及其他各种外力。根据荷载性质不同，荷载传感器的形式有拉伸型、压缩型和通用型三种。各种荷载传感器的外形基本相同，其核心部件是一个厚壁筒（见图 3-34）。壁筒的横断面取决于材料允许的最高应力。在壁筒上贴有电阻应变片以便将机械变形转换为电量。为避免在储存、运输或试验期间损坏应变片，设有外罩加以保护。为便于与设备或试件连接，在筒壁两端加工有螺纹。荷载传感器的负荷能力可达 1000kN 或更高。

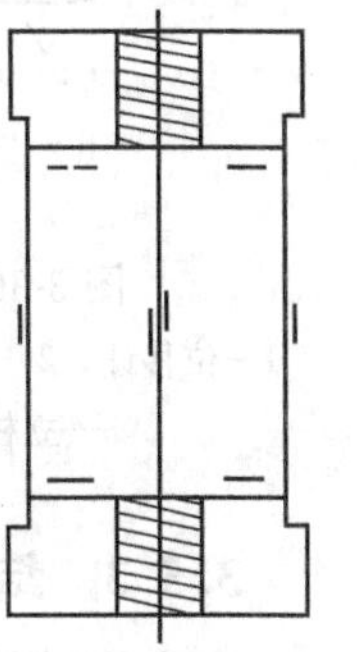

若按前述图 3-19，在筒壁的轴向和横向布片，并按全桥接入应变仪电桥，根据桥路输出特性可求得 $U_{BD}=\dfrac{U}{4}K\times2(1+\nu)\varepsilon$，其中 $2(1+\nu)=A$，A 为电桥输出放大系数，可提高其量测灵敏度。

图 3-34　荷载传感器内壁筒

荷载传感器的灵敏度可表达为每单位荷重下的应变，因此灵敏度与设计的最大应力成正比，而与荷载传感器的最大负荷能力成反比，即灵敏度 K^0 为：

$$K^0=\frac{\varepsilon A}{P}=\frac{\sigma A}{PE} \tag{3-40}$$

式中，P、σ 为荷载传感器的设计荷载和设计应力；A 为桥臂放大系数；E 为荷载传感器材料的弹性模量。

可见，对于一个给定的设计荷载和设计应力，传感器的最佳灵敏度由桥臂系数 A 的最大值和 E 的最小值确定。

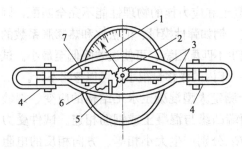

图 3-35　环箍式拉力计

1—指针；2—中央齿轮；3—弓形弹簧；4—耳环
5—连杆；6—扇形齿轮；7—可动接板

3.5.2 拉力和压力测定

土木结构试验中，测定拉力和压力的仪器有各种测力计。测力计是利用钢制弹簧、环箍或簧片在受力后产生弹性变形的原理，将其变形通过机械放大后，用指针度盘表示或借助位移计来反映力的数值。最简单的拉力计就是弹簧式拉力计，它可以直接由螺旋形弹簧的变形求出拉力值。拉力与变形的关系预先经过标定，并在刻度尺上示出。

用于测量张拉钢丝或钢丝绳拉力的环箍式拉力计如图 3-35 所示。它由两片弓形钢板组成一个环箍。在拉力作用下，环箍产生变形，通过一套机械传动放大系统带动指针转动，指针在度盘上的示值即为外力值。

图 3-36 是另一种环箍式拉、压测力计。它用粗大的钢环作"弹簧"，钢环在拉、压力作用下的变形，经过杠杆放大后推动位移计工作。位移计示值与环箍变形关系应预先标定。这种测力计大多只用于测定压力。

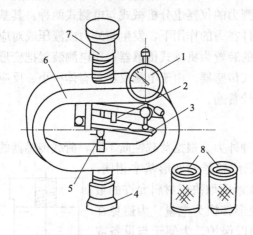 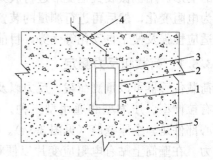

图 3-36 环箍式拉、压测力计　　　　　　　　　　图 3-37 内埋式应力拴

1—位移计；2—弹簧；3—杠杆；4,7—下、上压头；　　　1—与试件同材料的应力拴；2—应变片；

5—立柱；6—钢环；8—拉力压头　　　　　　　　　3—防水层；4—引出线；5—试件

3.5.3　结构内部应力测定

在土木结构试验中，如需测定结构内部混凝土或钢筋的应力，可采用埋入式测力装置。

图 3-37 为美国 Brownie 和 Mcurich 研制的内埋式应力拴，它由混凝土或砂浆制成，埋入试件后便置换了一小块混凝土。在应力拴上贴有两片电阻应变片。借助虎克定律，应力拴和混凝土的应力应变关系为：

$$\sigma_c = E_c \varepsilon_c \tag{3-41}$$

$$\sigma_m = E_m \varepsilon_m \tag{3-42}$$

由此可得：

$$\sigma_m = \sigma_c (1 + C_s) \tag{3-43}$$

$$\varepsilon_m = \varepsilon_c (1 + C_\varepsilon) \tag{3-44}$$

式中，C_s 为应力拴的应力集中系数；C_ε 为应力拴的应变增大系数。

对于特定的应力拴，C_s、C_ε 为常数，但由于混凝土和应力拴的物理性能不完全匹配，因此，增大系数基本上属于在测量结果中所引入的误差。例如弹性模量、泊松比和热膨胀系数的差异所产生的误差。通过适当的标定方法和尽可能减少不匹配因素，可使误差降低至最小。试验证明，最小的误差可控制在 0.5% 以下，室温下，一年内的漂移量很小，可以忽略不计。

图 3-38 为埋入式差动电阻应变计。它主要用于测定大型混凝土水工结构的应变、裂缝或钢筋应力等。使用时直接将其埋入混凝土内，两端凸缘与混凝土或钢筋相连。试件受力后，两端的凸缘随之发生相对移动，使电阻 R_1 和 R_2 分别产生大小相等、方向相反的电阻增量，将其接入应变仪电桥便可测得应变值。

图 3-39 为振动丝式应变计，它依靠改变受拉钢弦的固有频率进行工作。钢弦密封在金属管内，在钢弦中部用激励装置拨动钢弦，再用同样的装置接收钢弦产生的振动信号，并将

其传送至显示或记录仪表。当应变计上的圆形端板与混凝土浇为一体时，混凝土发生的任何应变都将引起端板的相对移动，从而导致钢弦的原始张力或振动频率发生变化，由此可换算求得结构内部的有效应变值。

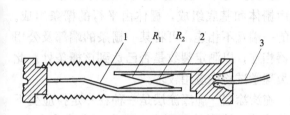

图 3-38　埋入式差动电阻应变计
1,2—刚性支架；3—引出线

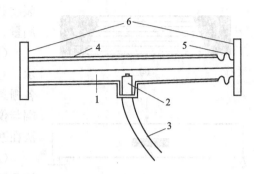

图 3-39　振动丝式应变计
1—钢弦；2—激振丝圈；3—引出线；
4—管体；5—波纹管；6—端板

3.6　裂缝、应变场应变及内部温度测定

3.6.1　裂缝检测

在土木工程结构试验中，对于钢筋混凝土结构或构件，其裂缝的产生和发展、裂缝的位置和走向、裂缝的分布、裂缝的长度和宽度等是反映结构性能的重要指标，对确定结构的开裂荷载，研究结构的破坏过程与结构的抗裂及变形性能均有十分重要的价值。特别是对于混凝土结构、砌体结构等脆性材料组成的结构，裂缝检测是一项必要的测量项目。

目前常用于发现裂缝的最简便方法是借助于放大镜用肉眼观察。在试验前用纯石灰水溶液均匀地刷在结构表面并等待干燥。当试件受外载作用后，白色涂层将在高应变下开裂并剥落。如果是钢结构，在其表面可以看到屈服线条，如果是混凝土结构，其表面裂缝也会明显地显示出来。当研究墙体结构表面开裂情况时，可在白灰层干燥后画出 50mm 左右的方格网，以构成基本参考坐标系，便于分析和描绘墙体在高应变场中的裂缝发展和走向。用白灰涂层具有效果好、价廉和使用技术要求不高等优点。结构试验中，也有利用粘贴于试件受拉区的普通应变片，通过试件开裂后应变值发生突变来确定裂缝的产生。

裂缝宽度的量测常用读数显微镜，它是由光学透镜与游标刻度尺等组成的复合仪器，如图 3-40 所示，其最小刻度值要求不大于0.05mm。其次，也有用印刷有不同宽度线条的

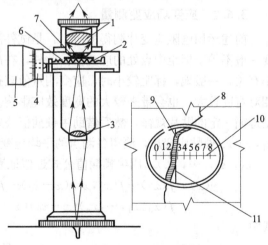

图 3-40　读数显微镜
1—目镜组；2—分划板弹簧；3—物镜；
4—测微螺丝；5—微调鼓轮；6—可动下分划板；
7—上分划板；8—裂缝；9—放大后的裂缝；
10—上下分划板刻度线；11—下分划板刻度长线

裂缝标准宽度板（裂缝卡）与裂缝对比量测；或用一组具有不同标准厚度的塞尺进行试插对比，刚好插入裂缝的塞尺厚度即为裂缝宽度。后两种方法较粗略，但能满足一定要求。

除以上方法外，对某些材料（如钢材）和试件的裂缝扩展情况及扩展速率，可采用下列裂纹扩展片、脆漆涂层及声发射技术等方法进行测量。

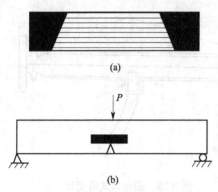

图 3-41　裂纹扩展片及应用
（a）裂纹扩展片；（b）裂纹扩展片测裂缝

（1）裂纹扩展片　裂纹扩展片的结构如图 3-41 所示。它由栅体和基底组成，栅体由平行的栅条组成。各栅条的一端互不相连，可将某一栅条的端部及公用端与仪器相连，以测定裂纹是否已达到该栅条处。此法在断裂理学试验中应用较多。

（2）脆漆涂层　脆漆涂层是一种在一定拉应变下即开裂的喷漆，涂层的开裂方向正交于主应变方向，从而可以确定试件的主应力方向。脆漆涂层具有很多优点，可用于任何类型结构的表面，而不受结构材料、形状及加荷方法的限制。但脆漆层的开裂强度与拉应变密切相关，只有当试件开裂应变低于涂层最小自然开裂应变时，脆漆层才能用来检测试件的裂缝。1975 年美国 BLH 公司研制了一种用导电漆膜来发现裂缝的方法。它是将一种具有小阻值的弹性导电漆涂在经过清洁处理过的混凝土表面。涂成长为 100～200mm、宽 5～10mm 的条带，待干燥后接入电路。当混凝土裂缝宽度达到 0.001～0.004mm 时，由于混凝土受拉，因而拉长的导电漆膜就会出现火花直至烧断。导电漆膜电路被切断后还可以继续用肉眼进行观察。

（3）声发射技术　这种方法是将声发射传感器埋入试件内部或放置于混凝土试件表面，利用试件材料开裂时发出的声音来检测裂缝的出现。这种方法既能发现试件表面的裂缝，也能发现内部的微细裂缝，在断裂力学试验和机械工程中得到广泛应用。

3.6.2　应变场应变测量

前述运用电阻应变片测得的应变，是试件测点处标距（栅长）范围内的平均应变，该应变一般不等于标距中点处的应变值。此外，在高应变梯度范围内，应变测量值还与标距的大小有关，一般地，标距较小时，应变测量值较接近于测点应变。但标距过小时，由于应变片相对宽度较大，也会带来较大的宽度效应影响。目前在高应变梯度区内测定某点应变的方法是遵循一定的贴片规律，然后借助牛顿插值公式来确定应变值。例如在高应变梯度区的 x_0，x_1，$\cdots x_n$ 处贴应变片，测得各测点的平均应变值为 $f(x_0)$，$f(x_1)$，$\cdots$，$f(x_n)$（即应变值 ε_0，ε_1，ε_2，$\cdots$，ε_n），用牛顿插值公式近似地表示任意点 x 处的应变值 $y(x)$ 的公式为：

$$y(x) = f(x_0) + f(x_0, x_1)(x - x_0) + f(x_0, x_1, x_2)(x - x_0)(x - x_1) + \cdots +$$
$$f(x_0, x_1, \cdots, x_n)(x - x_0)(x - x_1)\cdots(x - x_{n-1}) \tag{3-45}$$

式中

$$f(x_0, x_1) = \frac{f(x_0)}{x_0 - x_1} + \frac{f(x_1)}{x_1 - x_0} \tag{3-46}$$

$$f(x_0, x_1, x_2) = \frac{f(x_0)}{(x_0 - x_1)(x_0 - x_2)} + \frac{f(x_1)}{(x_1 - x_0)(x_1 - x_2)} + \frac{f(x_2)}{(x_2 - x_0)(x_2 - x_1)} \tag{3-47}$$

应用牛顿插值公式可求得除 x_0，x_1，x_2，$\cdots$，x_n 点外的任意 x 处的应变值 y。

3.6.2.1　应变场内任意点的应变测量

图 3-42 为一个带圆孔的拉伸试件。要求测定其孔边附近 A 点处的切向应变。这时可采用以 A 点为中心，沿受力方向重叠贴三片不同栅长的应变片，栅最长的应变片贴在底层，然后在其上重叠贴中栅长片，最上面贴短栅长片。在荷载作用下依次测出三片应变片的应变 ε_0（短栅长）、ε_1（中栅长）、ε_2（长栅长），利用上述牛顿插值公式，取公式中的前三项（三片的应变测量参数），当 $x=0$ 时，可求得 A 点的应变值为：

$$\varepsilon_A = \varepsilon_0 + \frac{\varepsilon_1 - \varepsilon_0}{x_0 - x_1}x_0 + \left[\frac{\varepsilon_0}{(x_0 - x_1)(x_0 - x_2)} + \frac{\varepsilon_1}{(x_1 - x_0)(x_1 - x_2)} + \frac{\varepsilon_2}{(x_2 - x_0)(x_2 - x_1)}\right]x_0 x_1 \tag{3-48}$$

式中，x_0、x_1、x_2 分别为短、中、长应变片的标距。

重叠贴片法实质上是应用了牛顿差值公式的外推原理，如图 3-43 所示。图中不同标距应变片的误差值参见表 3-3。

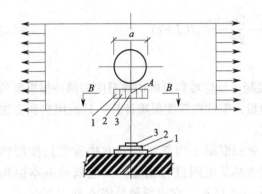

图 3-42　重叠贴片法
1～3—不同标距应变片

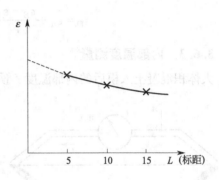

图 3-43　外推法的曲线

表 3-3　不同标距时的误差　　　　　单位：%

标距 L	长栅	中栅	短栅	重叠三件
误差	22.5	18.5	13	3

从表 3-3 中可以看出，采用重叠贴三片应变片的误差，较贴单片时有很大改善。

3.6.2.2　应变场的应变分布测量

欲测量高应变梯度区域的应变分布规律，可以粘贴数组应变片，如图 3-44 中的 A、B、C 三组，每组重叠贴三个不同标距的应变片，可求得沿 x 轴方向上的应变分布规律。

设 A、B、C 三点与坐标原点的距离分别为 x_0、x_1、x_2，先根据前面重叠贴片牛顿插值公式计算 A、B、C 三点的应变，然后根据式(3-48)找出曲线方程，则任意点 x 的应变计算式为：

$$\varepsilon_x = \varepsilon_A + \frac{\varepsilon_B - \varepsilon_A}{x_0 - x_1}(x - x_0) + \left[\frac{\varepsilon_A}{(x_0 - x_1)(x_0 - x_2)} + \frac{\varepsilon_B}{(x_1 - x_0)(x_1 - x_2)} + \right.$$
$$\left. \frac{\varepsilon_C}{(x_2 - x_0)(x_2 - x_1)}\right](x - x_0)(x - x_1) \tag{3-49}$$

令 $x_2 - x_1 = x_1 - x_2 = e$，则上式简化为：

$$\varepsilon_x = \varepsilon_A + \frac{\varepsilon_B - \varepsilon_A}{e}(x - x_0) + \frac{\varepsilon_A - 2\varepsilon_B + \varepsilon_C}{2e^2}(x - x_0)(x - x_1) \tag{3-50}$$

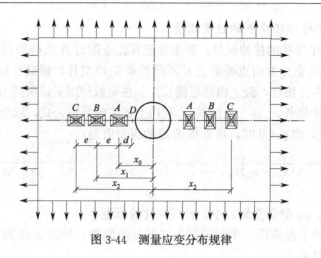

图 3-44　测量应变分布规律

同理得 D 点应变为：

$$\varepsilon_D = \varepsilon_A + \frac{\varepsilon_B - \varepsilon_A}{e}d + \frac{\varepsilon_A - 2\varepsilon_B + \varepsilon_C}{2e^2}d(d+e) \tag{3-51}$$

3.6.3　内部温度测量

大体积混凝土入模后的内部温度、预应力混凝土反应堆容器的内部温度等都是很重要的

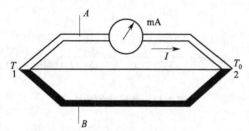

图 3-45　热电偶原理

物理量，但这些温度很难计算，只能用实测方法确定。

　　量测混凝土内部温度的方法通常是使用热电偶或热敏电阻进行测量。热电偶的基本原理如图 3-45 所示。它由两种导体 A 和 B 组合成一个闭合回路，并使结点 1 和结点 2 处于不同的温度 T 及 T_0，例如测温时将结点 1 置于被测温度场内（结点 1 称作工作端），使结点 2 处于某一恒定温度状态（结点 2 称作参考端）。由于互相接触的两种金属导体内自由电子的密度不同，在 A、B 接触处将发生电子扩散。电子扩散的速率和自由电子的密度与金属所处的温度成正比。假设金属 A 和 B 中的自由电子密度分别为 N_A 和 N_B，且 $N_A > N_B$，在单位时间内由金属 A 扩散到金属 B 的电子数比从金属 B 扩散到金属 A 的电子数要多。这样，金属 A 因失去电子而带正电，金属 B 因得到电子而带负电，于是在接触点处便形成了电位差，从而建立电势与温度的关系，即可测得温度。根据理论推导，回路的总电势与温度的关系为：

$$E_{AB} = E_{AB}(T) - E_{AB}(T_0) = \frac{k}{e}(T - T_0)\ln\frac{N_A}{N_B} \tag{3-52}$$

　　式中，T、T_0 为 A、B 两种材料接触点处的绝对温度；e 为电子的电荷量，$e = 4.802 \times 10^{-10}$；$k$ 为波尔兹曼常数，$k = 1.38 \times 10^{-16}$；N_A、N_B 为金属 A、B 的自由电子密度。

3.7　数据采集系统

3.7.1　数据采集系统的组成

数据采集系统的硬件由传感器、数据采集仪和计算机（控制与分析器）组成，如图3-46所示。

3.7.1.1　传感器部分

传感器部分包括各种电测传感器，其作用是感受各种物理量，如力、线位移、角位移、应变和温度等，并把这些物理量转变为电信号。一般情况下，传感器输出的电信号可以直接输入数据采集仪。如果某些传感器的输出信号不能满足数据采集仪的输入要求，还要加上放大器或其他设备。

3.7.1.2　数据采集仪部分

数据采集仪的作用是对所有的传感器通道进行扫描，把扫描得到的电信号进行数字转换，转换成数字量，再根据传感器特性对数据进行传感器系数换算（如把电压数换算成应变或温度等），然后将这些数据传送给计算机，或者将这些数据打印输出、存入磁盘。

数据采集仪包括以下部分。

① 接线模块和多路开关，其作用是与传感器连接，并对各个传感器进行扫描采集；

② 模数转换器，通过 A/D、D/A 转换器，将扫描得到的模拟量转换成数字量；

③ 单片机，其作用是按照事先设置的指令控制整个数据采集仪，进行数据采集；

④ 储存器，可以存放指令、数据等；

⑤ 其他辅助部件，如外壳、I/O 接口等。

3.7.1.3　计算机部分

计算机部分包括主机、显示器、存储器、打印机、绘图仪和键盘等。计算机是整个数据采集系统的控制器，控制整个数据采集过程。在采集过程中，计算机通过运行数据采集程序，对数据采集仪进行控制，并对数据进行计算处理，实时打印输出和图像显示及存入磁盘。

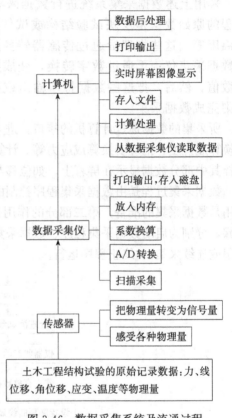

图 3-46　数据采集系统及流通过程

数据采集系统可以对大量数据进行快速采集、处理、分析、判断、报警、直读、绘图、储存、试验控制和人机对话等，还可以进行自动化数据采集和试验控制。它的采集速度可高达每秒几万个数据或更多。目前国内外数据采集系统的种类很多，按其系统组成的模式大致可分为以下几种：

① 大型专用系统，它将采集、分析和处理功能融为一体，具有专门化、多功能的特点；

② 分散式系统，它由智能化前端机、主控计算机、数据通信及接口等组成，特点是前端可靠近测点，消除了长导线引起的误差，并且稳定性好，传输距离长，通道多；

③ 小型专用系统，它以单片机为核心，其便携、用途单一、操作方便、价格低，适用于现场试验时的测量；

④ 组合式系统，它是一种以数据采集仪和微型计算机为中心并按试验要求配置组合成的系统，其适用性广，价格便宜，是一种比较容易普及的形式，组合式数据采集系统的组成如图 3-47 所示。

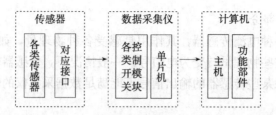

图 3-47　组合式数据采集系统的组成

3.7.2　数据采集过程

采用上述数据采集系统进行数据采集，数据的流通过程如图 3-48 所示。数据采集过程的原始数据是反映试验结构或试件状态的物理量，如力、应变、线位移、角位移和温度等。这些物理量通过传感器转换成为电信号；通过数据采集仪的扫描采集，进入数据采集仪；再通过数字转换，变成数字量；通过系数换算，变成代表原始物理量的数值；然后，把这些数据打印输出或存入磁盘或暂时存在数据采集仪的内存中。这时则完成数据采集。

所采集的数据通过计算机的接口，进入计算机；由计算机对这些数据进行处理，如把位移换算成挠度，把应变换算成应力等。计算机把处理后的数据存入文件或打印输出，并可以选择其中部分数据显示在屏幕上，如位移与荷载的关系曲线等。

数据采集过程是由数据采集程序控制的。数据采集程序主要由两部分组成。第一部分的作用是数据采集的准备，第二部分的作用是正式采集，如图 3-48 所示。程序的运行有六个步骤，分别为启动数据采集程序、数据采集准备、采集初读数、采集待命、执行采集（一次采集或连续采集）、终止程序运行。

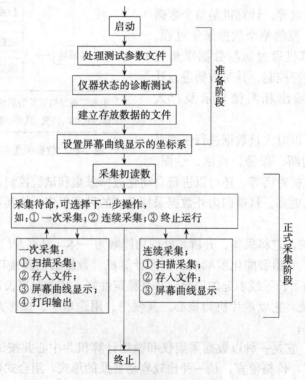

图 3-48　数据采集过程主框图

　　数据采集过程结束后，所有采集到的数据都存在磁盘文件中，数据处理时可直接从这些文件中读取数据。各种数据采集系统所用的数据采集程序如下。

　　① 生产厂商为该采集系统编制的专用程序，常用于大型专用系统；

　　② 固定的采集程序，常用于小型专用系统；

　　③ 利用生产厂商提供的软件工具，用户自行编制的采集程序，主要用于组合式系统。

复习思考题

1. 结构试验量测技术主要包括哪些内容？

2. 量测仪表主要由哪几部分组成？

3. 量测仪表的主要技术指标有哪些？其含义是什么？

4. 试验反应参数的量测方法有哪几种？

5. 简述电阻应变片的工作原理，说明利用电阻应变仪为什么能测量应变？

6. 何谓全桥测量线路和半桥测量线路？其桥路输出特性有哪些？

7. 利用惠斯登桥路特性可解决哪些技术问题？举例说明。

8. 全桥、半桥、1/4桥的接线方法及应用有哪些？

9. 线位移的测量仪器主要有哪几种？

10. 力的测定方法有哪些？

11. 裂缝量测有哪些项目？裂缝宽度如何量测？

第4章 土木工程结构静载试验

4.1 概 述

土木工程结构承担各种作用，包括直接作用和间接作用。结构上的作用按其对结构的动力反应特点可分为静态作用和动态作用。静态作用是使结构或构件不引起加速度或加速度可以忽略不计的作用，如结构的自重、楼面的活荷载；动态作用则是指使结构或构件产生不可忽略的加速度反应的直接作用（或间接作用），如吊车荷载、地震作用。在结构直接作用中，经常起主导作用的是静力荷载。因此，结构静载试验是结构试验中最基本和最常见的试验。

结构静载试验是用物理力学方法，测定和研究结构在静荷载作用下的反应，分析、判定结构的工作状态与受力情况。根据试验观测时间长短不同，又分为短期试验与长期试验。短期试验由于取得试验成果的时间相对较短，通常多被采用。但短期试验存在荷载作用与变形发展的时间效应问题。例如混凝土与预应力混凝土结构的徐变和预应力损失、裂缝开展等问题，其时间效应就比较明显，有时需要进行长期试验观测。在结构静载试验中，加载速度很慢，结构变形速度也很慢，可以忽略加速度引起的惯性力及其对结构变形的影响。

人类很早就应用结构静载试验方法来揭示结构受力的奥秘，有效地促进了结构理论的发展与结构形式的创新。在科学技术迅猛发展的今天，各种各样的结构分析方法不断涌现，动载试验被置于越来越突出的位置。例如，振动台试验能提供结构比较接近实际的震害现象与数据，但振动台试验存在诸多局限性，如台面承载力小、试验费用高、技术比较复杂等。低周反复试验（又称伪静力试验）和计算机-电液伺服联机试验（又称拟动力试验）方法，相对于振动台试验比较简单，耗资较小，出力也较大，可以对许多足尺结构或大模型进行静力和抗震性能试验，但就其方法的实质来说，仍为静载试验。因此，静载试验方法不仅能为结构静力分析提供依据，同时也可为某些动力分析提供间接依据。故静载试验是结构试验的基本方法，是结构试验的基础手段，在结构研究、设计和施工中仍起着主导作用。

单调加载静力试验是结构静载试验中最基本的试验项目。单调加载静力试验是指在短时期内对试验对象进行平稳地一次连续施加荷载，荷载从"零"开始一直施加到结构构件破坏，或是在短时期内平稳地施加若干次预定的重复荷载后，再连续增加荷载直到结构构件破坏。单调加载静力试验主要用于研究结构承受静荷载作用下构件的承载力、刚度、抗裂性等基本性能和破坏机制。

土木工程结构由基本构件组成（如梁、板、柱和单片砌体等），主要承受拉、压、弯、剪、扭等基本作用力。通过单调加载静力试验，可以研究各种基本作用力单独或组合作用下基本构件的结构性能和承载能力等问题，研究混凝土构件荷载与开裂的相关关系，反映结构构件变形与时间关系的徐变问题，研究钢结构构件局部或整体失稳问题。对于框架、屋架、壳体、折板、网架等由若干基本构件组成的扩大构件，除了有必要研究与基本构件相类似的问题外，尚有构件间相互作用的次应力、内力重分布等问题。对于整体结构通过单调加载静力试验能揭示结构空间工作、整体刚度、非承重构件和某些薄弱环节对结构整体工作的影响等方面的某些规律。

我国工程实践和诸多工程结构方面的试验研究，为结构单调加载静力试验积累了许多经验，试验技术与试验方法已趋成熟。完整反映钢筋混凝土和预应力混凝土结构试验方法的国家标准《混凝土结构试验方法标准》（GB/T 50152—2012）在 1992 年版本的基础上经修订并已颁布施行，它既统一了量大面广的验证性试验方法，又对探索性试验方法提出了基本要求，对生产和科研工作均有广泛的实用性，是具有中国特色的混凝土结构试验方法标准，将进一步促进结构工程质量的提高和土木工程结构学科的发展。

4.2　试验前的准备

试验前的准备，泛指正式试验前的所有工作，包括试验规划和准备两个方面。这两项工作在整个试验过程中，时间长，工作量大，内容也最庞杂。准备工作的好坏，将直接影响试验成果。因此，每一阶段每一细节都必须认真、周密地进行。具体内容包括以下几项。

（1）调查研究、收集资料　准备工作首先要把握信息，通过调查研究，收集资料，充分了解本项试验的任务和要求，明确目的，做到心中有数，以便确定试验的性质和规模，试验的形式、数量和种类，正确地进行试验设计。

验证性试验中，调查研究主要是向有关设计、施工和使用单位或人员收集资料。设计方面包括设计图纸、计算书和设计所依据的原始资料（如工程地质资料、气象资料和生产工艺资料等）；施工方面包括施工日志、材料性能试验报告、施工记录和隐蔽工程验收记录等；使用方面主要是使用过程的超载情况或事故经过等。

探索性试验中，调查研究主要是向有关科研单位和情报检索部门以及必要的设计和施工单位，收集与本试验有关的历史（如国内外有无做过类似的试验，采用的方法及结果等）、现状（如已有哪些理论、假设和设计、施工技术水平及材料、技术状况等）和将来发展的要求（如生产、生活和科学技术发展的趋势与要求等）。

（2）制定试验大纲　试验大纲是在取得了调查研究成果的基础上，为使试验有条不紊地进行，取得预期效果而制订的纲领性文件，一般包括试验概述、试件设计与制作要求、试验方案、辅助性试验、实验组织管理与进度计划、经费预算及消耗材料用量、试验仪器设备等内容，试验大纲的具体内容及要求详见 1.4 节。

（3）试件准备　试件准备包括试件的设计、制作、验收及有关测点的处理等。除验证性试验外，试验对象并不一定就是研究任务中的具体结构或构件。根据试验的目的要求，它可能经过这样或那样的简化，可能是模型，也可能是某局部（如节点或杆件），但无论如何均应根据试验目的与有关理论，按大纲规定进行设计与制作。

在试件设计制作时应考虑到试件安装、固定及加载和量测的需要，在试件上做必要的构造处理，如钢筋混凝土试件支承点预埋钢垫板，局部截面加设分布筋等；平面结构还需考虑侧向稳定支撑点配件安装，倾斜加载面需增设凸肩以及吊环等，都不应疏漏。

试件制作工艺必须严格按照相应施工规范进行，并做详细记录，按要求留足材料力学性能试验试件，并及时编号。

在试验之前，应对照试件设计图纸仔细检查，测量各部分实际尺寸、构造情况、施工质量、存在缺陷（如混凝土的蜂窝麻面、裂纹、钢结构的焊缝缺陷、锈蚀等）、结构变化和安装质量。钢筋混凝土还应检查钢筋位置、保护层的厚度和钢筋的锈蚀情况等。这些情况都将对试验结果有重要影响，应做详细记录存档。已建工程的验证性试验中，还必须对试验对象的环境和地基基础等进行必要的调查与检查。

对试件检查考察之后，尚应进行表面处理，例如去除或修补一些有碍试验观测的缺陷，钢筋混凝土表面的刷白、分区划格等。刷白的目的是为了便于观测裂缝；分区划格则是为了荷载与测点准确定位、记录裂缝的发生和发展过程以及描述试件的破坏形态。观测裂缝的区格尺寸一般取 10～50mm，必要时也可缩小。

此外，为方便操作，有些测点布置和处理，如手持应变仪、杠杆应变计、附着式应变计脚标的固定、钢结构测点的除锈，以及应变片的粘贴、接线和材料非破损检测等，也应在这个阶段进行。

（4）测定材料的物理力学性能　结构材料的物理力学性能指标，对结构性能有直接的影响，是结构计算的重要依据。试验中的荷载分级，试验结构的承载能力和工作状况的判断与估计，试验数据处理与分析等都需要在正式试验之前，对结构材料的实际物理力学性能进行测定。

测定项目通常有强度、变形性能、弹性模量、泊松比、应力-应变关系等。

测定的方法有直接测定法和间接测定法两种：直接测定法就是在制作结构或构件时留下小试件，按有关标准方法在材料试验机上测定。这里仅就混凝土的应力-应变全曲线的测定方法作简单介绍。

混凝土是一种弹塑性材料，应力-应变关系比较复杂，标准棱柱体抗压的应力-应变全过程曲线（见图4-1）对混凝土结构的某些方面研究，如长期强度、延性和疲劳强度试验等都具有十分重要意义。

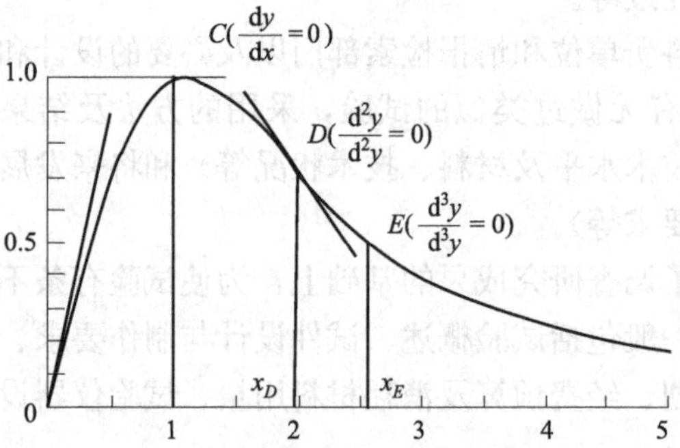

图 4-1　普通混凝土轴压 σ-ε 曲线

测定全过程曲线的必要条件是试验机应有足够的刚度，使试验机加载后所释放的弹性应变与试件的峰点 C 的应变之和不大于试件破坏时的总应变值。否则，试验机释放的弹性应变能产生的动力效应会把试件击碎，曲线只能测至 C 点，在普通试验机上测定就是这样。

目前，最有效的方法是采用出力足够大的电液伺服试验机，以等应变控制方法加载。若在普通液压试验机上试验，则应增设刚性装置，以吸收试验机所释放的动力效应能。刚性元件要求刚度常数大，一般大于 100～200kN/mm；容许变形大，能适应混凝土曲线下降段巨大应变 $[(6～30)×10^{-3}]$。增设刚性装置后，试验后期荷载仍不应超过试验机的最大加载能力。刚性装置可用弹簧或同步液压加载器等。

另外，浇筑在大厚度和大体积结构中的混凝土，处于复合应力状态下工作。当它在三向受压工作时，主应力比、强度、极限变形等也将大大改变，为正确认识这些性能，还需要测定其三向应力下的工作性质。三向应力通常在三轴应力试验机上进行。试验机有两个油压系统，一个施加水平二轴压力，一个施加垂直轴向压力。试验机技术要求与其他压力试验机基本相同。

间接测定法，通常采用非破损试验法，它是在不破坏（或微破损）结构构件材料内部结构、不影响结构整体工作性能和不危及结构安全的情况下，利用和依据物理学的力、声、电、磁和射线等的原理、技术和方法，测定与结构材料性能有关的各种物理量，并以此推定结构构件材料强度和内部缺陷的一种测试方法。详细内容将在第 6 章介绍。

（5）试验设备与试验场地准备　试验中应用的加载设备和量测仪表在试验之前应进行检查、检修和必要的率定，以保证达到试验的使用要求。率定须有报告，以供资料整理或使用过程中修正。

试件进场之前，试验场地应加以清理和安排，包括水、电、交通和清除不必要的杂物，集中安排好试验使用的物品。必要时，应做场地平面设计，架设或准备好试验中的防风、防雨和防晒设施，避免对荷载和量测造成影响。现场试验的支承点地基承载力应经局部验算和处理，下沉量不宜太大，保证结构作用力的正确传递和试验工作顺利进行。

（6）试件安装就位　按照试验大纲的规定和试件设计要求，在各项准备工作就绪后即可将试件安装就位。保证试件在试验全过程都能按计划模拟条件工作，避免因安装错误而产生附加应力或出现安全事故，是安装就位的中心问题。

简支结构的两支点应在同一水平面上，高差不宜超过试件跨度的 1/200。试件、支座、支墩和台座之间应密合稳固，常采用砂浆坐缝处理。

超静定结构，包括四边支承和四角支承板的各支座应保持均匀接触，最好采用可调支座。若设置测定支座反力测力计，应调节该支座反力至该支座所承受的试件重量为止。也可采用砂浆坐浆或湿砂调节。

扭转试件安装应注意扭转中心与支座转动中心的一致，可用钢垫板等加垫调节。

嵌固支承，应上紧夹具，不得有任何松动或滑移可能。

试件吊装时，平面结构应防止发生平面外弯曲、扭曲等变形；应适当加密细长杆件的吊点，避免弯曲过大；钢筋混凝土结构在吊装就位过程中，应保证不出裂缝，尤其是抗裂试验结构，必要时应附加夹具，以提高试件刚度。

（7）加载设备与量测仪表安装　加载设备安装，应根据加载设备的特点按照大纲设计要求进行。有的设备与试件就位同时进行安装，如支承机构。有的则在加载阶段进行安装。大多数加载设备是在试件就位后安装，要求安装固定牢靠，保证荷载模拟正确和试验安全。

仪表安装位置按观测设计确定。安装后应及时把仪表号、测点号、位置和连接仪器上的通道号一并记入记录表中。调试过程中如有变更，记录亦应及时相应改动，以防混淆。接触式仪表还应有保护措施，例如加带悬挂设施，以防振动掉落损坏。

（8）计算试验控制特征值　根据材性试验数据和设计计算图式，计算出各个荷载阶段的荷载值和各特征部位的内力、变形值等，作为试验时控制与比较的依据。这是避免试验盲目性的一项重要工作，对试验与分析具有重要意义。

4.3　加载方案设计

4.3.1　加载方案设计依据及要求

试验加载方案的确定，是个比较复杂的问题，涉及的技术因素较多。试验加载方案取决于试验对象的结构形式、试验的目的和要求、试件的就位方式、试件承受的荷载性质和受荷形式等。例如楼盖是结构体系的水平承重结构，它主要承担竖向均布荷载；而框架结构除承受竖向集中荷载外还承受水平方向的风荷载和地震作用。显然，这两种结构的加载方法和所需设备差别较大，因而每进行一项试验都应针对具体试验对象选择其加载方案。

试验加载方案应包括具体的加载方法及配套加载设备、试件的就位形式、试验加载图式、试验荷载值确定、试验加载程序，以及相关安全防护设施等。另外，试验加载方案在满足试验目的条件下，应尽可能做到试验技术合理，节约试验经费。关于加载方法及配套加载设备或场地等内容在第2章已进行了较详细地叙述，这里主要介绍试验加载方案的其他内容。

4.3.2　试件就位形式

土木工程结构试验时，试件的就位位置原则上应符合实际使用时的工作状态。但有时因设备等试验条件限制，按实际使用工作状态放置有困难时，也允许在不影响试验目的和要求的前提下，采用不同于实际工作状态的放置方式。试验时试件的空间就位位置有两种形式，即正位试验和异位试验。

4.3.2.1　正位试验

正位试验是指试验时试件放置位置与实际工作时的位置一致，比如梁、板的正位试验是指跨中的受压区在上，受拉区在下，结构自重和它所承受的外荷载作用在同一垂直平面内，符合实际受力状态。在结构试验中应优先采用正位试验（见图4-2）。

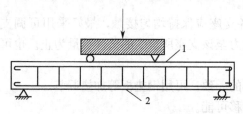

图 4-2　受弯构件正位试验示意图
1—受拉面；2—受压面

对既有结构进行现场原位试验时，试验的构件处于实际工作位置，它的支承情况、边界条件与实际工作状态完全一致，也属于正位试验，但这种构件与单个构件的实验室试验不完全一样，如支承不是理想的支座，邻近构件会对试件部分产生卸荷作用等，在试验设计时应特别引起注意。

4.3.2.2　异位试验

异位试验是指试验时构件放置位置与实际工作的位置不一致。异位试验又分为卧位试验、反位试验及成对试验。

（1）卧位试验　对于自重较大的梁、柱，跨度、矢高大的屋架及桁架等重型构件，当不便于吊装运输和进行测量时，可在现场就地采用卧位试验，这样就大幅度降低了试验装置的高度，便于布置量测仪表和数据测量。在采用卧位试验时，为减少构件变形及支承面间的摩擦阻力和自重弯矩，应将试件平卧在滚轴上或平台车上，使其保持水平状态（见图4-3）。

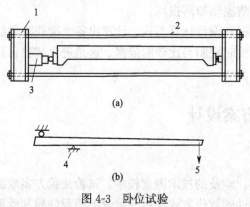

图 4-3　卧位试验
(a) 偏压柱；(b) 电杆
1—钢梁；2—拉杆；3—千斤顶；4—支座；
5—接绞车或其他加力装置

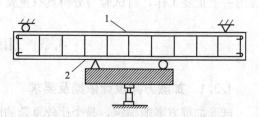

图 4-4　受弯构件反位试验示意图
1—受拉面；2—受压面

（2）反位试验　对于混凝土构件进行抗裂或裂缝宽度试验时，为了便于观察裂缝和读取裂缝宽度值，可将试件倒过来安装，使其受拉区向上，这种形式称为反位试验。反位试验可以简化和减少加载装置，但外荷载首先要抵消构件自重。对于自重较大的混凝土构件，在反位试验安装时要特别注意自重反位作用可能引起受压区的开裂（见图4-4）。

（3）成对试验　吊车梁等重型受弯构件所受荷载和构件尺寸很大，一般试验机的加载能力已难以满足要求，故可以采用水平相背放置的两榀试件，两端用钢拉杆连接互为支座，采用对顶加载的方式进行加载试验，即两榀试件既为试件，又互为加载设备，故称成对试验，如图4-5所示，钢拉杆的刚度和承载力应满足试验要求，且水平放置的试件下应设置滚轴以减少摩擦，使试件能够自由变形。

4.3.3　加载图式选择与设计

试验荷载在试件上的布置形式（包括荷载类型和分布情况）称为加载图式。加载图式应与结构设计的理论计算模型（计算简图）相一致。例如，钢筋混凝土楼盖中楼板、支承楼板的次梁、壳体结构的试验荷载应该是均匀的，可以采用重力加载或等效均载。支承次梁的主梁应该是按次梁间距作用的几个集中荷载，而工业厂房的屋面大梁则承受间距为屋面板宽度或檩条间距的等距集中荷载，可采用重力加载，当荷载较大时，

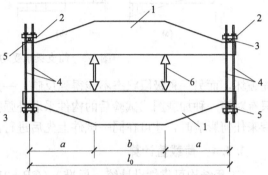

图 4-5　受弯构件成对试验示意图
1—试件；2—支座钢板；3—刀口支座；
4—拉杆；5—滚动支座；6—千斤顶

常采用液压加载。对于承受竖向与水平荷载作用的墙、柱等构件，试验荷载多采用集中荷载，一般采用液压加载形式。对整体结构模型，应结合计算模型，竖向荷载、水平荷载可采用重力加载，或与液压加载配合使用。

但是，当加载条件限制无法实现或者为了加载的方便而采用不同于计算所规定的荷载图式时，可根据试验的目的和要求，采用与计算简图等效的加载图式。

等效荷载是指在其作用下，使结构构件的控制截面和控制部位上能产生与原荷载作用时相同作用效应（弯矩、剪力、轴力或变形）的荷载。等效加载图式应满足下列条件。

① 等效荷载产生的控制截面上的主要内力应与计算内力值相等。

② 等效荷载产生的主要内力图形与计算内力图形相似。

③ 控制截面的内力等效时，次要截面上的内力（如受弯构件的剪力）应与设计值接近。

④ 等效荷载引起的变形差别应给予适当修正。

如图 4-6 所示的简支梁抗弯性能试验因受加载条件限制，无法用均布荷载施加至破坏，必须采用集中荷载。若按图 4-6(b) 二分点一个集中荷载加载图式，为使 M_{max} 与设计值相等，则内力图形与原设计内力图形相差较大，故不可采用；当采用图 4-6(c) 的四分点二个集中荷载加载图式，基本可满足等效条件；当采用图 4-6(d) 的八分点四个集中荷载加载图式，则会得到更为满意的等效结果。集中荷载点越多，结果越接近理论计算简图。可见，至少要用四分点二个集中荷载以上的偶数集中荷载加载图式，才是本例的等效加载图式。

当采用一种加荷图式不能反映试验要求的几种极限状态时，应采用几种不同的加载图式分别在几个截面上进行试验。例如，梁的试验不仅要做正截面抗弯承载力极限状态试验，还要求进行斜截面抗剪承载力极限状态试验。若只采用一种加载图式，往往因一种极限状态首

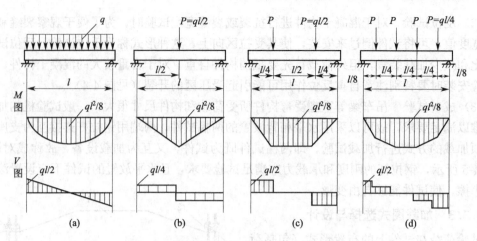

图 4-6 简支梁承受均布荷载时的等效荷载

先破坏，而另一种极限状态不能得到反映。一般情况，一个试件上只允许用一种加载图式。只有对第一种加载图式试验后的构件采取补强措施，并确保对第二种加载图式的试验结果不带来任何影响时，才可在同一试件上先后进行两种不同加载图式的试验。

4.3.4 荷载值计算

《工程结构可靠性设计统一标准》（GB 50153—2008）规定，结构的极限状态分为承载力极限状态和正常使用极限状态，结构构件在满足承载力要求的前提下，还应对其进行稳定、变形、抗裂和裂缝宽度的验算。因此，在加载方案设计时，应首先按不同试验要求确定相应于各种工作状态的试验荷载值。

对于混凝土结构，为便于加载控制和试验现象的观测，试验前应根据试验要求分别确定下列临界试验荷载值。

① 试件的挠度、裂缝宽度试验，应确定使用状态试验荷载值 $Q_s(F_s)$；

② 试件的抗裂试验，应确定开裂荷载计算值 $Q_{cr}(F_{cr})$；

③ 试件的承载力试验，应预估承载力试验荷载值，对验证性试验还应计算承载力状态荷载设计值 $Q_d(F_d)$。

对于探索性试验，由于不是针对某一具体工程的荷载情况来设计试件，且又不知构件材料的实测强度和构件截面尺寸实测值等参数，故可以由试件的材料性能和截面实际参数计算试件控制截面上的内力计算值，以此来确定试验荷载值。进行结构动力试验时，应考虑荷载的动力系数。

对于验证性试验，各级临界状态的荷载特征值按下述方法确定。

（1）验证性试验中使用状态试验荷载值 $Q_s(F_s)$ 应根据试件设计控制截面在正常使用极限状态下的内力计算值和试验加载图式经换算确定。正常使用极限状态下的内力计算值应根据现行国家标准《建筑结构荷载规范》（GB 50009—2012）计算确定，对钢筋混凝土构件、预应力混凝土构件应分别采用荷载（效应）的准永久组合和标准组合；正常使用极限状态下的内力计算值也可由设计文件提供。

对于正常使用极限状态，应根据不同的鉴定目的，采用荷载的标准组合、频遇组合或准永久组合。荷载的标准组合按式（4-1）确定：

$$S = \sum_{j=1}^{m} S_{G_j k} + S_{Q_1 k} + \sum_{i=2}^{n} \psi_{ci} S_{Q_i k} \tag{4-1}$$

式中，$S_{G_j k}$ 为按第 j 个永久荷载标准值 G_{jk} 计算的荷载效应值；$S_{Q_i k}$ 为按第 i 个可变荷载标准值 Q_{ik} 计算的荷载效应值，其中 $S_{Q_1 k}$ 为诸可变荷载效应中起控制作用者；ψ_{ci} 为第 i 个可变荷载 Q_i 的组合值系数；m 为参与组合的永久荷载数；n 为参与组合的可变荷载数。

荷载的频遇组合按式(4-2)确定：

$$S = \sum_{j=1}^{m} S_{G_j k} + \psi_{f1} S_{Q_1 k} + \sum_{i=2}^{n} \psi_{qi} S_{Q_i k} \tag{4-2}$$

式中，ψ_{f1} 为第 1 个可变荷载的频遇值系数；ψ_{qi} 为第 i 个可变荷载的准永久值系数。

荷载的准永久组合按式(4-3)确定：

$$S = \sum_{j=1}^{m} S_{G_j k} + \sum_{i=1}^{n} \psi_{qi} S_{Q_i k} \tag{4-3}$$

(2) 试件的开裂荷载计算值 $Q_{cr}(F_{cr})$　应根据结构构件设计控制截面的开裂内力计算值和试验加载图式经换算确定。

① 验证性试验　正截面抗裂试验的开裂内力计算值应按下式计算：

$$S_{cr}^c = [\gamma_{cr}] S_s \tag{4-4}$$

式中，S_{cr}^c 为正截面抗裂试验的开裂内力值；S_s 为正常使用极限状态下的内力计算值；$[\gamma_{cr}]$ 为构件抗裂检验系数，按式(4-7)计算。

预应力构件采用均布荷载或集中力加载方式进行抗裂检验时，开裂荷载计算值 $Q_{cr}(F_{cr})$ 也可直接按下列公式进行计算：

$$Q_{cr} = [\gamma_{cr}] Q_s \tag{4-5}$$

$$F_{cr} = [\gamma_{cr}] F_s \tag{4-6}$$

式中，Q_{cr}、F_{cr} 为以均布荷载、集中荷载形式表达的开裂荷载计算值；$[\gamma_{cr}]$ 为构件抗裂检验系数，按式(4-7)计算；Q_s、F_s 为以均布荷载、集中荷载形式表达的使用状态试验荷载值计算值。

抗裂检验系数允许值 $[\gamma_{cr}]$ 按下式计算：

$$[\gamma_{cr}] = 0.95 \frac{\sigma_{pc} + \gamma f_{tk}}{\sigma_{sc}} \tag{4-7}$$

式中，σ_{pc} 为试验时抗裂验算边缘的混凝土预压应力计算值，应按现行国家标准《混凝土结构设计规范》(GB 50010) 的有关规定确定。计算预压应力值时，混凝土的收缩、徐变引起的预应力损失值宜考虑时间因素的影响。f_{tk} 为试验时的混凝土抗拉强度标准值，根据设计的混凝土强度等级，按现行国家标准《混凝土结构设计规范》(GB 50010) 的有关规定确定。当采用立方体抗压强度实测值时按内插取值。γ 为混凝土构件的截面抵抗矩塑性影响系数，应按按现行国家标准《混凝土结构设计规范》(GB 50010) 的有关规定确定。σ_{sc} 为使用状态试验荷载值作用下抗裂验算边缘混凝土的法向应力。

② 探索性试验　正截面抗裂试验的开裂内力计算值应按下列公式计算。

a. 轴心受拉构件

$$N_{cr}^c = (f_t^0 + \sigma_{pc}) A_0^0 \tag{4-8}$$

b. 受弯构件

$$M_{cr}^c = (\gamma f_t^0 + \sigma_{pc}) W_0^0 \tag{4-9}$$

c. 偏心受拉和偏心受压构件

$$N_{cr}^c = \frac{\gamma f_t^0 + \sigma_{pc}}{\dfrac{e_0}{W_0^0} \pm \dfrac{1}{A_0^0}} \tag{4-10}$$

式中，N_{cr}^c 为轴心受拉、偏心受拉和偏心受压构件正截面抗裂轴向力计算值；M_{cr}^c 为受弯构件正截面开裂弯矩计算值；A_0^0 为由实际几何尺寸计算的构件换算截面面积；W_0^0 为由实际几何尺寸计算的换算截面受拉边缘的弹性抵抗矩；e_0 为轴向力对构件截面形心的偏心距；γ 为混凝土构件的截面抵抗矩塑性影响系数，应按现行国家标准《混凝土结构设计规范》（GB 50010）的有关规定取用；f_t^0 为混凝土的抗拉强度实测值。

（3）承载力试验荷载预估值　应根据构件受力类型和承载力标志类型、设计控制截面相应的内力计算值 $S_{u,i}^c$ 和试验加载图式经换算确定。当可能出现多种承载力标志时，应按多个承载力试验荷载预估值依次进行加载试验。

① 验证性试验　验证性试验承载力状态荷载设计值 $Q_d(F_d)$，应根据承载能力极限状态下试件设计控制截面的内力组合设计值 S_i 和试验加载图式经换算确定。

试件达到承载能力极限状态时的内力计算值 $S_{u,i}^c$ 应按下式计算：

$$S_{u,i}^c = \gamma_0 \gamma_{u,i} S_i \tag{4-11}$$

式中，$S_{u,i}^c$ 为试件出现第 i 类承载力标志对应的承载能力极限状态的内力计算值；γ_0 为结构重要性系数，结构安全等级为一级，取 1.1，结构安全等级为二级，取 1.0，结构安全等级为三级，取 0.9；$\gamma_{u,i}$ 为第 i 类承载力标志对应的加载系数，按表 4-1 取用；S_i 为试件第 i 类承载力标志对应的承载能力极限状态下的内力组合设计值。

表 4-1　承载力标志及加载系数 $\gamma_{u,i}$

受力类型	标志类型(i)	承载力标志	加载系数 $\gamma_{u,i}$
受拉、受压、受弯	1	弯曲挠度达到跨度的 1/50 或悬臂长度的 1/25	1.20(1.35)
	2	受拉主筋处裂缝宽度达到 1.50mm 或钢筋应变达到 0.01	1.20(1.35)
	3	构件的受拉主筋断裂	1.60
	4	弯曲受压区混凝土受压开裂、破碎	1.30(1.50)
	5	受压构件的混凝土受压破碎、压溃	1.60
受剪	6	构件腹部斜裂缝宽度达到 1.50mm	1.40
	7	斜裂缝端部出现混凝土剪压破坏	1.40
	8	沿构件斜截面斜拉裂缝，混凝土撕裂	1.45
	9	沿构件斜截面斜压裂缝，混凝土撕裂	1.45
	10	沿构件叠合面，接槎面出现剪切裂缝	1.45
受扭	11	构件腹部斜裂缝宽度达到 1.50mm	1.25
受冲切	12	沿冲切锥面顶、底的环状裂缝	1.45
局部受压	13	混凝土压陷、劈裂	1.40
	14	边角混凝土剥裂	1.50
钢筋的锚固、连接	15	受拉主筋锚固失效，主筋端部滑移达到 0.2mm	1.50
	16	受拉主筋在搭接连接头处滑移，传力性能失效	1.50
	17	受拉主筋搭接脱离或在焊接、机械连接处断裂，传力中断	1.60

注：1. 表中加载系数与承载力状态荷载设计值、结构重要性系数的乘积为相应承载力标志的临界试验荷载值。

2. 当混凝土强度等级不低于 C60 时，或采用无明显屈服钢筋为受力主筋时，取用括号中的数值。

3. 试验中当试验荷载不变而钢筋应变持续增长时，表示钢筋已经屈服，判断为标志 2。

当设计要求按实配钢筋的构件承载力进行试验时应按下式计算：

$$S_{u,i}^c = \gamma_0 \eta \gamma_{u,i} S_i \tag{4-12}$$

$$\eta = \frac{R(f_{c}, f_{s}, A_{s}^{0}\cdots)}{\gamma_{0} S_{i}} \tag{4-13}$$

式中，η 为构件的承载力检验修正系数；$R(\cdot)$ 为根据实配钢筋 A_{s}^{0} 确定的试件出现第 i 类承载力标志对应的承载力计算值，应按现行国家标准《混凝土结构设计规范》（GB 50010）中有关承载力计算公式的右边项计算，材料强度应取设计值。

② 探索性试验　试件出现第 i 类承载力标志对应的承载能力极限状态的内力计算值，应根据其受力特点、材料的实测强度、构件的实际配筋和实测几何参数按（4-14）式进行计算：

$$S_{u,i}^{c} = R_{i}(f_{c}^{0}, f_{s}^{0}, A_{s}^{0}, \alpha^{0}, \cdots) \tag{4-14}$$

式中，$S_{u,i}^{c}$ 为试件出现第 i 类承载力标志对应的承载能力极限状态的内力计算值；$R_{i}(\cdot)$ 为按材料的实测强度、构件的实测几何参数确定的构件承载力计算值。

4.3.5　加载程序设计

加载图式和荷载值确定后，还要按一定的程序加载。试验加载程序指试验进行期间荷载与时间的关系。加载程序应根据试件的类型及试验目的与要求不同而选择，结构试验的加载程序应符合下列规定。

① 探索性试验的加载程序应根据试验目的及受力特点确定；

② 验证性试验宜分级进行加载，荷载分级应包括各级临界试验荷载值；

③ 当以位移控制加载时，应首先确定试件的屈服位移值，再以屈服位移值的倍数控制加载等级。

一般结构静载试验的加载程序分为预加载、标准荷载（正常使用荷载）、破坏荷载三个阶段。图 4-7 为钢筋混凝土构件的一种典型静载试验加载程序。有的试验只加至标准荷载即正常使用荷载，试验后试件还可使用，现场结构或构件的检验性试验多属此类。对于探索性试验，当加载到标准荷载后，一般不卸载而须继续加载直至试件进入破坏阶段。

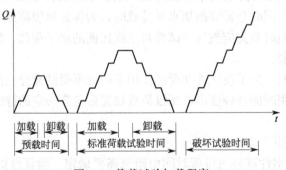

图 4-7　静载试验加载程序

分级加（卸）载的目的，一是便于控制加（卸）载速度，二是方便观察和分析结构变形情况，三是利于各点加载统一步调。

4.3.5.1　预加载

预加载指在正式试验前对试件预加部分荷载的预先试验，其目的有下列几个方面：

① 使试件各部接触良好，进入正常工作状态，荷载与变形关系趋于稳定；

② 检验全部试验装置的可靠性，同时也对垫层等进行压实，消除试件与装置之间的空隙，使试件支垫平稳；

③ 检验全部观测仪表工作正常与否，并对仪表设备进行调零；

④ 检查现场组织工作和人员的工作情况，起演习作用。

总之，通过预载试验可以发现一些潜在问题，并在正式试验之前予以解决，对保证试验工作顺利进行具有一定意义。

预载一般分三级进行，每级取标准荷载值的 20%。然后分级卸载，2~3 级卸完。如（卸）一级，停歇 10min。对混凝土试件，预加载值应小于计算开裂荷载值的 70%。预加载应控制试件在弹性范围内受力，不应产生裂缝及其他形式的加载残余值。

4.3.5.2 正式加载

(1) 荷载分级　分级加载是按正常使用极限状态、承载能力极限状态的顺序按预定的步距逐级进行加载。接近开裂荷载计算值时应加密荷载步距以准确测得开裂荷载值，接近承载力试验荷载值时应加密荷载步距，以得到准确的承载力检验荷载实测值，并避免试件发生突然性的破坏。

一般的结构试验中，每级荷载值的确定应按下列原则确定。

① 在达到使用状态试验荷载值 $Q_s(F_s)$ 前，每级加载值不应大于 $Q_s(F_s)$ 的 20%，一般分五级加至标准荷载。在达到使用状态试验荷载值 $Q_s(F_s)$ 以后，每级加载值不宜大于 $Q_s(F_s)$ 的 10%。

② 在接近开裂荷载计算值 $Q_{cr}(F_{cr})$ 时，每级加载值不宜大于 $Q_{cr}(F_{cr})$ 的 5%；试件开裂后每级加载值可取 $Q_{cr}(F_{cr})$ 的 10%。

③ 加载到承载能力极限状态的试验阶段时，每级加载不应大于承载力状态荷载设计值 $Q_d(F_d)$ 的 0.05 倍。

柱试验，一般按计算破坏荷载的 1/10~1/15 分级，接近开裂和破坏荷载时，应减至原来 1/2~1/3 施加。

砌体抗压试验，当不需要测变形时，按预期破坏荷载的 10% 分级，每级 1~1.5min 内加完，恒载 1~2min。加至预期破坏荷载的 80% 后，不分级直接加至破坏。

应该注意，当试件同时还需要施加水平荷载时，为保证每级荷载下竖向荷载和水平荷载的比例不变，试验开始时首先应施加与试件自重成比例的水平荷载，然后再按规定的比例同步施加竖向和水平荷载。

(2) 荷载持续时间　为了使试件在荷载作用下的变形得到充分发挥和达到基本稳定，同时观察试件在荷载作用时的各种变形，每级荷载加完后应有一定的持续时间。一般结构试验的持续时间如下。

① 钢结构一般不少于 10min。

② 混凝土结构探索性试验的持荷时间由研究需要确定；验证性试验每级加载的持荷时间应符合下列规定。

a. 加载完成后的持荷时间不应少于 5~10min，且每级加载时间宜相等。

b. 使用状态试验荷载值 $Q_s(F_s)$ 作用下，持荷时间不应少于 15min；在开裂荷载计算值 $Q_{cr}(F_{cr})$ 作用下，持荷时间不宜少于 15min；如荷载达到开裂荷载计算值前已经出现裂缝，则在开裂荷载计算值下的持荷时间不应少于 5~10min。

③ 当要求获得试件的实际承载力和破坏形态时，在试件出现承载力标志后，宜进行后期加载。后期加载应加载到荷载减退、试件断裂、结构解体等破坏状态，探讨试件的承载力裕量、破坏形态及实际的抗倒塌性能。后期加载的荷载等级及持荷时间应根据具体情况确

定，可适当增大加载间隔，缩短持荷时间，也可进行连续慢速加载直至试件破坏。

（3）满载时间　跨度较大的屋架、桁架及薄腹梁等试件，当不再进行承载力试验时，使用状态试验荷载值 $Q_s(F_s)$ 作用下的持荷时间不宜少于 12h。主要考虑新型结构、跨度较大的屋架、桁架及薄腹梁等试件试验，一般不做承载力阶段的试验，而只检验使用状态。为了充分检验其弹塑性性能并确保安全，而对其在使用状态试验荷载下持荷时间加以规定。

（4）空载时间　受载结构卸载后到下一次重新开始加载之间的间歇时间称空载时间。空载对于探索性试验是完全必要的。因为观测结构经受荷载作用后的残余变形和变形的恢复情况均可说明结构的工作性能。要使残余变形得到充分发展需要有相当长的空载时间，有关试验标准规定：对于一般的钢筋混凝土结构，空载时间取 45min；对于较重要的结构构件和跨度大于 12m 的结构，取 18h（即为满载时间的 1.5 倍）；对于钢结构不应少于 30min。为了了解变形恢复过程，必须在空载期间定期观察和记录变形值。

4.3.5.3　卸载

凡间断性加载试验，或仅做刚度、抗裂和裂缝宽度检验的结构与构件，以及测定残余变形的试验及预载之后，均须卸载，以使结构构件具有恢复弹性变形的时间。

卸载一般可按加载级距，也可放大 1 倍或分 2 次卸完。

对于需要研究试件恢复性能的试验，加载完成以后应按阶段分级卸载。卸载和量测应符合下列规定：

① 每级卸载值可取为承载力试验荷载值的 20%，也可按各级临界试验荷载逐级卸载。

② 卸载时，宜在各级临界试验荷载下持荷并量测各试验参数的残余值，直至卸载完毕。

③ 全部卸载完成以后，宜经过一定的时间后重新量测残余变形、残余裂缝形态及最大裂缝宽度等，以检验试件的恢复性能。恢复性能的量测时间，对于一般结构构件取为 1h，对新型结构和跨度较大的试件取为 12h，也可根据需要确定时间。

4.4　量测方案设计

量测方案应根据试件的变形特征和控制截面的变形参数来设计。试验量测方案应主要包括以下内容：

① 根据试验的目的和要求，确定观测项目，选择量测区段，布置测点位置；

② 按照确定的量测项目，选择量测仪表；

③ 确定试验观测方法。

4.4.1　观测项目确定

土木工程结构在试验荷载及其他模拟条件作用下的变形可以分为两类：一类反映结构整体工作状况，如梁的最大挠度及整体挠曲曲线，拱式结构和框架结构的最大垂直和水平位移及整体变形曲线，杆塔结构的整体水平位移及基础转角等。另一类反映结构局部工作状况，如局部纤维变形，裂缝以及局部挤压变形等。

在确定试验的观测项目时，首先应该考虑能反映和推断结构整体工作状况。如通过对钢筋混凝土简支梁控制截面内力与挠度曲线的测量，不仅可以知道结构刚度的变化，而且可以了解结构的开裂荷载，屈服荷载和极限承载能力，极限变形能力以及其他方面的弹性和非弹性质。对于验证性试验，按照结构设计规范关于结构构件在正常使用极限状态的要求，当需要控制结构构件的变形时，结构构件的试验也应量测结构构件的整体变形。转角和曲率的量测也是实测分析中的重要内容，特别在超静定结构中应用较多。

在缺乏量测仪器的情况下，对于一般的验证性试验，只测定最大挠度一项也能做出基本的定量分析。但对易于产生脆性破坏的结构构件，挠度的不正常发展与破坏会同时发生，变形曲线上没有十分明显的预告，量测中的安全工作要引起足够的重视。

其次，应能反映和推断结构局部工作状态。如钢筋混凝土结构的裂缝出现直接说明其抗裂性能，而控制截面上的应变大小和方向则可推断截面应力状态，验证设计与计算方法是否合理正确。在非破坏性试验中，试验应变又是推断结构应力和极限承载力的主要指标。在结构处于弹塑性阶段时，应变、曲率、转角或位移的量测和描绘，也是判定结构工作状态和抗震性能的主要依据。

总的来说，观测项目和测点布置应满足分析和推断结构工作状态需要。

4.4.2 测点选择和布置

用试验仪器对试件进行内力和变形等参数量测时，测点的选择与布置应遵循以下几条原则。

① 在满足试验目的前提下，测点宜少不宜多，以简化试验内容，节约经费开支，并使重点观测项目突出。

② 测点的位置必须有代表性，以便能测取最关键的数据，便于对试验结果分析和计算。

③ 为了保证量测数据的可靠性，应该布置一定数量的校核性测点。这是因为在试验过程中，由于偶然因素会有部分仪器或仪表工作不正常或发生故障，影响量测数据的可靠性，因此不仅应在需要量测的部分设置测点，也应在已知参数的位置上布置校核性测点，以便判别量测数据的可靠程度。

④ 测点的布置应使试验工作方便、安全地进行。安装在结构上的附着式仪表在达到正常使用荷载的 1.2～1.5 倍时应该拆除，以免结构突然破坏而使仪表受损。为了测读方便、减少观测人员，测点的布置宜适当集中，便于一人管理多台仪器。控制部位的测点大多处于比较危险的位置，应妥善考虑安全措施，必要时应选择特殊的仪器仪表或特殊的测定方法来满足量测要求。

4.4.3 量测仪器选择与测读原则

量测方案设计中，选择量测仪器仪表时应考虑下列因素。

① 满足量测数据的属性，量值及精确度要求。不同类型的仪器仪表用于不同属性的试验数据，应根据量测数据的属性选择相应的仪器仪表。另外，所选仪器仪表应有足够的量程，尽量避免因量程不足在试验过程重新安装调整仪器，增大量测误差。其次，为了保证测试精度，仪器仪表应有足够的分辨率，应满足试验数据误差不大于±5%的要求。

② 符合量测数据的表达式要求。如果试验数据采用表格表示，则可选用非连续测试的仪器仪表。如为测定试件的变形，则可选用机械式位移计，直接测读每级荷载下的变形值，并记入记录表格。若试验数据采用曲线图表示，则应选择连续测试的自动记录仪器，以便直接绘制试验曲线。

③ 适应试验的工作条件与环境。若为现场试验，由于试验工作条件较差，环境影响因素较多，因此，应尽可能选用干扰少的机械式仪器仪表，并要求仪器仪表具有较好的温度稳定性。若在矿山井下试验，还应选用具有防爆性能的仪器仪表。但当测点较多时，机械式仪

表不如电测仪器灵活、方便，选用时应做具体分析和技术比较。

　　④ 应方便试验，节省费用。量程仪器仪表的规格型号应尽可能相同，能用简单仪器仪表就用简单的，这样既有利于读数方便，又有利于数据分析，减少读数和数据分析的误差，且节省试验费用。对于大型结构试验，从量测方便和安全考虑，宜选用远距离自动量测仪器仪表。

　　量测仪器的测读，应该按一定的时间间隔进行，全部测点读数时间应基本相等，只有同时测得的数据联合起来才能说明结构在某一承载力状态下的实际情况。

　　测读仪器的时间，一般选择在试验荷载过程中的恒载间歇时间内。若荷载分级较细，某些仪表的读数变化非常小，对于这些仪表或其他一些次要仪表，可以每两级测读一次。

　　当加载持续时间较长时，应按试验结构的要求，测取荷载作用下变形随时间的变化。当空载时，也应测取变形随时间的恢复情况。

　　每次记录仪表读数时，应该同时记下周围的气象资料如温度、湿度等。

　　对重要数据，应该一边记录，一边初步整理，标出每级试验荷载下的读数差，并与预计的理论值进行比较。

4.5　常见工程结构静载试验

4.5.1　受弯构件的试验

4.5.1.1　试件的安装和加载方法

单向板和梁是受弯构件中的典型构件，也是建筑工程中的基本承重构件。预制板和梁等一般都是简支的受弯构件，在试验安装时多采用正位试验，其一端采用固定铰支承，另一端采用滚动支承。为了保证构件与支承面的紧密接触，在支墩与钢板、钢板与构件之间应用砂浆找平，对于板一类宽度较大的试件，要防止支承面产生翘曲。

　　板一般承受均布荷载，试验加载时应将荷载施加均匀。梁所受的荷载较大，当施加集中荷载时可以用杠杆重力加载，更多的则采用液压加载器通过分配梁加载，或用液压加载系统控制多台加载器直接加载。

　　构件试验时的加载图式应符合设计规定和实际受载情况。为了试验加载的方便或受加载条件限制时，可以采用等效加载图式。在受弯构件试验中经常利用几个集中荷载来代替均布荷载，如图 4-8 所示，至少要用四分点二个集中荷载以上的偶数集中荷载加载图式。

　　对于吊车梁的试验，由于主要荷载是吊车轮压所产生的集中荷载，试验加载图式要按抗弯剪最不利的组合来决定集中荷载的作用位置再分别进行试验。

4.5.1.2　观测项目和测点布置

钢筋混凝土梁板构件的验证性试验一般只测定构件的承力、抗裂度和各级荷载作用下的挠度及裂缝开展情况。

　　对于探索性试验，除了承载力、抗裂度、挠度和裂缝观测外，还需测量构件某些部位的应变，以分析构件中应力的分布规律。

　　(1) 挠度的测量　梁的挠度值是量测数据中最能反映其综合性能的一项指标，因为梁任何部位的异常变形都将通过挠度或在挠度曲线中反映出来。最主要的是测定梁跨中最大挠度值 f_{max} 及梁的弹性挠度曲线。

为了得到梁的实际挠度值，试验时必须注意支座沉陷的影响。对于图 4-8(a) 所示的梁，试验时由于荷载的作用，其两个端点处支座常常会有沉陷，以致使梁产生刚性位移，因此，如果跨中的挠度是相对地面进行测定的话，则还必须同时测定梁两端支承面相对同一地面的沉陷值，所以最少要布置三个测点。

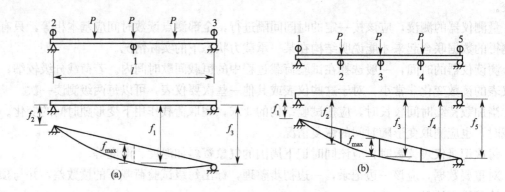

图 4-8　梁的挠度测点布置

(a) 三个测点；(b) 五个测点

试件支座的巨大作用力可能或多或少地引起周围地基的局部沉陷，因此，安装仪器的表架必须离开支座、支墩一定距离。只有在永久性的钢筋混凝土台座上进行试验时，上述地基沉陷才可以不予考虑。但此时两端部的测点可以测量梁端相对于支座的压缩变形，从而可以比较正确地测得梁跨中的最大挠度 f_{max}。

对于跨度较大（大于 6000mm）的梁，为了保证量测结果的可靠性，并求得梁在变形后的弹性挠度曲线，测点应增加至 5～7 个测点，并沿梁的跨间对称布置，如图 4-8(b) 所示。对于宽度较大的（大于 600mm）梁，必要时应考虑在截面的两侧布置测点，所需仪器的数量也就需要增加一倍，此时各截面的挠度取两侧仪器读数之平均值。

如欲测定梁出平面的水平挠曲可按上述同样原则进行布点。

对于宽度较大的单向板，一般均需在板宽的两侧布点，当有纵肋的情况下，挠度测点可按测量梁挠度的原则布置于肋下。对于肋形板的局部挠曲，则可相对于板肋进行测定。

对于预应力混凝土受弯构件，量测结构整体变形时，尚需考虑构件在预应力作用下的反拱值。

(2) 应变测量　梁属于受弯构件，试验时要量测由于弯曲产生的应变，一般在梁承受正负弯矩最大的截面或弯矩有突变的截面上布置测点。对于变截面梁，有时也需在截面突变处设置测点。

如果只要求测量弯矩引起的最大应力，则只需在截面上下边缘纤维处安装应变计即可。为了减少误差，上下纤维上的仪表应设在梁截面的对称轴上〔见图 4-9(a)〕或是在对称轴的两侧各设一个仪表，取其平均应变量。

对于钢筋混凝土梁，由于材料的非弹性性质，梁截面上的应力分布往往不规则。为了求得截面上应力分布的规律和确定中和轴的位置，就需要增加一定数量的应变测点，一般情况下沿截面高度至少需要布置五个测点，如果梁的截面高度较大时，尚需增加测点数量。测点愈多，则中和轴位置确定愈准确，截面上应力分布的规律也愈清楚。应变测点沿截面高度的布置可以是等距的，也可以是不等距而外密里疏的，以便比较准确地测得截面上较大的应变

[见图 4-9(b)]。对于布置在靠近中和轴位置处的测点，其应变读数值较小，相对误差可能较大，以致不起作用。但是，在受拉区混凝土开裂以后，经常可以通过该测点读数值的变化来观测中和轴位置的上升与变动。

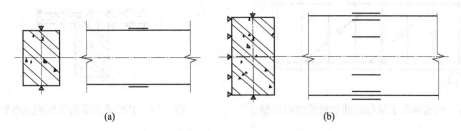

图 4-9　测量梁截面应变分布的测点布置
(a) 测量截面最大纤维应变；(b) 测量中和轴的位置与应变分布规律

① 单向应力测量。在梁的纯弯曲区域内，梁截面上仅有正应力，在该处截面上可仅布置单向的应变测点，如图 4-10 截面 1—1 所示。

钢筋混凝土梁受拉区混凝土开裂以后，由于该处截面上混凝土部分退出工作，此时布置在混凝土受拉区的仪表就丧失其量测的作用。为了进一步探求截面的受拉性能，常常在受拉区的钢筋上也布置测点以便量测钢筋的应变。由此可获得梁截面上内力重分布的规律。

② 平面应力测量。在荷载作用下的梁截面 2—2 上（见图 4-10）既有弯矩作用，又有剪力作用，为平面应力状态，为了求得该截面上的最大主应力及剪应力的分布规律，需要布置直角应变网络，通过三个方向上应变的测定，求得最大主应力的数值及作用方向。

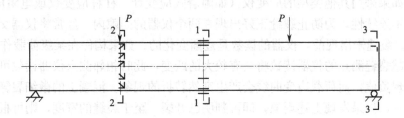

图 4-10　钢筋混凝土梁测量应变的测点布置图
截面 1—1　测量纯弯曲区域内正应力的单向应变测点；
截面 2—2　测量剪应力与主应力的应变网络测点（平面应变）；
截面 3—3　梁端零应力区校核测点

抗剪测点应设在剪应力较大的部位。对于薄壁截面的简支梁，除支座附近的中和轴处剪应力较大外，还可能在腹板与翼缘的交接处产生较大的剪应力或主应力，这些部位宜布置测点。当要求测量梁沿长度方向的剪应力或主应力的变化规律时，则在梁长度方向宜分布较多的剪应力测点。有时为测定沿截面高度方向剪应力的变化，则需沿截面高度方向设置测点。

③ 钢箍和弯筋的应力测量。为研究钢筋混凝土梁斜截面的抗剪机理，除了混凝土表面需要布置测点外，通常在梁的弯起筋或箍筋上布置应变测点（见图 4-11）。试验中较多的是用预埋或试件表面开槽的方法来解决设点的问题。

④ 翼缘与孔边应力测量。对于翼缘较宽较薄的 T 型梁，其翼缘部分一般不能全部参加工作，存在受力不均匀，此时应该沿翼缘宽度布置测点，测定翼缘上应力分布情况（见图 4-12）。

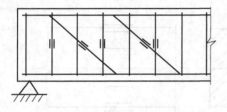
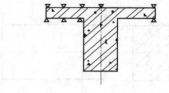

图 4-11　钢筋混凝土梁弯起筋和箍筋的应变测点　　　图 4-12　T 型梁翼缘的应变测点布置

⑤ 校核测点。为了校核试验量测的正确性，并便于在整理试验结果时进行误差修正，经常在梁的端部凸角上的零应力处设置少量测点，见图 4-10 截面 3—3，以检验整个量测过程是否正常。

4.5.1.3　裂缝测量

裂缝测量主要包括测定开裂荷载、位置，描述裂缝的发展和分布以及测量裂缝的宽度与深度。

钢筋混凝土梁的试验经常需要测定其抗裂性能，因此要事先估计裂缝可能出现的截面或区域，并在这些部位内沿裂缝的垂直方向连续或交替地布置测点。

对于钢筋混凝土构件，主要控制弯矩最大的受拉区和剪力较大且靠近支座部位斜截面的开裂。一般垂直裂缝产生在弯矩最大的受拉区段，因此在这一区段应连续设置测点，如图 4-13(a) 所示。这对于选用手持式应变仪量测时最为方便，它们各点间的间距按选用仪器的标距决定。如果采用其他类型的应变仪（如附着式应变计，杠杆应变仪或电阻应变计），由于各仪器的不连续性，为防止裂缝正好出现在两个仪器的间隙内，经常将仪器交错布置〔见图4-13(b)〕。裂缝未出现前，仪器的读数是逐渐变化的；如果构件在某级荷载作用下开始开裂时，则跨越裂缝测点的仪器读数将会有较大的跃变，此时相邻测点仪器读数可能变小，有时甚至会出现负值，而荷载应变曲线会产生突然转折的现象。混凝土的微细裂缝，常常不能光凭肉眼察觉，如果发现上述现象，即可判明已开裂。至于裂缝的宽度，则可根据裂缝出现前后两级荷载所产生的仪器读数差值来表示。当裂缝用肉眼可见时，其宽度可用最小刻度为 0.01mm 及 0.05mm 的读数放大镜测量。

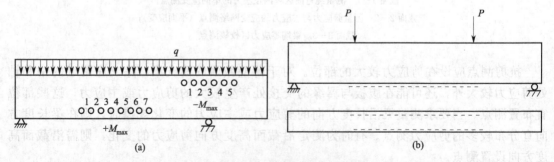

图 4-13　钢筋混凝土受拉区抗裂测点布置
(a) 手持应变仪测量；(b) 应变计测量

斜截面上的主拉应力裂缝，经常出现在剪力较大的区段内；对于箱型截面或工字型截面的梁，由于腹板较薄，则在腹板的中和轴或腹板与翼缘相交接的腹板上常是主拉应力较大的部位，因此，在这些部位可以设置观察裂缝的测点，如图 4-14 所示。由于混凝土梁的斜裂缝与水平轴成 45°左右的角度，则仪器标距方向应与裂缝方向垂直。有时为了进行分析，在测定斜裂缝的同时，也可同时设置测量主应力或剪应力的应变网络。

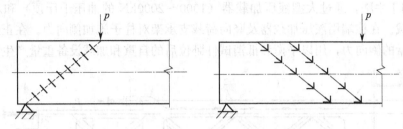

图 4-14　钢筋混凝土梁斜截面裂缝测点布置

由于沿裂缝长度上的裂缝宽度不规则，通常应测定构件受拉面的最大裂缝宽度、与钢筋处于同一水平位置上的侧面裂缝宽度以及斜截面上由主拉应力作用产生的斜裂缝宽度。

每一构件中测定裂缝宽度的裂缝数目一般不少于 3 条，包括第一条出现的裂缝以及开裂最大的裂缝。凡选用测量裂缝宽度的部位应在试件上标明并编号，各级荷载下的裂缝宽度数据应记在相应的记录表格上。

每级荷载下出现的裂缝均须在试件上标明，即在裂缝的尾端注出荷载级别或荷载数量。以后每加一级荷载后裂缝长度扩展，需在裂缝新的尾端注明相应荷载。由于卸载后裂缝可能闭合，所以应紧靠裂缝的边缘 1～3mm 处平行画出裂缝的位置及走向。

试验完毕后，根据上述标注在试件上的裂缝绘出裂缝展开图。

4.5.2　受压构件的试验

受压构件（包括轴心受压和偏心受压构件）是建筑结构中基本承重构件，柱是最常见的受压构件，在实际工程中钢筋混凝土柱大多数属偏心受压构件。

4.5.2.1　试件安装和加载方法

柱和压杆试验可以采用正位或卧位试验方案。在具备大型结构试验机的条件下，试件可在长柱试验机上进行试验，也可以利用静力试验台上的大型荷载支承设备和液压加载系统配合进行试验。但对高大的柱子正位试验时安装和观测均较费力，这时改用卧位试验方案则比较安全，但安装就位和加载装置往往又比较复杂，同时在试验中要考虑卧位状态下结构自重所产生的影响。

在进行柱与压杆纵向弯曲系数的试验时，构件两端均应采用比较灵活的可动铰支座形式。一般采用构造简单效果较好的刀口支座［见图 2-42(a)］，也可采用球形铰支座［见图 2-41(a)］，但制作比较困难如果构件在两个方向有可能产生屈曲时，应采用双刀口铰支座［见图 2-42(b)］。

中心受压柱安装时一般先对构件进行几何对中，将构件轴线对准作用力的中心线。几何对中后再进行物理对中，即加载达到 20%～40% 的试验荷载时，测量构件中央截面两侧或四个面的应变，并调整作用力的轴线，以达到各点应变均匀为止。对于偏压试件，也应在物理对中后，沿加力中心线量出偏心距离，再把加载点移至偏心距的位置上进行试验。对钢筋混凝土结构由于材质的不均匀性，物理对中一般比较难于满足，因此实际试验中仅需保证几何对中即可。

对于要求模拟实际工程中柱子的计算图式及受载情况时，试件安装和试验加载的装置将更为复杂，图 4-15 所示为跨度 36m、柱距 12m、柱顶标高 27m，具有双层桥式吊车重型厂房斜腹杆双肢柱的 1/3 模型试验柱的卧位试验装置。柱的顶端为自由端，柱底端用两组垂直螺杆与静力试验台座固定，以模拟实际柱底固接的边界条件。上下层吊车轮产生的作用力 P_1、P_2 作用于牛腿，通过大型液压加载器（1000～2000kN 的油压千斤顶）和水平荷载支承架进行加载。在柱端用液压加载器及竖向荷载支承架对柱子施加侧向力。在正式试验前先施加一定数量的侧向力，用以平衡和抵消试件卧位后的自重和加载设备重量产生的影响。

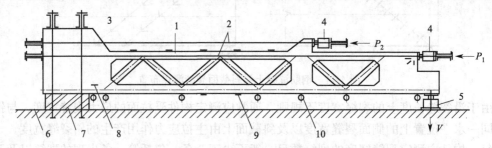

图 4-15 双肢柱卧位试验

1—试件；2—水平荷载支承架；3—竖向支承架；4—水平加载器；5—垂直加载器；
6—试验台座；7—垫块；8—倾角仪；9—电阻应变计；10—挠度计

4.5.2.2 观测项目和测点设置

受压构件的试验一般需要观测其破坏荷载、各级荷载下的侧向挠度值及变形曲线、控制截面或区域的应力变化规律以及裂缝开展情况。图 4-16 所示为偏心受压短柱试验时的测点布置。试件的挠度由布置在受拉边的百分表或挠度计进行量测，与受弯构件相似，除了量测中点最大挠度值外，可用侧向五点布置法量测挠曲曲线。对于正位试验的长柱其侧向变位可用经纬仪观测。

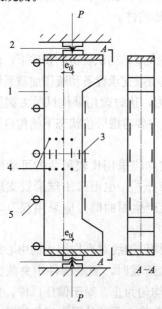

图 4-16 偏压短柱试验测点布置

1—试件；2—铰支座；3—应变计；
4—应变仪测点；5—挠度计

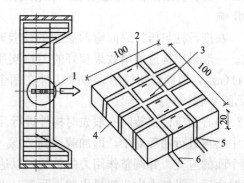

图 4-17 量测压区应力图形的测力板

1—测力板；2—测力板；3—贴有应变计的铝板；
4—填充块；5—水泥砂浆；6—应变计引出线

受压区边缘布置应变测点，可以单排布点于试件侧面的对称轴线上或在受压区截面的边缘两排对称布点。为验证构件平截面变形的性质，沿压杆截面高度布置 5～7 个应变测点。受拉区钢筋应变同样可以用内部电测方法进行。

为研究偏心受压构件的实际压区应力图形，可以利用环氧水泥-铝板测力块组成的测力板进行直接测定，见图 4-17。测力板用环氧水泥块模拟有规律的"石子"组成。它由四个测力块和八个填块用 1:1 水泥砂浆嵌缝做成，尺寸 100mm×100mm×200mm。测力块是由厚度为 1mm 的 Ⅱ 型铝板浇筑在掺有石英砂的环氧水泥中制成，尺寸 22mm×25mm×30mm，事先在 Ⅱ 型铝板的两侧粘贴 2mm×6mm 规格的应变计两片，相距 13mm，焊好引出线。填充块的尺寸、材料及制作方法与测力块相同，但内部无应变计。

测力板先在 100mm×100mm×300mm 的轴心受压棱柱体中进行加载标定，得出每个测力块的应力-应变关系，然后从标定试件中取出，将其重新浇筑在偏压试件内部，测量中部截面压区应力分布图形。

4.5.3　屋架试验

屋架是建筑工程中一种常见的承重结构。其特点是跨度较大，但只能在自身平面内承受荷载，而出平面的刚度很小。在建筑物中要依靠侧向支撑体系相互联系，形成足够的空间刚度。屋架主要承受作用于节点的集中荷载，因此大部分杆件受轴力作用。当屋架上弦杆有节间荷载作用时，上弦杆受压弯作用。对于跨度较大的屋架，下弦一般采用预应力拉杆，因而屋架在施工阶段就必须考虑到试验的要求，配合预应力施工张拉进行量测。

4.5.3.1　试件的安装和加载方法

屋架试验一般采用正位试验，即在正常安装位置情况下支承及加载。由于屋架出平面刚度较弱，安装时必须采取专门措施，设置侧向支撑，以保证屋架上弦的侧向稳定。侧向支撑点的位置应根据设计要求确定，支撑点的间距应不大于上弦杆出平面的设计计算长度，同时侧向支撑应不妨碍屋架在其平面内的竖向位移。

图 4-18（a）是一般采用的屋架侧向支撑方式。支撑立柱可以用刚性很大的荷载支承架，或者在立柱安装后用拉杆与试验台座固定，支撑立柱与屋架上弦杆之间设置轴承，以便于屋架受载后能在竖向自由变位。

图 4-18（b）是另一种设置侧向支撑的方法，其水平支撑杆应有适当长度，并能够承受一定压力，以保证屋架能竖向自由变位。

在施工现场进行屋架试验时可以采用两榀屋架对顶的卧位试验。此时屋架的侧面应垫平并设有相当数量的滚动支承，以减少屋架受载后产生变形时的摩擦力，保证屋架在平面内自由变形。有时为了获得满意的试验效果，必须对用作支承平衡的一榀屋架作适当的加固，使其在强度与刚度方面大于被试验的屋架。卧位试验可以避免试验时高空作业和便于解决上弦杆的侧向稳定问题，但自重影响无法消除，同时屋架贴近地面的侧面观测困难。

屋架进行非破坏性试验时，在现场也可采用两榀同时进行试验的方案，这时出平面稳定问题可用图 4-18（c）的 K 形水平支撑体系来解决。当然也可以用大型屋面板做水平支撑，但要注意不能将屋面板三个角焊死，防止屋面板参加工作。成对屋架试验时可以在屋架上铺设屋面板后直接堆放重物。

屋架试验时支承方式与梁试验相同，但屋架端节点支承中心线的位置对屋架节点局部受力影响较大，应特别注意。由于屋架受载后下弦变形伸长较大，以致滚动支座的水平位移往

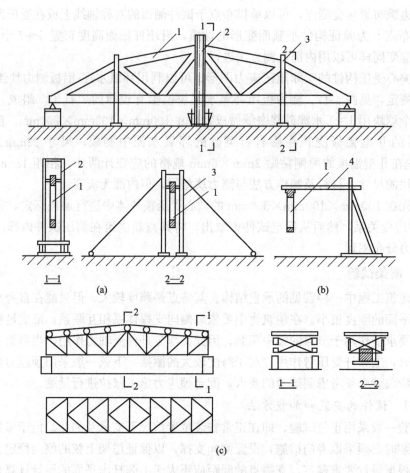

图 4-18　屋架试验时侧向支撑形式

（a）一般侧向支撑；（b）水平侧向支撑；（c）K形侧向支撑

1—试件；2—荷载支撑架；3—拉杆式支撑的立柱；4—水平支撑杆

往较大，所以支座上的支承垫板应留有充分余地。

屋架试验的加载方式可以采用重力直接加载（当两榀屋架成对正位试验时），由于屋架大多是在节点承受集中荷载，一般借助杠杆重力加载。为使屋架对称受力，施加杠杆吊篮应使相邻节点荷载相间地悬挂在屋架受载平面前后两侧（见图 2-2）。由于屋架受载后的挠度较大（特别当下弦钢筋应力达到屈服时），因此在安装和试验过程中应特别注意，以免杠杆倾斜太大产生对屋架的水平推力和吊篮着地而影响试验的继续进行。在屋架试验中由于施加多点集中荷载，所以采用同步液压加载是最理想的方案，但也需要液压加载器活塞有足够的有效行程，适应结构挠度变形的需要。

当屋架的试验荷载不能与设计图式相符时，同样可以用等效荷载的原则代替，但应使需要试验的主要受力构件或部位的内力接近设计情况，并应注意荷载改变后可能引起的局部影响，防止产生局部破坏。近年来由于同步异荷液压加载系统的研制成功，对于屋架试验中要加几组不同集中荷载的要求，已经可以实现。

有些屋架有时还需要做半跨荷载的试验，这时对于某些杆件可能比全跨荷载作用时更为不利。

4.5.3.2　观测项目和测点布置

屋架试验测试的内容，应根据试验要求及结构形式而定。对于常用的各种预应力钢筋混凝土屋架试验，一般试验量测的项目如下：

① 屋架上下弦杆的挠度；

② 屋架主要杆件的内力；

③ 屋架的抗裂度及承载能力；

④ 屋架节点的变形及节点刚度对屋架杆件次应力的影响；

⑤ 屋架端节点的应力分布；

⑥ 预应力钢筋张拉应力和对相关部位混凝土的预应力；

⑦ 屋架下弦预应力钢筋对屋架的反拱作用；

⑧ 预应力锚头工作性能。

其中有的项目在屋架施工过程中即需要配合进行测量，如量测预应力钢筋张拉应力、混凝土的预压力值、预应力反拱值、锚头工作性能等，这就要求试验根据预应力施工工艺的特点做出周密的考虑，以期获得比较完整的数据来分析屋架的实际工作。

(1) 屋架挠度和节点位移的测量　屋架跨度较大，测量其挠度的测点宜适当增加。如屋架只承受节点荷载时，测定上下弦挠度的测点只要布置在相应的节点之下；对于跨度较大的屋架，其弦杆的节间往往很大，在荷载作用下可能使弦杆承受局部弯曲，此时还应测量该杆件中点相对其两端节点的最大位移。当屋架的挠度值较大时，需用大量程的挠度计，甚至用米厘纸制成标尺通过水准仪进行观测。与测量梁的挠度一样，必须注意到支座的沉陷与局部受压引起的变位。如果需要量测屋架端节点的水平位移及屋架上弦平面外的侧向水平位移，这些都可以通过水平方向的百分表或挠度计进行量测。图 4-19 为挠度测点布置。

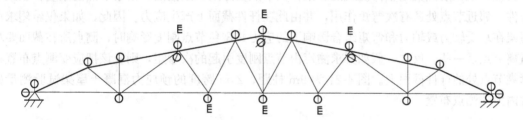

图 4-19　屋架试验挠度测点布置

◌—测量屋架上下弦节点挠度及端节点水平位移的百分表或挠度计；

∅—测量屋架上弦杆出平面水平位移的百分表或挠度计；

E—钢尺或米厘纸尺，当挠度或变位较大以及拆除挠度计后用以量测挠度

(2) 屋架杆件内力测量　研究屋架实际工作性能常常需要了解屋架杆件的受力情况，因此要求在屋架杆件上布置应变测点来确定杆件的内力值。一般情况，在一个截面上引起法向应力的内力最多是三个，即轴向力 N、弯矩 M_x 及 M_y，对于薄壁杆件则可能有四个，即增加扭矩。

分析内力时，一般只考虑结构的弹性工作。这时，在一个截面上布置的应变测点数量只要等于未知内力数，就可以用材料力学的公式求出全部未知内力数值。应变测点在杆件截面上的布置位置见图 4-20。

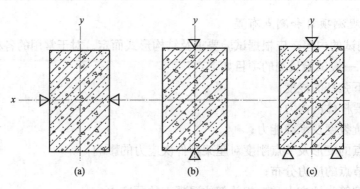

图 4-20　屋架杆件截面上应变测点布置方式

(a) 只有轴力 N 作用；(b) 有轴力 N 和弯矩 M_x 作用；

(c) 有轴力 N 和弯矩 M_x，M_y 作用

一般钢筋混凝土屋架上弦杆直接承受荷载，除轴向力外，还可能有弯矩作用，属压弯构件，截面内力主要是轴向力 N 和弯矩 M 组合。为了测量这两项内力，一般按图 4-20(b)，在截面对称轴上下纤维处各布置一个测点。屋架下弦主要为轴力 N 作用，一般只需在杆件表面布置一个测点，但为了便于核对和使所测结果更为精确，经常在截面的中和轴［见图 4-20(a)］位置上成对布点，取其平均值计算内力 N。屋架的腹杆，主要承受轴力作用，布点可与下弦一样。

如果用电阻应变计（片）来测量弹性匀质杆件或钢筋混凝土杆件开裂前的内力，除了可按上述方法求得全部内力值外，还可以利用电阻应变仪测量电桥的特性及电阻应变计与电桥连接方式的不同，使量测结果直接等于某一个内力所引起的应变，而与其他内力无关。

为了正确求得杆件内力，测点所在截面位置应经过选择，屋架节点在设计理论上均假定为铰接，但钢筋混凝土整体浇筑的屋架，其节点实际上是刚接的，由于节点的刚度，以致在杆件中邻近节点处还有次弯矩作用，并由此在杆件截面上产生应力。因此，如果仅希望求得屋架在承受轴力或轴力和弯矩组合影响下的应力并避免节点刚度影响时，测点所在截面要尽量离节点远一些。反之，假如要求测定由节点刚度引起的次弯矩，则应该把应变测点布置在紧靠节点处的杆件截面上。图 4-21 为 9m 柱距、24m 跨度的预应力混凝土屋架试验测量杆件内力的测点布置。

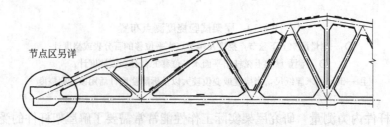

图 4-21　9m 柱距、24m 跨度预应力混凝土屋架试验测量杆件内力测点布置

说明：(1) 图中屋架杆件上的应变测点用—表示；

(2) 端节点部位屋架上下弦杆上的应变测点是为分析端节点受力而布置；

(3) 端节点上应变测点布置见图 4-23 所示；

(4) 下弦预应力钢筋上的电阻应变计测点未表明。

应该注意，在布置屋架杆件的应变测点时，决不可将测点布置在节点上，因为该处截面

的作用面积不明确。图 4-22 所示屋架上弦节点中截面 1—1 的测点是量测上弦杆的内力；截面 2—2 是量测节点次应力的影响；比较两个截面的内力，就可以求出次应力。截面 3—3 为错误布置。

（3）屋架端节点的应力分析　屋架的端部节点，应力状态比较复杂，这里不仅是上下弦杆相交点，屋架支承反力也作用于此，对于预应力钢筋混凝土屋架上弦预应力钢筋的锚头也直接作用在节点端。更由于构造和施工上的原因，经常引起端节点的过早开裂或破坏，因此，往往需要通过试验来研究其实际工作状态。为了测量端节点的应力分布规律，要求布置较多的三向应变网络测点（见图 4-23），一般用电阻应变计组成。从三向应变网络各点测得的应变量，通过计算或图解法求得端节点上的剪应力、正应力及主应力的数值与分布规律。为了量测上下弦杆交接处豁口应力情况，可沿豁口周边布置单向应变测点。

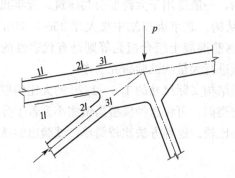

图 4-22　屋架上弦节点应变测点布置

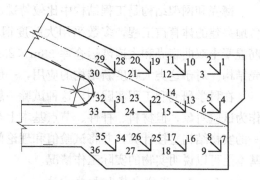

图 4-23　屋架端部节点上应变测点布置

（4）预应力锚头性能测量　对于预应力钢筋混凝土屋架，有时还需要研究预应力锚头的实际工作和锚头在传递预应力时对端节点的受力影响。特别是采用后张自锚预应力工艺时，为检验自锚头的锚固性能与锚头对端节点外框混凝土的作用，在屋架端节点的混凝土表面沿自锚头长度方向布置若干应变测点，量测自锚头部位端节点的混凝土的横向受拉变形，见图 4-24 中的横向应变测点；如果按图示布置纵向应变测点时，则同时可以测得锚头对外框混凝土的压缩变形。

（5）屋架下弦预应力钢筋张拉应力测量为量测屋架下弦的预应力钢筋在施工张拉和试验过程中的应力值以及预应力的损失情况，需在预应力钢筋上布置应变测点。测点位置通常布置在屋架跨中及两端部位；如屋架跨度较大时，则在 1/4 跨度的截面上可增加测点。如有需要时预应力钢筋上测点位置可与屋架下弦杆上的测点部位相一致。在预应力钢筋上经常是用事先粘贴电阻应变计（片）的办法进行量测其应力变化，但必须注意防止电阻应变计受损。比较理想的做法是在成束钢

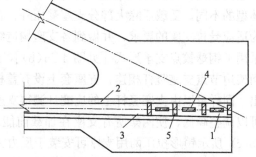

图 4-24　屋架端节点自锚头部位测点位置
1—混凝土自锚头；2—屋架下弦预应力钢筋预留孔；3—预应力钢筋；4—纵向应变测点；5—横向应变测点

筋中部放置一段短钢管使贴片的钢筋位置相互固定，这样便可将连接应变计的导线束通过钢筋束中断续布置的短钢管从锚头端部引出。有时为了减少导线在预应力孔道内的埋设长度，

可从测点就近部位的杆件预留孔将导线束引出。

如屋架预应力钢筋采用先张法施工时，则上述量测准备工作均需在施工张拉前到预制构件厂或施工现场就地进行。

（6）裂缝测量　预应力钢筋混凝土屋架的裂缝测量，通常要实测预应力杆件的开裂荷载值，量测使用状态试验荷载值作用下的最大裂缝宽度及各级荷载作用下的主要裂缝宽度。在屋架中由于端节点的构造及受力复杂，经常会产生斜裂缝，应引起注意。此外腹杆与下弦拉杆以及节点的交汇之处，将会较早开裂。

在屋架试验的观测方案设计中，利用结构与荷载对称性特点，经常在半榀屋架上考虑测点布置与安装主要仪表，而在另半榀屋架上仅布置若干对称测点，作为校核之用。

4.5.4　薄壳和网架结构试验

薄壳和网架结构是工程结构中比较特殊的结构，一般适用于大跨度公共建筑。近年我国各地兴建的体育馆工程，多数采用大跨度钢网架结构。北京火车站中央大厅 35m×35m 钢筋混凝土双曲扁壳和大连港运仓库 23m×23m 的钢筋混凝土组合扭壳等则是有代表性的薄壳结构。对于这类大跨度新结构的应用，一般都须进行大量的试验研究工作。

在科学研究和工程实践中，这种试验一般按照结构实际尺寸的 1/5～1/20 的大比例模型作为试验对象，但材料、杆件、节点基本上与实物类似，可将这种模型当做缩小到若干分之一的实物结构直接计算，并将试验值和理论值直接比较。这种方法比较简单，试验出的结果基本上可以说明实物的实际工作情况。

4.5.4.1　试件安装和加载方法

薄壳和网架结构都是平面面积较大的空间结构。薄壳结构不论是筒壳、扁壳或者扭壳等，一般均有侧边构件，其支承方式可类似双向板，有四角支承或四边支承，这时结构支承可由固定铰、活动铰及滚轴支承等组成。

网架结构在实际工程中是按结构布置直接支承在框架或柱顶，在试验中一般按实际结构支承点的个数将网架模型支承在刚性较大的型钢圈梁上。一般支座均为受压，采用螺栓做成的高低可调节的支座固定在型钢梁上，网架支座节点下面焊上带尖端的短圆杆，支承在螺栓支座的顶面，在圆杆上贴有应变计（片）可测量支座反力，如图 4-25 所示。由于网架平面体型的不同，受载后除大部分支座受压外，在边界角点及其邻近的支座可能出现受拉现象，为适应受拉支座的要求，并做到各支座构造统一，即既可受压又能抗拉，在有的工程试验中采用了钢球铰点支承形式 ［见图 4-25（b）］，钢球安置在特别的圆形支座套内，钢球顶端与网架边节点支座竖杆相连，支座套上设有盖板，当支座出现受拉时可限制球铰从支座套内拔出，同样可以由支座竖杆上的应变计测得支座拉力。圆形支座套下端用螺栓与钢圈梁连接，可以调整高低，使网架所有支座在加载前能统一调整，保证整个网架有良好的接触。图 4-25（c）所示锁形拉压两用支座可安装于反力方向无法确定的支座上，它可以适应于受压或受拉的受力状态。某体育馆四立柱支承的方形双向正交网架模型试验中，采用了球面板做成的铰接支座，柱子上端用螺杆可调节的套管调整网架高度，这种构造在承受竖向荷载时是可以的，但当有水平荷载作用时就显得太弱，变形较大 ［见图 4-25（d）］。

薄壳结构是空间受力体系，在一定的曲面形式下，壳体弯矩很小，荷载主要靠轴向力承受。壳体结构由于具有较大的平面尺寸，所以单位面积上荷载量不会太大，一般情况下可以用重力直接加载，将荷载分垛铺设于壳体表面；也可以通过壳面预留的洞孔直接悬吊荷载

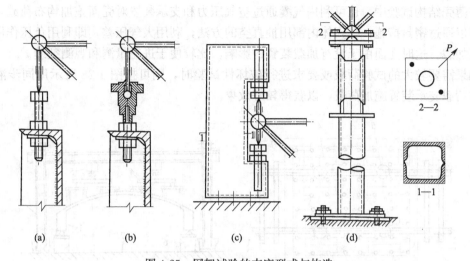

图 4-25　网架试验的支座型式与构造

(a) 铰点支座；(b) 钢球铰点支座；(c) 锁形拉压铰点支座；(d) 球面板铰接支座

（见图 4-26），并可在壳面上用分配梁系统施加多点集中荷载。在双曲扁壳或扭壳试验中可用特制的三角加载架代替分配梁系统，在三角架的形心位置上通过壳面预留孔用钢丝悬吊荷重，为适应壳面各点曲率变化，三角架的三个支点可用螺栓调节高度。

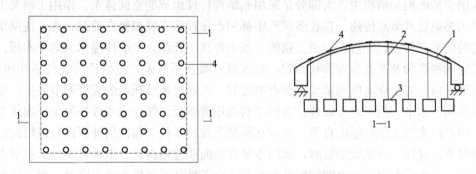

图 4-26　通过壳面预留洞孔施加悬吊荷载

1—试件；2—荷重吊杆；3—荷重；4—壳面预留洞孔

为了加载方便，也可以通过壳面预留孔洞设置吊杆而在壳体下面用分配梁系统通过杠杆施加集中荷载（见图 4-27）。

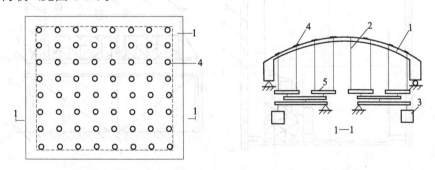

图 4-27　用分配梁杠杆加载系统对壳体结构施加荷载

1—试件；2—荷重吊杆；3—荷重；4—壳面预留洞孔；5—分配梁杠杆系统

在薄壳结构试验中，也可利用气囊通过空气压力和支承装置对壳面施加均布荷载，有条件时可以通过密封措施，在壳体内部用抽真空的方法，利用大气压差，即利用负压作用对壳面进行加载。这时壳面由于没有加载装置的影响，比较便于进行量测和观测裂缝。

如果需要较大的试验荷载或要求进行破坏性试验时，则可按图 4-28 所示用同步液压加载器和荷载支承装置施加荷载，以获得较好效果。

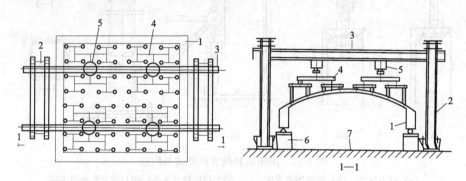

图 4-28 用液压加载器进行壳体结构加载试验

1—试件；2—加载架立柱；3—横梁；4—分配梁系统；

5—液压加载器；6—支座；7—试验台座

我国建造的网架结构中，大部分是采用钢结构杆件组成的空间体系，作用于网架上的竖向荷载主要通过其节点传递。在较多试验中都用水压加载来模拟竖向荷载，为了使网架承受比较均匀的节点荷载，一般在网架上弦的节点上焊接小托盘，上放传递水压的小木板，木板按网架的网格形状及节点布置形状而定，要求该木板互不联系，以保证荷载传递作用明确，挠曲变形自由。对于变高度网架或上弦有坡度时，可通过连接托盘的竖杆调节高度，使荷载作用点在同一水平，便于水压加载。在网架四周用薄钢板、铁皮或木板按网架平面体型组成外框，用专门支柱支承外框的自重，然后在网架上弦的木板上和四周外框内衬以特制的开口大型塑料袋，这样，当试验加载时，水的重量在竖向通过塑料袋、木板直接经上弦节点传至网架杆件，而水的侧向压力由四周的外框承受，由于外框不直接支承于网架，所以施加荷载的数量直接可由水面的高度来计算，当水面高度为 300mm 时，即相当于网架承受的竖向荷载为 $3kN/m^2$。图 4-29 为网壳用水加载时的装置。

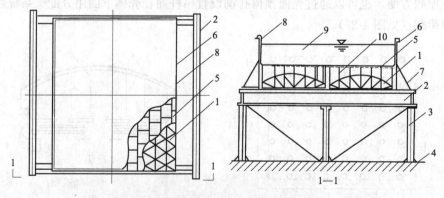

图 4-29 钢网架试验用水加载的装置图

1—试件；2—刚性梁；3—立柱；4—试验台座；5—分块式小木板；6—钢板外框；

7—支撑；8—塑料薄膜水袋；9—水；10—节点荷载传递短柱

有些网架试验中，也有用荷载重块通过各种比例的分配梁直接施加于网架下弦节点。一般四个节点合用一个荷重吊篮，有一部分为两个节点合成一个吊篮。按设计计算，中间节点荷载为 P 时，网架边缘节点为 $\frac{1}{2}P$，四角节点为 $\frac{1}{4}P$，各种不同节点荷载均由同一形式的分配梁组成（见图 4-30）。

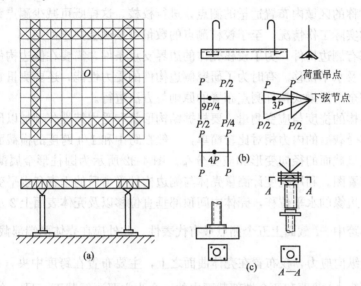

图 4-30　四立柱平板网架用分配梁在下弦节点加载
(a) 结构简图；(b) 荷载分配梁系统；(c) 支座节点

同薄壳试验一样，当需要进行破坏性试验时，由于破坏荷载较大，可用多点同步液压加载系统经支承于网架节点的分配梁施加荷载（见图 4-31）。

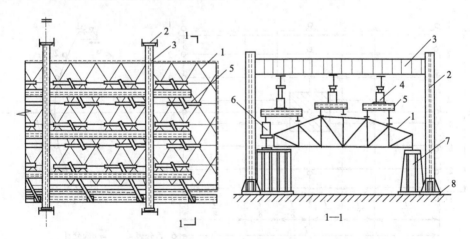

图 4-31　用多点同步液压加载器对钢网壳加载试验
1—网壳；2—加载架立柱；3—横梁；4—液压加载器；5—分配梁系统；
6—平衡加载器；7—支座；8—试验台座

4.5.4.2　观测项目和测点布置

薄壳结构与平面结构不同，它既是空间结构又具有复杂的表面外形，如筒壳、双曲抛物面壳和扭壳等，由于受力上的特点，其测量要比一般平面结构复杂得多。

壳体结构要观测的内容也主要是位移和应变两大类。一般测点按平面坐标系统布置，所以测点的数量就比较多，如在平面结构中测量挠度曲线按线向五点布置法，则在薄壳结构中为了量测壳面的变形，即受载后的挠曲面，就需要 $5^2 = 25$ 个测点。为此可利用结构对称和荷载对称的特点，在结构的 $\frac{1}{2}$、$\frac{1}{4}$ 或 $\frac{1}{8}$ 的区域内布置主要测点作为分析结构受力特点的依据，而在其他对称的区域内布置适量的测点，进行校核。这样既可减少测点数量，又不影响了解结构受力的实际工作情况，至于校核测点的数量可按试验要求而定。

薄壳结构都有侧边构件，为了校核壳体的边界支承条件，需要在侧边构件上布置挠度计来测量它的垂直及水平位移。有时为了研究侧边构件的受力性能，还要测量它的截面应变分布规律，这时完全可按梁式构件测点布置的原则与方法进行。

对于薄壳结构的挠度与应变测量，要根据结构形状和受力特性分别加以研究决定。

圆柱形壳体受载后的内力相对比较简单，一般在跨中和 1/4 跨度的横截面上布置位移和应变测点，测量该截面的径向变形和应变分布。图 4-32 所示为圆柱形金属薄壳在集中荷载作用下的测点布置图。利用挠度计测量壳体与侧边构件受力后的垂直和水平变位，测试内容主要有侧边构件边缘的水平位移，壳体中间顶部垂直位移以及壳体表面上 2 及 2′处的法向位移。其中以壳体跨中 $\frac{1}{2}l$ 截面上五个测点最有代表性，此外应在壳体两端部截面布置测点。

利用应变仪测量纵向应力，仅布置在壳体曲面之上，主要布置在跨度中央，$\frac{1}{4}l$ 处与两端部截面上，其中两个 $\frac{1}{4}l$ 截面和两个端部截面中的一个为主要测量截面，另一个与它对称的截面为校核截面。在测量的主要截面上布置 10 个应变测点，校核截面仅在半个壳面上布置五个测点。在跨中截面上因加载点使测点布置困难（轴线 4—4 和 4′—4′），所以在 $\frac{3}{8}l$ 及 $\frac{5}{8}l$ 截面的相应位置上布置补充测点。

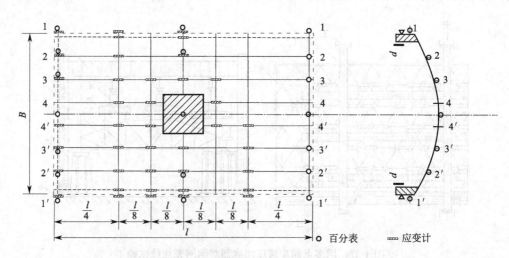

图 4-32　圆柱形金属薄壳在集中荷载作用下的测点布置

对于双曲扁壳结构的挠度测点除一般沿侧边构件布置垂直和水平位移的测点外，壳面的挠曲可沿壳面对称轴线或对角线布点测量，并在 $\frac{1}{4}$ 或 $\frac{1}{8}$ 壳面区域内布点 [见图 4-33(a)]。

为了测量壳面主应力的大小和方向，一般均需布置三向应变网络测点。由于壳面对称轴上剪应力等于零，主应力方向明确，所以只需布置二向应变测点［见图 4-33(b)］。有时为了查明应力在壳体厚度方向的变化规律，则在壳体内表面的相应位置上也对称布置应变测点。

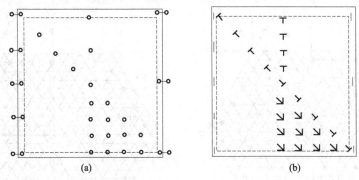

图 4-33　双曲扁壳的测点布置
(a) 挠度测点布置；(b) 应变测点布置

如果是加肋双曲壳，还必须测量肋的工作状况，这时壳面挠曲变形可在肋的交点上布置。由于肋主要是单向受力，所以只需沿其走向布置单向应变测点，通过在壳面平行于肋向的测点配合，即可确定其工作性质。

网架结构是杆件体系组成的空间结构，它的形式多种，有双向正交、双向斜交和三向正交等，由于可看做桁架梁相互交叉组成，所以其测点布置的特点也类似于平面结构中的桁架。

网架的挠度测点可沿各桁架梁布置在下弦节点。应变测点布置在网架的上下弦杆、腹杆、竖杆及支座竖杆上。由于网架平面体型较大，同样可以利用荷载和结构对称性的特点。对于仅有一个对称轴平面的结构，可在 1/2 区域内布点；对于有两个对称轴的平面，则可在 $\frac{1}{4}$ 或 $\frac{1}{8}$ 区域内布点；对于三向正交网架，则可在 $\frac{1}{6}$ 或 $\frac{1}{12}$ 区域内布点。与壳体结构一样，主要测点应尽量集中在某一区域内，其他区域仅布置少量校核测点（见图 4-34）。

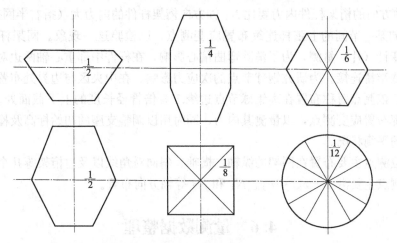

图 4-34　按网架平面体型特点分区布置测点

图 4-35 所示为上海游泳馆，平面为不等边六边形三向变截面折形板空间网架 $\frac{1}{20}$ 模型试验的测点布置图。由于网架平面体型仅有一个对称轴 y—y，故测点主要布置在 $\frac{1}{2}$ 区域内并

以网架的右半区为主，考虑到加工制作的不均匀性和测量误差等因素在网架左半区亦布置少量测点，以资校核。

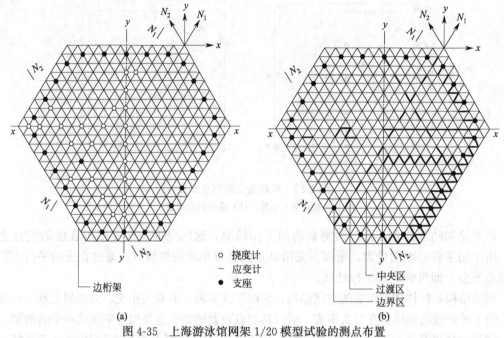

图 4-35　上海游泳馆网架 1/20 模型试验的测点布置
(a) 挠度测点布置；(b) 应变测点布置

杆件应变测点考虑到三向网架的特点，布置时沿具有代表性的 x、N_1 和 N_2 轴走向的桁架梁布置，在网架中央区内力最大的区域内布点，边界区域的杆件内力虽然不大，但由于受支座约束的干扰，内力分布甚为复杂，故也布置较多测点，同时在从中央到边界的过渡区中适当布置一批测点，以观测及查明受力过渡的规律。由于在计算中发现在同一节点的两个杆件中 N_2 轴方向的桁架杆件内力要比 N_1 轴方向桁架杆件的内力大（指右半网架），因此选择了 x 轴方向某一节间的上弦杆连续布置应变测点，以检验这一现象。网架杆件轴向应变采用电阻应变计（片）量测，为了消除弯曲偏心影响，在杆件中部重心轴两边对称贴片，量测时采用串联半桥连接。为研究钢球节点的次应力影响，在中央区与边界处布置一定数量的次应力测点，该测点对称布置在离钢球节点边缘 1.5 倍管径长度的上下截面处。在 28 个支座竖杆上也都布置应变测点，以量测其内力，同时用以调整支座的初始标高及检验支座总反力与外荷载的平衡状况。

网架变位测点主要布置在网架的纵轴、横轴、斜向对角线以及边桁架等几个方向。游泳馆网架挠度测点主要沿 $x—x$，$y—y$，N_1 和 N_2 等轴方向布置。

4.6　量测数据整理

量测数据包括在准备阶段和正式试验阶段采集到的全部数据。其中一部分是对试验起控制作用的数据，如最大挠度控制点，最大侧向位移控制点，控制截面上的钢筋应变屈服点及混凝土极限拉、压应变等，应在试验过程中随时整理这类起控制作用的参数，以便指导整个试验过程的进行。其他大量测试数据的整理分析工作，将在试验后进行。

　　对实测数据进行整理，一般均应算出各级荷载作用下仪表读数的递增值和累计值，必要时还应进行换算和修正，然后用曲线或图表表达。

　　原始记录数据整理过程中，应特别注意读数及读数值的反常情况，如仪表指示值与理论计算值相差很大，甚至有正负号颠倒的情况，这时应对出现这些现象的规律性进行分析，判断其原因所在。一般可能的原因有两方面，一是由于试验结构本身发生裂缝、节点松动、支座沉降或局部应力达到屈服而引起数据突变；另一方面也可能是测试仪表安装不当所造成的。凡不属于差错或主观造成的仪表读数突变都不能轻易舍弃，待以后分析时再作判断处理。

　　本节仅对结构静载试验中基本数据的整理原则加以介绍。有关试验数据处理详见第 7 章。

4.6.1　整体变形量测结果整理

4.6.1.1　简支试件的挠度

　　试件的挠度是指试件本身的绝对挠度。由于试验时受到支座沉降、试件自重和加载设备、加载图式及预应力反拱的影响，欲得到试件受荷后的真实实测挠度，应对所测挠度值进行修正。修正后的挠度计算公式为：

$$a_s^0 = (a_q^0 + a_g^0)\psi \tag{4-15}$$

$$a_g^0 = \frac{M_g}{M_b}a_b^0 \quad \text{或} \quad a_g^0 = \frac{P_g}{P_b}a_b^0 \tag{4-16}$$

　　式中，a_q^0 为消除支座沉降后的跨中挠度实测值；a_g^0 为试件自重和加载设备自重产生的跨中挠度值；M_g 为试件自重和加载设备自重产生的跨中弯矩值；M_b、a_b^0 为从外加试验荷载开始至试件出现裂缝前一级荷载的加载值产生的跨中弯矩值和跨中挠度实测值；ψ 为用等效集中荷载代替均匀荷载时的加载图式修正系数，按表 4-2 采用。

表 4-2　简支受弯试件等效加载图式及等效集中荷载 P 和挠度修正系数 ψ

名　称	等效加载图式及等加载值 P	挠度修正系数 ψ
均布荷载	q ↓↓↓↓↓↓↓ l	1.00
四分点集中力加载	$ql/2$　$ql/2$　$l/4$　$l/2$　$l/4$	0.91
三分点集中力加载	$3ql/8$　$3ql/8$　$l/3$　$l/3$　$l/3$	0.98
剪跨 a 集中力加载	$ql^2/8a$　$ql^2/8a$　a　$l-2a$　a	计算确定
八分点集中力加载	$ql/4$　$l/8$　$l/4\times3$　$l/8$	0.97
十六分点集中力加载	$ql/8$　$l/16$　$l/8\times7$　$l/16$	1.00

由于仪表初读数是在试件和试验装置安装后进行，加载后量测的挠度值中不包括自重引起的挠度变化，因此在试件挠度值中应加上试件自重和设备自重产生的跨中挠度。a_g^0 的值可近似认为试件在开裂前是处在弹性工作阶段，弯矩-挠度为线性关系，即可按线性比例关系确定 a_g^0。

若等效集中荷载的加荷图式不符合表 4-2 所列图式时，应根据内力图形用图乘法或积分法求出挠度，并与均布荷载下的挠度比较，从而求出加载图式修正系数 ψ。

当支座处因遇障碍，在支座反力作用线上不能安装位移计时，可将仪表安装在离支座反力作用线内侧 d 距离处，在 d 处所测挠度比支座沉降为大，因而跨中实测挠度将偏小，应对式中的 a_q^0 乘以系数 ψ_a，ψ_a 为支座测点偏移修正系数，可由计算或查表求得。

对预应力钢筋混凝土结构，当预应力钢筋放松后，对混凝土产生预压作用而使结构产生反拱，构件越长反拱值越大。因此实测挠度中应扣除预应力反拱值 a_p，即式(4-15)可写作：

$$a_{s,p}^0 = (a_q^0 + a_g^0 - a_p)\psi \tag{4-17}$$

式中，a_p 为预应力反拱值，对探索性试验取实测值 a_p^0，对验证性试验取计算值 a_p^0，不考虑超张拉对反拱的加大作用。

上述修正方法的基本假设认为试件刚度 EI 为常数。对于钢筋混凝土试件，裂缝出现后沿全长各截面的刚度为变量，仍按上述图式修正将有一定误差。

4.6.1.2　悬臂试件的挠度

计算悬臂试件自由端在荷载作用下的短期挠度实测值，应考虑固定端的支座转角、支座沉降、试件自重和加载设备自重的影响（见图 4-36）。在试验荷载作用下，经修正后的悬臂试件自由端短期挠度实测值可表达为：

$$a_{s,ca}^0 = (a_{q,ca}^0 + a_{g,ca}^0)\psi_{ca} \tag{4-18}$$

$$a_{q,ca}^0 = v_1^0 - v_2^0 - L \cdot \tan\alpha \tag{4-19}$$

$$a_{g,ca}^0 = \frac{M_{g,ca}}{M_{b,ca}} a_{b,ca}^0 \tag{4-20}$$

式中，$a_{q,ca}^0$ 为消除支座沉降后，悬臂试件自由端短期挠度实测值；v_1^0、v_2^0 为悬臂端和固定端竖向位移；$a_{g,ca}^0$、$M_{g,ca}$ 为悬臂试件自重和设备自重产生的挠度值和固端弯矩；$a_{b,ca}^0$、$M_{b,ca}$ 为从外加试验荷载开始至悬臂试件出现裂缝前一级荷载为止的自由端挠度实测值和固定端弯矩；α 为悬臂试件固定端的截面转角；L 为悬臂试件的外伸长度；ψ_{ca} 为加荷图式修正系数，当在自由端用一个集中力作为等效荷载时 $\psi_{ca} = 0.75$，否则应按图乘法找出修正系数 ψ_{ca}。

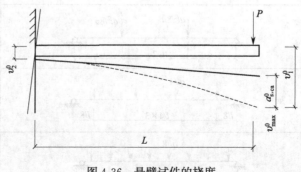

图 4-36　悬臂试件的挠度

4.6.2　截面内力

通过试验得到了试件不同截面上的应变，根据这些实测应变值可以分析计算试件的不同内力值。

4.6.2.1　轴向受力试件

$$N=\sigma \cdot A=\varepsilon E \cdot A=\frac{\varepsilon_1+\varepsilon_2}{2} \cdot EA \tag{4-21}$$

式中，N 为轴向力；E、A 为受力试件材料弹性模量和截面面积；ε_1、ε_2 为截面实测应变。

由上式可知，受轴向拉伸或压缩试件的内力，不论截面形状如何，只要将应变计安装在截面形心轴上测得轴向应变后，代入上式即可求得。但要找到形心轴的位置有一定困难，且绝对的轴向力几乎并不存在，因而常用两个应变计安装在形心轴的对称位置上，取其平均值作为轴向应变。

4.6.2.2　压弯或拉弯试件

压弯或拉弯试件的内力有轴向力 N 和受力平面内的弯矩 M_x。有两个内力时，应变计数量不得少于欲求内力的种类数，因而必须安装两个应变计。当截面为矩形时应变测点如图 4-37 所示。以轴向力为主的压弯或拉弯试件的内力计算公式为：

$$\sigma_1=\frac{N}{A}-\frac{M_x y_1}{I_x} \tag{4-22}$$

$$\sigma_2=\frac{N}{A}+\frac{M_x y_2}{I_x} \tag{4-23}$$

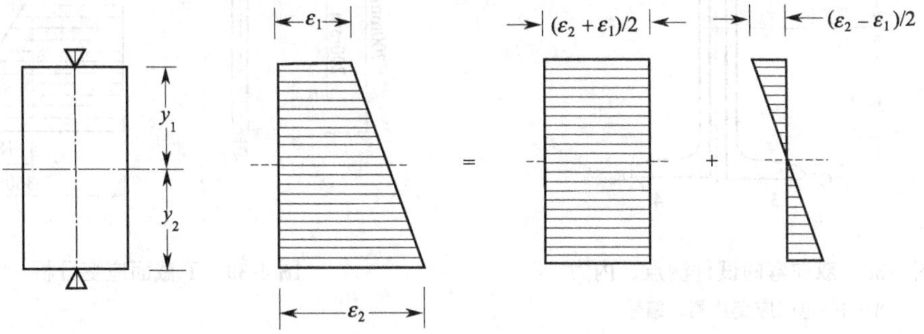

图 4-37　压弯试件测点、内力

当 $y_1+y_2=h$，$\sigma_1=\varepsilon_1 E$，$\sigma_2=\varepsilon_2 E$ 时，可得：

$$M_x=\frac{1}{h}EI_x(\varepsilon_2-\varepsilon_1) \tag{4-24}$$

$$N=\frac{1}{h}AE(\varepsilon_1 y_2-\varepsilon_2 y_1) \tag{4-25}$$

式中，A、I 为试件截面的面积和惯性矩；ε_1、ε_2 为截面上、下边缘的实测应变；y_1、y_2 为截面上、下边缘测点至截面中和轴的距离。

4.6.2.3　双向弯曲试件

试件受轴向力 N、双向弯矩 M_x 和 M_y 作用时，在工字形截面上的测点布置如图 4-38 所示。因而可以同时测得四个应变值，即 ε_1、ε_2、ε_3、ε_4。再用外插法可求出截面四个角的外边缘处的纤维应变 ε_a、ε_b、ε_c、ε_d，利用式（4-26）～式（4-29）方程组中三个方程，即可求解

N、M_x 和 M_y 等内力值。

若试件除受轴向力和弯矩 M_x 和 M_y 作用外，还有扭转力矩 M_T 时，则上列各项中再加一项 $\sigma = M_T \omega / I_\omega$ 关于型钢的各边缘点的扇性惯性矩 I_ω 和主扇形面积 ω 可查阅有关型钢表。

$$\varepsilon_a E = \frac{N}{A} + \frac{M_x}{I_x} y_1 + \frac{M_y}{I_y} x_1 \tag{4-26}$$

$$\varepsilon_b E = \frac{N}{A} + \frac{M_x}{I_x} y_1 + \frac{M_y}{I_y} x_2 \tag{4-27}$$

$$\varepsilon_c E = \frac{N}{A} + \frac{M_x}{I_x} y_2 + \frac{M_y}{I_y} x_1 \tag{4-28}$$

$$\varepsilon_d E = \frac{N}{A} + \frac{M_x}{I_x} y_2 + \frac{M_y}{I_y} x_2 \tag{4-29}$$

解上述方程组，即可求出 N、M_x、M_y 和扭转力矩 M_T。由此可以发现，利用数解法求内力，当内力多于 2 个时就比较麻烦，手工计算工作量较大。因而在结构试验中，对于中和轴位置不在截面高度 $\frac{1}{2}$ 处的各种非对称截面，或应变测点多于 3 个以上时可以采用图解法来分析内力。

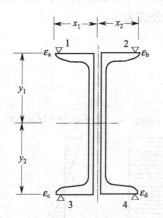

图 4-38　双向弯曲试件测点、内力
1~4—电阻应变片测点编号

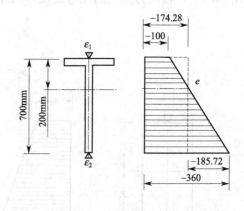

图 4-39　T 截面应变分析

[**例 4-1**]　已知 T 形截面形心 $y_1 = 200\text{mm}$，高度 $h = 700\text{mm}$，实测上、下边缘的应变分别为 $\varepsilon_1 = -100\mu\varepsilon$，$\varepsilon_2 = -360\mu\varepsilon$，试用图解法分析截面上存在的内力及其在各测点产生的应变值。

解：先按一定比例画出截面几何形状，如图 4-39 所示，并画出实测应变图。通过水平中和轴与应变图的交点 e 作一条垂直线，得到轴向应变 ε_N 和弯曲应变 ε_{M_x}，其值计算如下：

$$\varepsilon_0 = -\left(\frac{\varepsilon_2 - \varepsilon_1}{h} y_1\right) = -\frac{360 - 100}{700} \times 200 = -74.28(\mu\varepsilon)$$

$$\varepsilon_N = \varepsilon_1 + \varepsilon_0 = -100 - 74.28 = -174.28(\mu\varepsilon)$$

$$\varepsilon_{M_x}^1 = -\varepsilon_0 = 74.28(\mu\varepsilon)$$

$$\varepsilon_{M_x}^2 = \varepsilon_2 - \varepsilon_N = -360 - (-174.28) = -185.72(\mu\varepsilon)$$

[**例 4-2**]　一对称箱形截面，截面上布置 4 个测点，测得应变后换算成应力，画出应力图并延长至边缘，得边缘应力为：$\sigma_a = -44\text{N/mm}^2$，$\sigma_b = -22\text{N/mm}^2$，$\sigma_c = +24\text{N/mm}^2$，

$\sigma_d = +54\mathrm{N/mm^2}$，如图 4-40 所示。试用图解法分析截面应力。

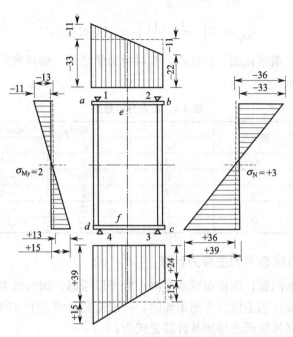

图 4-40　对称截面应力分析

解：上、下盖板中点处的应力为：

$$\sigma_e = \frac{\sigma_a + \sigma_b}{2} = \frac{-44 + (-22)}{2}$$

$$= -33(\mathrm{N/mm^2})$$

$$\sigma_f = \frac{\sigma_c + \sigma_d}{2} = \frac{+24 + 54}{2}$$

$$= +39(\mathrm{N/mm^2})$$

由于截面两端应力 σ_e、σ_f 的符号不同，因而有轴向力和垂直弯矩 M_x 共同作用。根据 σ_e、σ_f 进一步绘制应力图（右侧）进行分解，可知其轴向拉力产生的应力为：

$$\sigma_N = \frac{\sigma_e + \sigma_f}{2} = \frac{-33 + 39}{2} = +3(\mathrm{N/mm^2})$$

由 M_x 产生的应力为：$\sigma_{M_x} = \pm \dfrac{\sigma_f - \sigma_e}{2} = \pm \dfrac{39 - (-33)}{2} = \pm 36(\mathrm{N/mm^2})$。

因为上、下盖板应力分布图呈两个梯形，说明除了有轴向力 N 和 M_x 以外，还有其他内力作用，通过沿水平盖板的应力分布，在 y 轴上各引水平线（虚线），则可得到除去 σ_N、σ_{M_x} 外的其余应力，从图中分解得左侧应力图。上盖板左右余下应力为：

$$\frac{\sigma_a - \sigma_b}{2} = \pm \frac{-44 - (-22)}{2} = \mp 11(\mathrm{N/mm^2})$$

下盖板左右余下应力为：

$$\frac{\sigma_d - \sigma_c}{2} = \pm \frac{54 - 24}{2} = \pm 15(\mathrm{N/mm^2})$$

由于截面上、下相应测点余下的应力绝对值及其符号均不相同，说明它们是由水平弯矩 M_y 和扭矩 M_T 所联合作用，其值为：

$$\sigma_{M_y} = \pm \frac{-15+11}{2} = \mp 2 (\text{N/mm}^2)$$

$$\sigma_{M_T} = \mp \left(\frac{-15-11}{2} \right) = \pm 13 (\text{N/mm}^2)$$

求得四种应力后，根据截面几何性质，按材料力学公式，即可求得各项内力值。实测应力分析结果列于表 4-3。

表 4-3　应力分析结果

应力组成	符　号	各点应力/(N/mm²)			
		σ_a	σ_b	σ_c	σ_d
轴向力产生的应力	σ_N	+3	+3	+3	+3
垂直弯矩产生的应力	σ_{M_x}	−36	−36	+36	+36
水平弯矩产生的应力	σ_{M_y}	+2	−2	−2	+2
扭矩产生的应力	σ_{M_T}	−13	+13	−13	+13
各点实测应力	$\sum$	−44	−22	+24	+54

4.6.3　平面应力状态下的主应力计算

解决平面应力状态问题，应在布置应变测点时予以考虑。例如当主应力方向已知时，只需量测两个方向的应变；当主应力方向未知时，一般需要量测三个方向的应变，以确定主应力的大小及方向。根据弹性理论得知其计算公式为：

$$\sigma_x = \frac{E}{1-\nu^2}(\varepsilon_x + \nu \varepsilon_y) \tag{4-30}$$

式中，E、ν 为材料弹性模量和泊松比；ε_x、ε_y 为 x 和 y 方向上的单位应变；G 为剪切模量，$G = E/2(1+\nu)$。

当已知主应力方向（假定为 x，y 方向）时，可以测得 ε_1（x 方向）和 ε_2（y 方向），利用上述公式就足以确定主应力 σ_1、σ_2 和剪应力 τ 值：

$$\sigma_1 = \frac{E}{1-\nu^2}(\varepsilon_1 + \nu \varepsilon_2) \tag{4-31}$$

$$\sigma_2 = \frac{E}{1-\nu^2}(\varepsilon_2 + \nu \varepsilon_1) \tag{4-32}$$

$$\tau_{max} = \frac{E}{2(1+\nu)}(\varepsilon_1 - \varepsilon_2) = \frac{\sigma_1 - \sigma_2}{2} \tag{4-33}$$

反之，若主应力方向未知，则必须量测三个方向的应变。假定第一应变片与 x 轴的夹角为 θ_1，第二应变片与 x 轴的夹角为 θ_2，第三片的夹角为 θ_3（见图 4-41），则在各 θ 方向上量测的应变值分别为 ε_{θ_1}、ε_{θ_2} 和 ε_{θ_3}，这些应变与正交应变 ε_x、ε_y 和剪应变 γ_{xy} 之间的关系为：

$$\varepsilon_{\theta_i} = \varepsilon_x \cos^2 \theta_i + \varepsilon_y \sin^2 \theta_i + \gamma_{xy} \sin\theta_i \cos\theta_i \tag{4-34}$$

或

$$\varepsilon_{\theta_i} = \frac{\varepsilon_x + \varepsilon_y}{2} + \frac{\varepsilon_x - \varepsilon_y}{2} \cos 2\theta_i + \frac{\gamma_{xy}}{2} \sin 2\theta_i \tag{4-35}$$

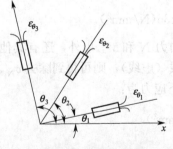

图 4-41　应变参考轴

式中，θ_i 为应变片与 x 轴的夹角，$i=1$，2，3。

式(4-34)是由 θ_1、θ_2、θ_3 组成的联立方程组，解方程组即可求得 ε_x、ε_y 和 γ_{xy} 值。再将之代入下列公式，即可求得主应变及其方向为：

$$\begin{matrix}\varepsilon_1\\\varepsilon_2\end{matrix}=\frac{\varepsilon_x+\varepsilon_y}{2}\pm\sqrt{\left(\frac{\varepsilon_x-\varepsilon_y}{2}\right)^2+\left(\frac{\gamma_{xy}}{2}\right)^2} \tag{4-36}$$

$$\tan2\theta=\frac{\gamma_{xy}}{\varepsilon_x-\varepsilon_y} \tag{4-37}$$

式中，θ 为第一正应变 ε_1 与 x 轴的夹角。

$$\gamma_{\max}=2\sqrt{\left(\frac{\varepsilon_x-\varepsilon_y}{2}\right)^2+\left(\frac{\gamma_{xy}}{2}\right)^2} \tag{4-38}$$

令

$$\frac{\varepsilon_x+\varepsilon_y}{2}=A;\quad \frac{\varepsilon_x-\varepsilon_y}{2}=B;\quad \frac{\gamma_{xy}}{2}=C$$

则代入式(4-31)～式(4-33) 及式(4-36)～式(4-38)，得主应力的计算式为：

$$\begin{matrix}\sigma_1\\\sigma_2\end{matrix}=\frac{E}{1-\nu}A\pm\frac{E}{1+\nu}\sqrt{B^2+C^2} \tag{4-39}$$

$$\tan2\theta=\frac{C}{B} \tag{4-40}$$

$$\tau_{\max}=\frac{E}{1+\nu}\sqrt{B^2+C^2} \tag{4-41}$$

式中，A、B 和 C 诸参数随应变花的型式不同而异，列于表 4-4 中。为便于计算，实际使用时常使应变花中的一片，方向与选定的参考轴重合，且将其余两片与此成特殊夹角。当应变花的夹角为非特殊角时，必须将实际角度一一代入式(4-34) 中，求解 ε_x、ε_y 和 γ_{xy}。应变花数量较多时可编制程序借助计算机来完成，也可以用图解法进行分析。

表 4-4　应变花参数

测量平面上一点主应变时应变计的布置		A	B	C
应变花名称	应变花型式			
45°直角应变花		$\dfrac{\varepsilon_0+\varepsilon_{90}}{2}$	$\dfrac{\varepsilon_0-\varepsilon_{90}}{2}$	$\dfrac{2\varepsilon_{45}-\varepsilon_0-\varepsilon_{90}}{2}$
60°等边三角形应变花		$\dfrac{\varepsilon_0+\varepsilon_{60}+\varepsilon_{120}}{3}$	$\varepsilon_0-\dfrac{\varepsilon_0+\varepsilon_{60}+\varepsilon_{120}}{3}$	$\dfrac{\varepsilon_{60}-\varepsilon_{120}}{\sqrt{3}}$
伞型应变花		$\dfrac{\varepsilon_0+\varepsilon_{90}}{2}$	$\dfrac{\varepsilon_0-\varepsilon_{90}}{2}$	$\dfrac{\varepsilon_{60}-\varepsilon_{120}}{\sqrt{3}}$
扇型应变花		$\dfrac{\varepsilon_0+\varepsilon_{45}+\varepsilon_{90}+\varepsilon_{135}}{4}$	$\dfrac{1}{2}(\varepsilon_0-\varepsilon_{90})$	$\dfrac{1}{2}(\varepsilon_{135}-\varepsilon_{45})$

4.6.4　试验曲线绘制

将各级荷载作用下取得的读数，按一定坐标系绘制成曲线，看起来一目了然，能充分表达参数之间的内在规律，也有助于进一步用统计方法找出数学表达式。

适当选择坐标系及坐标轴的比例有助于确切地表达试验结果。直角坐标系只能表示两个变量间的关系。在试验研究中一般用纵坐标 y 表示自变量（荷载），用横坐标表示因变量（变形或内力），有时会遇到因变量不止一个的情况，这时可采用"无量纲变量"作为坐标。

例如，为了研究钢筋混凝土矩形单筋受弯构件正截面的极限弯矩 $M_u = A_s f_y (h_0 - A_s f_y / 2\alpha_1 b f_c)$ 的变化规律，需要进行大量的试验研究，而每一个试件的含钢率 $\rho = A_s / b h_0$、混凝土强度等级 f_{cu}、断面形状和尺寸 $b h_0$ 都有差别，若以每一个试件的实测极限弯矩 M_u 逐个比较，就无法反映一般规律。但若将纵坐标改为无量纲变量，以 $M_u / \alpha_1 f_c b h_0^2$ 来表示，横坐标分别以 $\rho f_y / f_c$ 和 σ_s / f_y 表示（见图 4-42），则即使相差较大的梁，也能揭示梁性能随配筋率不同的变化规律。

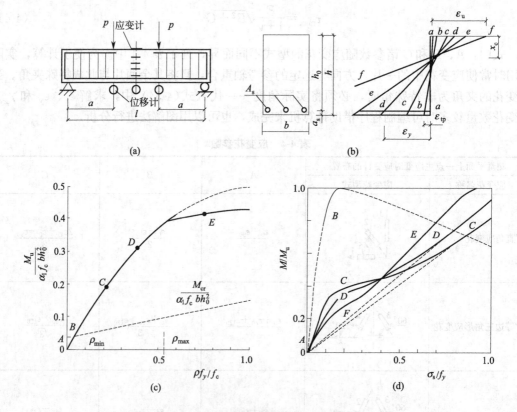

图 4-42　不同配筋率梁的性能变化

(a) 试件与荷载；(b) 跨中截面应变分析；(c) 极限弯矩；(d) 钢筋应力

选择试验曲线时，应尽可能用比较简单的曲线形式，并使曲线通过较多的试验点，或使曲线两边的点数相差不多。一般靠近坐标系中间的数据点可靠性更好些，两端的数据可靠性稍差些。具体的方法将在第 7 章有关内容中作进一步讨论。下面对常用试验曲线的特征作简要说明。

4.6.4.1　荷载-变形曲线

荷载变形曲线有结构构件的整体变形曲线、控制节点或截面上的荷载转角曲线、铰支座和滑动支座的荷载侧移曲线，以及荷载时间曲线、荷载挠度曲线等。

变形时间曲线，表明结构在某一恒定荷载作用下变形随时间增长的规律。变形稳定的快慢程度与结构材料及结构形式等特点有关，如果变形不能稳定，说明结构有问题。它可能是钢结构的局部构件达到流限，也可能是钢筋混凝土结构的钢筋发生滑动等，具体情况应做进一步分析。

4.6.4.2　荷载-应变曲线

在绘制截面应变图时，选取控制截面，沿其高度布置测点，用一定的比例尺将某一级荷载下的各测点的应变值连接起来，即为截面应变分布图。截面应变图可用来研究截面应力的实际状况及中和轴的位置等。对于线弹性材料，截面的应变即反映了截面应力的分布规律。对于非弹性材料，则应按材料的 $\sigma\varepsilon$ 曲线相应查取应力值。

若对某一点描绘各级荷载下的应变图，则可以看出该点应变变化的全过程。图 4-42(b) 是梁跨中截面上各级荷载下截面应变分布曲线。图 4-42(d) 是钢筋应变与荷载关系曲线。

4.6.4.3　试件裂缝及破坏特征图

试验过程中，应在试件上按裂缝开展迹线画出裂缝开展过程，并标注出现裂缝时的荷载等级及裂缝的走向和宽度。待试验结束后，用方格纸按比例描绘裂缝和破坏特征，必要时应照相记录。

根据试验研究的结构类型、荷载性质及变形特点等，还可绘出一些其他的特征曲线，如超静定结构的荷载反力曲线，某些特定节点上的局部挤压和滑移曲线等。

4.7　结构性能的检验与评定

作为结构性能检验的预制构件主要是混凝土构件。被检验的试件必须从外观检查合格的产品中选取，其抽样率为：生产期限不超过 3 个月的构件抽样率为 1/1000，若抽样试件的结构性能检验连续 10 批均合格，则抽样率可改为 1/2000。该抽样率适用于正规预制构件厂。预制构件结构性能检验的项目和检验要求列于表 4-5。

表 4-5　结构性能检验要求

构件类型及要求	项　　目			
	承载力	挠　度	抗　裂	裂缝宽度
要求不出现裂缝的预应力构件	检	检	检	不检
允许出现裂缝的构件	检	检	不检	检
设计成熟、数量较少的大型构件	可不验	检	检	检
设计成熟、数量较少的大型构件，并有可靠实践经验的现场大型异型构件	可免检			

4.7.1　构件承载力检验

承载力检验中试件出现任何一种检验标志，都表明试件已达到相应受力类型的承载能力极限状态。承载力检验可有两种形式：按规范限值要求，或按设计实配钢筋检验，应根据检验目的和要求进行选择。

① 当按现行国家标准《混凝土结构设计规范》（GB 50010）的要求进行检验时，应满足下式的要求。

$$\gamma_{u,i}^0 \geqslant \gamma_0 \, [\gamma_u]_i \tag{4-42}$$

当采用均布加载时：

$$\gamma_{u,i}^0 = \frac{Q_{u,i}^0}{Q_d} \tag{4-43}$$

当采用集中力加载时：

$$\gamma_{u,i}^0 = \frac{F_{u,i}^0}{F_d} \tag{4-44}$$

式中，$[\gamma_u]_i$ 为构件的承载力检验系数允许值，根据试验中所出现的承载力标志类型 i，按表 4-1 中采用相应的加载系数值；$\gamma_{u,i}^0$ 为构件的承载力检验系数实测值；γ_0 为构件重要性系数，构件所在结构安全等级为一级，取 1.1，结构安全等级为二级，取 1.0，结构安全等级为三级，取 0.9；$Q_{u,i}^0$、$F_{u,i}^0$ 为以均布荷载、集中荷载形式表达的承载力检验荷载实测值；Q_d、F_d 为以均布荷载、集中荷载形式表达的承载力检验荷载设计值。

② 当设计要求按构件实配钢筋的承载力进行检验时，应满足下式要求。

$$\gamma_{u,i}^0 \geqslant \gamma_0 \eta \, [\gamma_u]_i \tag{4-45}$$

$$\eta = \frac{R_i(f_c, f_s, A_s^0 \cdots)}{\gamma_0 S_i} \tag{4-46}$$

式中，η 为构件承载力检验修正系数，当设计要求按构件实配钢筋的承载力进行检验时，构件承载力检验的修正系数应按式(4-46)计算；$R_i(\cdot)$ 为根据实配钢筋确定的构件第 i 类承载力标志所对应承载力的计算值，应按现行国家标准《混凝土结构设计规范》（GB 50010）中有关承载力计算公式的右边项计算；S_i 为构件第 i 类承载力标志对应的承载能力极限状态下的内力组合设计值。

对于结构原位加载试验，进行承载力检验的目的仅是判断结构是否满足承载力要求，无法预测和调整构件的设计参数和破坏形态，故承载力检验是以最先出现的承载力标志来判断受力类型及承载力是否满足要求的。只要试验中出现任何一种检验标志即应停止继续加载，并以相应的试验荷载值来判断承载力是否满足要求。原位加载试验的承载力检验系数允许值应按照表 4-1 中相应的加载系数进行取值。

4.7.2　构件的挠度检验

① 当按现行国家标准《混凝土结构设计规范》（GB 50010）规定的挠度允许值进行检验时，应符合下式要求。

$$a_s^0 \leqslant [a_s] \tag{4-47}$$

式中，a_s^0 为在使用状态试验荷载值作用下，构件的挠度检验实测值；$[a_s]$ 为挠度检验允许值，应按下列规定计算。

a. 对钢筋混凝土受弯构件：$[a_s] = [a_f]/\theta$

b. 对预压力混凝土受弯构件：$[a_s] = \dfrac{M_k}{M_q(\theta-1)+M_k}[a_f]$

M_k 为按荷载的标准组合计算所得的弯矩，取计算区段内的最大弯矩值；M_q 为按荷载的准永久组合计算所得的弯矩，取计算区段内的最大弯矩值；θ 为考虑荷载长期效应组合对挠度增大的影响系数，按现行国家标准《混凝土结构设计规范》（GB 50010）的有关规定取用；$[a_f]$ 为构件挠度设计的限值，按现行国家标准《混凝土结构设计规范》（GB 50010）的有关规定取用。

② 当设计要求按实配钢筋确定的构件挠度计算值进行检验，或仅检验构件的挠度、抗裂或裂缝宽度时，除应符合公式(4-47)的要求外，还应符合下式要求。

$$a_s^0 = 1.2a_s^c \tag{4-48}$$

式中，a_s^c 为在使用状态试验荷载值作用下，按实配钢筋确定的构件短期挠度计算值。对于直接承受重复荷载的混凝土受弯构件，当进行短期静力加载试验时，a_s^c 值应按使用状态下静力荷载短期效应组合相应的刚度值确定。

4.7.3　构件裂缝宽度检验

对正常使用阶段允许出现裂缝的构件，应限制其裂缝宽度。构件的裂缝宽度应满足下列要求：

$$\omega_{s,\max}^0 \leqslant [\omega_{\lim}] \tag{4-49}$$

式中，$\omega_{s,\max}^0$ 为在使用状态试验荷载值作用下，构件的最大裂缝宽度检验实测值；$[\omega_{\lim}]$ 为构件检验的最大裂缝宽度允许值，是根据设计规范的限值，并考虑荷载长期作用效应的影响，折算成短期值而确定的，按表 4-6 采用。

表 4-6　构件的最大裂缝宽度检验允许值　　　　　　　　　　　单位：mm

设计规范的限制 $\omega_{\lim}$	检验允许值 $[\omega_{\lim}]$	设计规范的限制 $\omega_{\lim}$	检验允许值 $[\omega_{\lim}]$
0.10	0.07	0.30	0.20
0.20	0.15	0.40	0.25

4.7.4　构件的抗裂检验

在正常使用阶段不允许出现裂缝的构件，应对其进行抗裂性检验。预应力混凝土构件应按下列方式进行抗裂检验。

① 按抗裂检验系数进行抗裂检验时，应符合下列公式要求。

$$\gamma_{cr}^0 \geqslant [\gamma_{cr}] \tag{4-50}$$

采用均布加载时：

$$\gamma_{cr}^0 = \frac{Q_{cr}^0}{Q_s} \tag{4-51}$$

采用集中力加载时：

$$\gamma_{cr}^0 = \frac{F_{cr}^0}{F_s} \tag{4-52}$$

式中，γ_{cr}^0 为构件的抗裂检验系数；$[\gamma_{cr}]$ 为构件的抗裂检验系数允许值，应根据现行国家标准《混凝土结构设计规范》（GB 50010）有关构件抗裂验算边缘应力计算的有关规定，具体见式(4-7)；Q_{cr}^0、F_{cr}^0 为以均布荷载、集中荷载形式表达的构件开裂荷载实测值；Q_s、

F_s 为以均布荷载、集中荷载形式表达的构件使用状态试验荷载值。

② 为提高抗裂检验的可执行性，易于试验操作和判断，可通过比较开裂荷载实测值与允许值的大小，进行抗裂检验判断。按开裂荷载值进行抗裂检验时，应符合下列公式的要求。

采用均布加载时：

$$Q_{cr}^0 \geqslant [Q_{cr}] \tag{4-53}$$

$$[Q_{cr}] = [\gamma_{cr}] Q_s \tag{4-54}$$

采用集中力加载时：

$$F_{cr}^0 \geqslant [F_{cr}] \tag{4-55}$$

$$[F_{cr}] = [\gamma_{cr}] F_s \tag{4-56}$$

式中，$[Q_{cr}]$、$[F_{cr}]$ 为以均布荷载、集中荷载形式表达的构件开裂荷载允许值。

抗裂检验系数允许值应根据现行国家标准《混凝土结构设计规范》（GB 50010）有关构件抗裂验算边缘应力计算的有关规定，按下式进行计算：

$$[\gamma_{cr}] = 0.95 \frac{\sigma_{pc} + \gamma f_{tk}}{\sigma_{sc}} \tag{4-57}$$

式中，$[\gamma_{cr}]$ 为构件的抗裂检验系数允许值，与式（4-7）相同。

4.7.5　构件结构性能评定

（1）**使用状态性能评定**　使用状态试验应对结构按规定进行分级加载，至各级临界试验荷载值，并检验结构的挠度、抗裂或裂缝宽度等指标是否满足正常使用极限状态的要求。使用状态试验结果的判断应包括下列检验项目：

① 挠度；

② 开裂荷载；

③ 裂缝形态和最大裂缝宽度；

④ 试验方案要求检验的其他变形，如当结构有舒适性要求时，还应检验自振频率、振幅、加速度等指标。

如在加载到相应的临界试验荷载值之前，任一构件的任一指标超过检验允许值，均应判定结构不满足正常使用极限状态的检验要求。则应根据试验确定出相应的检验荷载实测值，并将该实测荷载作为结构满足使用状态的最大荷载组合值，可返算出结构可承受的最大使用荷载值。

分级加载试验时，确定相应的检验荷载实测值的原则如下：

① 在持荷时间完成后出现试验标志时，取该级荷载值作为试验荷载实测值；

② 在加载过程中出现试验标志时，取前一级荷载值作为试验荷载实测值；

③ 在持荷过程中出现试验标志时，取该级荷载和前一级荷载的平均值作为试验荷载实测值。

如使用状态试验结构性能的各检验指标全部满足要求，则应判断结构性能满足正常使用极限状态的要求。

（2）**构件承载力评定**　混凝土结构需进行承载力试验时，应按规定逐级对结构进行加载，当结构主要受力部位或控制截面出现表 4-1 所列的任一种承载力标志时，即认为结构已达到承载能力极限状态，应按确定的承载力检验荷载实测值（原则同上）进行承载力检验和判断。

如承载力试验施加到最大加载限值，结构仍未出现任何承载力标志，则应判断结构满足承载能力极限状态的要求。

需要注意的是：承载力试验中，结构受检构件主要受力部位或控制截面出现表 4-1 所列的任何一种承载力标志，都表明结构或构件已达到相应受力类型的承载能力极限状态。因此，试验前应对试件进行必要的计算分析，对其极限承载力和可能出现的标志进行预估。但承载力试验存在不确定性，每种标志对应的临界试验荷载值又不相同，故承载力检验仍以最先出现的承载力标志来判断承载力是否满足要求。只要试验中出现任何一种检验标志即停止继续加载，并以检验荷载实测值来判断承载力是否满足要求。

出于经济方面考虑，对经试验达不到预定要求的结构，一般应根据具体情况选择加固或限制使用荷载的方法，使得结构性能仍能够达到要求。

对于同时进行了使用状态与承载力试验的结构，由于两个阶段试验根据检验荷载实测值分别得到的结构可承受最大使用荷载值一般情况下是不同的，而结构应同时满足正常使用极限状态和承载能力极限状态的要求，故应取较小值。

[**例 4-3**]　预应力圆孔板，板长 3510m，跨度 3400mm；板宽 1180mm；灌缝宽 20mm。板自重 7.8kN，抹面 0.4kPa，灌缝 0.1kPa，活荷载 4.0kPa。实配钢筋为低碳冷拔丝 16^b5。裂缝控制等级二级。混凝土强度等级 C30。在荷载标准效应组合下，按实际配筋计算的板底混凝土拉应力 $\sigma_{sc}=5.0$MPa，预压应力计算值 $\sigma_{pc}=3.0$MPa，计算挠度值 $a_s^c=5.3$mm。试按均布加载和三分点加载计算使用状态荷载检验值 Q_s、F_s 以及相应于承载力检验指标时的检验荷载值和抗裂检验荷载值。

解：由题知 $L_0=3.4$mm，$b=1.2$m，$Q_k=4.0$kPa，$\gamma_Q=1.4$，恒载 G_k 包括构件自重 G_{k1} 和装修重量 G_{k2}，$\gamma_G=1.2$。

① 结构自重

$$G_k=G_{k1}+G_{k2}=\frac{7.8}{3.51\times1.2}+(0.4+0.1)$$
$$=1.85+0.5=2.35(\text{kPa})$$

构件自重折算成三分点荷载如下。

$$F_{G_{k1}}=\frac{3}{8}G_{k1}bL_0=\frac{3}{8}\times1.85\times1.2\times3.4=2.83(\text{kN})$$

② 正常使用状态荷载检验值（标准组合）

a. 均布加载：　　　$Q_s=G_k+Q_k=2.35+4.0=6.35(\text{kPa})$

b. 三分点加载：

$$F_s=\frac{3}{8}(G_k+Q_k)bL_0=\frac{3}{8}\times6.35\times1.2\times3.4=9.72(\text{kN})$$

③ 承载力检验荷载值

a. 均布加载：　　　$Q_{u,i}^0=\gamma_0[\gamma_u]_iQ_d-G_{k1}$

b. 三分点加载：　　　$F_{u,i}^0=\gamma_0[\gamma_u]_iF_d-F_{G_{k1}}$

式中，γ_0 为结构安全等级，一般预制构件按二级考虑 $\gamma_0=1.0$；Q_d、F_d 为承载力检验荷载设计值，按下式计算。

对均布加载：$Q_d=\gamma_GG_k+\gamma_QQ_k=1.2\times2.35+1.4\times4.0=8.42(\text{kPa})$

三分点加载：$F_d=\frac{3}{8}Q_dbL_0=\frac{3}{8}\times8.42\times1.2\times3.4=12.88(\text{kN})$

具体计算结果列于表 4-7。

表 4-7　承载力检验荷载计算

检 验 标 志		受弯				受剪		锚固
		1	2	3	4	6	7	15
$\gamma_0 [\gamma_u]_i$		1.20	1.20	1.60	1.30	1.40	1.40	1.50
均布加载 /kPa	荷载值	10.10	10.10	13.47	10.95	11.79	11.79	12.63
	加载值	8.25	8.25	11.62	9.10	9.94	9.94	10.78
三分点加载/kN	荷载值	15.46	15.46	20.61	16.74	18.03	18.03	19.32
	加载值	12.63	12.63	17.78	13.91	15.20	15.20	16.49

注：检验标志详见表 4-1。

④ 抗裂检验　通过比较开裂荷载实测值与允许值的大小，进行抗裂检验判断。构件的抗裂检验系数允许值 $[\gamma_{cr}]$ 如下：

$$[\gamma_{cr}] = 0.95 \frac{\sigma_{pc} + \gamma f_{tk}}{\sigma_{sc}} = \frac{3.0 + (1.75 \times 2)}{5.0} \times 0.95 = 1.24$$

开裂荷载允许值如下：

a. 均布加载　$[\gamma_{cr}]Q_s - G_{k1} = 1.24 \times 6.35 - 1.85 = 6.02(\text{kPa})$

b. 三分点加载　$[\gamma_{cr}]F_s - F_{G_{k1}} = 1.24 \times 9.72 - 2.83 = 9.22(\text{kN})$

在上述抗裂检验荷载作用下，持续 15min 未观察到裂缝，则抗裂检验合格。

复习思考题

1. 为什么在试验前应做准备工作？试验前的准备工作都有哪些？
2. 什么是加载图式与等效荷载？等效荷载图式应满足哪些等效条件？
3. 对于混凝土结构，试验前一般应确定哪些临界试验荷载值？
4. 荷载分级的目的及方法是什么？预加载的目的有哪些？
5. 确定试验观测项目应考虑哪些因素？测点布置应遵循哪些原则？
6. 选择量测仪器仪表时应考虑哪些因素？
7. 梁、板、柱试验中的观测项目有哪些？
8. 梁、板等受弯构件试验时，应考虑哪些因素对挠度的影响？
9. 确定悬臂构件自由端挠度时，应考虑哪些因素的影响？
10. 结构试验中，常用的试验曲线有哪些？
11. 如何进行构件承载力、挠度、裂缝宽度、抗裂检验？

第5章 土木工程结构动力试验

5.1 概　述

在实际使用过程中，各类工程结构除了承受静力荷载作用外，还常常承受随时间变化的动力作用。如动力机械设备的作用、风荷载、地震作用等。与静力荷载作用不同，动力作用除改变结构的受力外，还会引起结构的振动，影响建筑物的使用，或使结构发生疲劳破坏，甚至发生共振现象。如吊车的往复运动可能使工业厂房结构发生疲劳破坏；汽车或列车的运动可能使桥梁产生激烈振动而破坏，地震时地面的运动可能使建筑物产生过大的振动而破坏。例如1940年，美国Tacoma悬索桥由于风荷载引起的强烈振动而遭严重破坏。因此，为了解结构的动力特性，研究结构在动力荷载作用下的动力反应，结构动力试验是一种重要的研究手段，也是结构试验的重要组成部分。

土木工程中需要研究和解决的动力问题范围广泛，归纳起来大致有以下几个方面。

① 我国是一个多地震国家，历史上曾发生多次强烈地震。例如1556年华县大地震、1976年唐山地震、2008年汶川大地震波及范围之广，遭受损失之大，人员伤亡之多为人类历史少见。为了保障人民生命安全并避免或减少社会基本建设的损失，需要从事抗震理论分析和试验研究，为工程结构的抗震设防和抗震设计提供依据。

② 设计和建筑工业厂房时要考虑生产过程产生的振动对厂房结构或构件的影响，通过结构动力试验，为隔振、消振设防提供设计依据。例如，由于大型机械设备（锻锤、水压机、空压机、风机、发电机组等）运转产生的振动和冲击影响；由于吊车制动力所产生的厂房横向与纵向振动；多层工业厂房中也需解决由于机床在楼面所造成的振动危害等问题。

③ 高层建筑与高耸构筑物（如电视塔、输电线架空塔架、烟囱等）设计时需要解决风荷载所引起的振动问题。

④ 桥梁设计与建设中需要考虑车辆运动对桥梁的振动及危害问题。

⑤ 海洋采油平台设计中需要解决海浪的冲击等不利影响问题。

⑥ 国防建设中需要研究建筑物的抗爆问题，研究如何抵抗核爆炸等所产生的瞬时冲击荷载（即冲击波）对结构的影响。通过结构动力试验，为抗爆能力设计提供依据。

与静载试验比较，结构动力试验具有一些特殊的规律性。首先，引起结构振动的动荷载随时间而改变；其次，结构在动荷载作用下的反应与结构本身动力特性有密切关系。另外，动力荷载产生的动力效应有时远大于相应的静力效应，甚至一个不大的动力荷载可能使结构遭受破坏。而在另外一些情况下，动力效应却并不比静力效应大，还可能小于相应的静力效应。结构动力试验主要通过动力加载设备直接对结构构件施加动力荷载，了解结构的动力特性，研究结构在一定动荷载下的动力反应，评估结构在动荷载作用下的承载力及疲劳寿命特性等。

结构动力试验主要包括下列几项基本内容。

(1) 结构动力特性测试　结构的动力特性包括结构的自振频率、阻尼、振型等参数。这些参数决定于结构的形式、刚度、质量分布、材料特性及构造连接等因素，而与外载无关。

结构的动力特性是进行结构抗震计算、解决工程共振问题及诊断结构累积损伤的基本依据。因而结构动力参数的测试是结构动力试验的最基本内容。

（2）结构动力反应测试 测定实际结构在实际工作时的振动水平（振幅、频率）及性状，例如动力机器作用下厂房结构的振动；在移动荷载作用下桥梁的振动等。量测得到的这些资料，可以用来研究结构的工作是否正常、安全，存在何种问题，薄弱环节在何处。据此对原设计及施工质量进行评价，为保证正常使用提出建议。

（3）结构构件的疲劳试验 此种试验是为了确定结构件及其材料在多次重复荷载作用下的疲劳强度，推算结构的疲劳寿命，一般是在专门的疲劳试验机上进行的。

（4）结构抗震试验 结构抗震试验研究结构物在模拟地震作用下其强度、变形情况、非线性性能以及结构的实际破坏状态。试验不仅研究结构或构件的恢复力模型用于地震反应计算，而且还从能量耗散的角度进行滞回特性的研究，探求结构的抗震性能。由于结构抗震试验的荷载必定以动态形式出现，荷载的速度、加速度及频率将对结构产生动力响应。另一方面，应变速率的大小会直接影响结构的材料强度。因此，结构抗震试验在难度及复杂性方面都比结构静力试验要大得多。

我国在 20 世纪 60 年代左右进行了大量砖石结构和多层钢筋混凝土结构房屋的现场实测工作。1957 年对武汉长江大桥进行了动力试验，它是我国桥梁史上第一次进行正规化验收工作。尤其是在 20 世纪 70 年代末期，我国在工程结构动力试验测试技术方面有了较快的发展。全国土建类专业的各科研院所、各高等院校都相继开展了振动荷载、地震作用对工程结构影响的试验研究，并在大量的试验基础上取得了一定的成果。同时，也广泛地应用结构动力测试技术进行了许多验证性试验，为土木工程领域的发展作出了贡献。

近几十年来，我国大型结构试验机、模拟振动台、大型激振机、伪静力试验装置、高精度传感器、电液伺服控制加载系统、瞬态波形存储器、动态分析仪、信号采集数据处理与计算机联机以及大型试验台座、风洞实验室的相继建立，特别是现代计算机技术在结构动力试验中的广泛应用，高灵敏度传感器、多通道高精度大容量的数据采集分析系统的出现，使得结构的动力特性测试能在短时间内准确完成，对结构进行实时健康监测也已达到了实用阶段，从而标志着我国的动力试验测试技术及装备已提高到了一个新的水平。

在土木工程结构动力试验中，正确模拟结构所受的动力荷载是要首先解决的问题。目前，结构动力试验的加载方法有惯性力加载法、电磁加载法、模拟地震振动台加载法，以及现场人工激振加载法等，其基本原理及加载方法与加载设备详见 2.5、2.6 节。本章主要介绍结构动力试验的量测仪器、动力荷载的特性试验、结构的动力特性试验、结构动力反应试验，以及结构抗震试验的基本原理及方法。

5.2 结构动力试验的量测仪器

振动参数需要通过测振仪器来量测。为此，了解测振仪器的基本原理、性能及正确使用方法是进行动力试验的重要环节和重要前提。

结构动力试验中振动参数可以通过不同方式进行量测，如机械式振动测量仪、光学测量系统及电测法等。目前最常用的方法是电测法，它是将振动参数（位移、速度、加速度）转换成电量，而后用电子仪器进行放大、显示或记录。电测法灵敏度高，且便于遥控、遥测。目前多以电测量方式为主，并向着高精度和自动化方向发展。

振动测量系统的基本组成包括感受、放大和显示记录三部分，即由测振传感器、测振放大器和显示与记录设备组成。

（1）测振传感器　振动量测的感受部分常称为拾振器（又称测振传感器），它是将机械振动信号转变为电信号的敏感元件。拾振器按量测参数可分为位移式、速度式和加速度式；按构造原理可分为磁电式、压电式、电感式和应变式；按使用方法又可分为绝对式（惯性式）和相对式、接触式和非接触式等；按拾振器的工作原理分为压电式、磁电式、电动式、电容式、电感式、电涡流式、电阻式和光电式等。在各类拾振器中，压电式和应变式加速度计应用较为广泛。压电式和应变式加速度计是用质量块对被测物的相对振动来测量被测物的绝对振动，因此又称为惯性式拾振器。

（2）测振放大器　由于拾振器输出的信号非常微弱，需要对信号加以放大才能进行显示及记录，因此需要使用测振放大器（又称信号放大器）将拾振器传来的电量信号放大并将其输入显示仪器及记录仪器中。

（3）显示与记录设备　显示仪器将放大器传来的振动信号转变为可以直接观测的信号。常用的显示装置分为图形显示和数字显示两大类，常用的图形显示装置为各种示波器。记录仪器是将被测信号以图形、数字、磁信号等形式记录下来。常用的记录装置有笔式记录仪、电平记录仪、磁盘记录仪及动态数据采集仪等。

随着科学技术的发展，特别是计算机技术的发展和应用，出现了许多集显示、记录乃至分析为一体的测试信号采集与分析系统。

5.2.1　惯性式拾振器的力学原理

由于振动具有传递作用，测振时很难在振动体附近找到一个静止点作为基准点。例如要测量动力机器工作时的振动，因为周围地基也在振动，所以不能把地基作为基准点。为此需要在仪器内部设法构成一个基准点。由惯性质量和弹性元件组成的振动系统可以解决这个问题，其工作原理如图 5-1 所示，该系统主要由惯性质量块 m、弹簧 k 和阻尼器 c 构成。使用时将仪器外壳框架固定在振动体上，并和振动体一起振动。

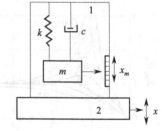

图 5-1　拾振器力学原理
1—拾振器；2—振动体

设计拾振器时，使惯性质量块 m 只能沿 x 方向运动，并使弹簧的质量相对于惯性块的质量小到可以忽略不计。设被测振动物体按下面规律振动：

$$x = X_0 \sin\omega t \tag{5-1}$$

则质量块 m 的振动微分方程为：

$$m(\ddot{x} + \ddot{x}_m) + c\dot{x}_m + kx_m = 0 \tag{5-2}$$

式中，x 为振动体相对于固定参考坐标的位移；x_m 为质量块相对于其外壳的位移；X_0 为被测振动的振幅；ω 为被测振动的圆频率。

式(5-2) 可写作：

$$\ddot{x}_m + 2n\dot{x}_m + \omega_n^2 x_m = X_0\omega^2 \sin\omega t \tag{5-3}$$

这是单自由度、有阻尼、强迫振动的方程，其中 $\omega_n^2 = k/m$，$2n = c/m$，其通解为：

$$x_m = Be^{-nt}\cos\left(\sqrt{\omega^2 - n^2}\,t + \alpha\right) + X_{m0}\sin(\omega t - \varphi) \tag{5-4}$$

上式中第一项为自由振动解，由于阻尼而很快衰减，因此又称为瞬态解；第二项

$X_{m0}\sin(\omega t-\varphi)$ 为强迫振动特解，它是由于外界作用力而使结构产生的振动分量，当自由振动分量消失后，便进入稳定的振动状态，因此又称为稳态解，其中振幅值：

$$X_{m0}=\frac{X_0\left(\dfrac{\omega}{\omega_n}\right)^2}{\sqrt{\left[1-\left(\dfrac{\omega}{\omega_n}\right)^2\right]^2+\left(2\zeta\dfrac{\omega}{\omega_n}\right)^2}} \tag{5-5}$$

$$\varphi=\arctan\frac{2\zeta\dfrac{\omega}{\omega_n}}{1-\left(\dfrac{\omega}{\omega_n}\right)^2} \tag{5-6}$$

式中，ζ 为阻尼比，$\zeta=n/\omega_n$；ω_n 为质量弹簧系统的固有频率。

将式(5-4) 中的第二项 $X_{m0}\sin(\omega t-\varphi)$ 与式(5-1) 相比较，可以看出质量块相对于仪器外壳的运动规律与振动体的运动规律一致，频率都等于 ω，但振幅与相位不同，其相位相差一个相位角 φ。

质量块 m 的相对振幅 X_{m0} 与振动体的振幅 X_0 之比为：

$$\frac{X_{m0}}{X_0}=\frac{\left(\dfrac{\omega}{\omega_n}\right)^2}{\sqrt{\left[1-\left(\dfrac{\omega}{\omega_n}\right)^2\right]^2+\left(2\zeta\dfrac{\omega}{\omega_n}\right)^2}} \tag{5-7}$$

根据式(5-7) 和式(5-6) 以 $\dfrac{\omega}{\omega_n}$ 为横坐标，以 $\dfrac{X_{m0}}{X_0}$ 和 φ 为纵坐标，并使用不同的阻尼作出如图 5-2 和图 5-3 的曲线，分别称为拾振器的幅频特性曲线和相频特性曲线。

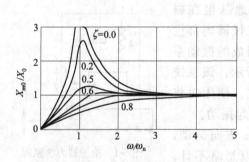

图 5-2　幅频特性曲线

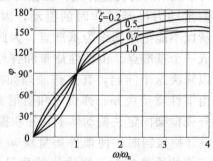

图 5-3　相频特性曲线

在试验过程中，阻尼比 ζ 可能随时发生变化。由图 5-2 和图 5-3 可以看出，为使 X_{m0}/X_0 和 φ 角在试验期间保持常数，必须限制 ω/ω_n 值。当取不同频率比 ω/ω_n 和阻尼比 ζ 时，拾振器将输出不同的振动参数。

① 当 $\omega/\omega_n\gg1$，$\zeta<1$ 时，由式(5-6) 和式(5-7) 得：

$$\frac{\left(\dfrac{\omega}{\omega_n}\right)^2}{\sqrt{\left[1-\left(\dfrac{\omega}{\omega_n}\right)^2\right]^2+\left(2\zeta\dfrac{\omega}{\omega_n}\right)^2}}\rightarrow1 \tag{5-8}$$

$$\varphi=\arctan\frac{2\zeta\dfrac{\omega}{\omega_n}}{1-\left(\dfrac{\omega}{\omega_n}\right)^2}\rightarrow180° \tag{5-9}$$

此时质量块的相对振幅和振动体的振幅趋近于相等而相位相反。这是测振仪器工作的理想状态，满足此条件的测振仪称位移计。

实际使用中，当测定位移的精度要求较高时，频率比可取其上限，即 $\omega/\omega_n > 10$；对于精度为一般要求的振幅测定，可取 $\omega/\omega_n = 5\sim10$，这时仍可近似地认为 $X_{m0}/X_0 \to 1$，但具有一定误差；幅频特性曲线平直部分的频率下限，与阻尼比有关，对无阻尼或小阻尼的频率下限可取 $\omega/\omega_n = 4\sim5$；当 $\zeta = 0.6\sim0.7$ 时，频率比下限可放宽到 2.5 左右，此时幅频特性曲线有最宽的平直段，即有较宽的频率使用范围。同时，阻尼也不宜过小，事实上阻尼特别小的传感器很难应用，因为在很长时间内自由振动难以衰减、消失，会被叠加到被测信号中去，造成测量误差。这在测量冲击和瞬态信号时尤为突出。

在被测物体有阻尼的情况下，相位差将随着被测物体振动频率的改变而改变（见图 5-3）。如果振动体的运动不是简单的正弦波，而是两个频率 ω_1 和 ω_2 的叠加，则由于仪器对相位差的反应不同，测出的叠加波形将发生失真，即测量的振动波形与实际振动波形不再相似。所以应注意关于波形畸变的限制。

应该注意，一般厂房、民用建筑的第一自振频率为 $2\sim3$Hz，高层建筑为 $1\sim2$Hz，高耸结构物如塔架、电视塔等柔性结构的第一自振频率就更低。这就要求拾振器具有很低的自振频率。为降低 ω_n，必须加大惯性质量，因此，一般位移拾振器的体积较大也较重，使用时对被测系统有一定影响，特别是对于一些质量较小的振动体就不太适用，必须寻求另外的解决办法。

② 当 $\omega/\omega_n \approx 1$，$\zeta \gg 1$ 时，由式(5-7) 得：

$$\frac{\left(\dfrac{\omega}{\omega_n}\right)^2}{\sqrt{\left[1-\left(\dfrac{\omega}{\omega_n}\right)^2\right]^2+\left(2\zeta\dfrac{\omega}{\omega_n}\right)^2}} \to \frac{\omega}{2\zeta\omega_n} \tag{5-10}$$

所以

$$X_{m0} \approx \frac{1}{2\zeta\omega_n}\dot{x}_0 \tag{5-11}$$

此时拾振器反映的示值与振动体的速度成正比，满足此种条件的拾振器称为速度计。其中 $1/2\zeta\omega_n$ 为比例系数，阻尼比 ζ 愈大，拾振器的输出灵敏度愈低。设计速度计时，由于要求的阻尼比 ζ 很大，相频特性曲线的线性度就很差，因而对含有多频率成分波形的测试失真也较大。同时速度拾振器的有用频率范围非常狭窄，因而工程中很少使用，只是在中频小位移情况下才使用速度拾振器。

③ 当 $\omega/\omega_n \ll 1$，$\zeta < 1$ 时，由式(5-7) 得：

$$\frac{1}{\sqrt{\left[1-\left(\dfrac{\omega}{\omega_n}\right)^2\right]^2+\left[2\xi\dfrac{\omega}{\omega_n}\right]^2}} \to 1$$

$$\tan\varphi \approx 0$$

$$X_{m0} \approx \frac{\omega^2}{\omega_n^2}X_0 \tag{5-12}$$

因为

$$x = X_0\sin\omega t \tag{5-13}$$

$$\ddot{x} = -X_0\omega^2\sin\omega t \tag{5-14}$$

又因为测振仪器运动微分方程的强迫特解为：

$$x_m = X_{m0} \sin(\omega t - \varphi) \tag{5-15}$$

代入 X_{m0} 得：

$$x_m \approx \frac{\omega^2}{\omega_n^2} X_0 \sin(\omega t - \varphi) \tag{5-16}$$

再代入 $\ddot{x}$ 则

$$x_m \approx -\frac{1}{\omega_n^2} \ddot{x} \tag{5-17}$$

此时拾振器反应的位移与振动体的加速度成正比，比例系数为 $1/\omega_n^2$。这种拾振器用来测量加速度，称加速度计。加速度幅频特性曲线如图 5-4 所示。由于加速度计用于频率比 $\omega/\omega_n \ll 1$ 的范围内，故相频特性曲线仍可用图 5-3。从图 5-3 看出，其相位超前于被测频率，在 $0 \sim 90°$。这种拾振器当阻尼比 $\zeta = 0$ 时，没有相位差，因此测量复合振动不会发生波形失真。但拾振器总是有阻尼的，当加速度计的阻尼比 $\zeta = 0.6 \sim 0.7$ 时，由于相频曲线接近于直线，所以相频与频率比成正比，波形不会出现畸变。若阻尼比不符合要求，将出现与频率比成非线性的相位差。

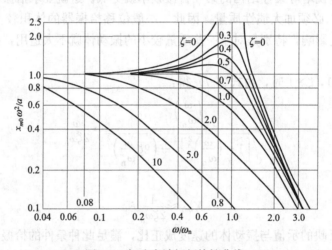

图 5-4　加速度计幅频特性曲线

综上所述，使用惯性式拾振器时，必须特别注意振动体的工作频率与拾振器的自振频率之间的关系。当 $\omega/\omega_n \gg 1$ 时，拾振器可以很好地量测振动体的振动位移；当 $\omega/\omega_n \ll 1$ 时，拾振器可以准确地反映振动体的加速度特性，对加速度进行两次积分就可得到位移。

5.2.2　测振传感器

在惯性式拾振器中，质量弹簧系统将振动参数转换成了质量块相对于仪器外壳的位移，使拾振器可以正确反映振动体的位移、速度和加速度。但由于测试工作的需要，拾振器除应正确反映振动体的振动外，尚应不失真地将位移、速度及加速度等振动参量转换为电量，以便用量电器进行量测。转换的方法有多种形式，如利用磁电感应原理，压电晶体材料的压电效应原理，机电耦合伺服原理以及电容、电阻应变、光电原理等。其中磁电式拾振器能线性地感应振动速度，所以通常又称感应式速度传感器，它适用于实际结构物的振动量测；压电晶体式拾振器，因为体积较小，重量轻，自振频率高，故适用于模型结构试验；电阻应变式传感器低频性能好，放大器采用动态应变仪；差动电容式传感器抗干扰力强，低频性能好，和压电晶体式同样具有体积小、重量轻的优点，但其灵敏度比压电晶体式高，后续仪器简单，因此是一种很有发展前途的拾振器；机电耦合伺服式加速度拾振器，由于引进了反馈的电气驱动力，改变了原有质量弹簧系统的自振频率，因而扩展了工作频率范围，同时还提高了灵敏度和量测精度，在强振观测中，已经有代替原来各类加速度拾振器的趋势。

目前，国内应用最多的拾振器多为惯性式测振传感器，即磁电式速度传感器和压电式加速度传感器。

5.2.2.1　磁电式速度传感器

磁电式速度传感器基于电磁感应的原理制成，特点是灵敏度高、性能稳定、输出阻抗低、频率响应范围有一定宽度。通过对质量弹簧系统参数的不同设计，可以使传感器既能测量非常微弱的振动，也能测比较强的振动，是多年来工程振动测量中最常用的测振传感器。

图 5-5 为一典型的磁电式速度传感器。磁钢和壳体固定安装在所测振动体上，与振动体一起振动，芯轴与线圈组成传感器的可动系统（质量块）并由簧片和壳体连接，测振时惯性质量块和仪器壳体相对移动，因而线圈和磁钢也相对移动从而产生感应电动势。根据电磁感应定律，感应电动势 E 的大小正比于切割磁力线的线圈匝数和通过此线圈中磁通量的变化率。如果以振动体的速度表示感应电动势的大小，则可表达为：

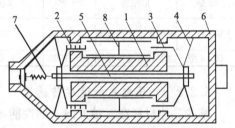

图 5-5　磁电式速度传感器

1—磁钢；2—线圈；3—阻尼环；4—弹簧片；
5—芯轴；6—外壳；7—输出线；8—铝架

$$E = BLnv \tag{5-18}$$

式中，B 为线圈所在磁钢间隙的磁感应强度；L 为每匝线圈的平均长度；n 为线圈匝数；v 为线圈相对于磁钢的运动速度，亦即所测振动物体的振动速度。

从上式可以看出，对于确定的仪器系统 B、L、n 均为常量。所以感应电动势 E（即测振传感器的输出电压）与所测振动的速度成正比。对于这种类型的测振传感器，惯性质量块的位移反映所测振动的位移，而传感器输出的电压与振动速度成正比，所以也称为惯性式速度传感器。表 5-1 为国内有关厂家生产的几种常用速度传感器的型号及性能指标，其中 65 型和 701 型拾振器是广泛用于振动测量的仪器。

磁电式测振传感器的主要技术指标有以下几项：

① 固有频率 f_0。传感器质量弹簧系统本身的固有频率是传感器的一个重要参数，它与传感器的频率响应有很大关系。

② 灵敏度 k。即传感器的拾振方向感受到一个单位振动速度时，传感器的输出电压。

$$k = E/v \tag{5-19}$$

k 的单位通常是 mV/(cm/s)。

③ 频率响应。对于阻尼值固定的传感器，频率响应曲线只有一条，有些传感器可以由试验者选择和调整阻尼，阻尼不同传感器的频率响应曲线也不同。

④ 阻尼系数。它是磁电式测振传感器质量弹簧系统的阻尼比，阻尼比大小与频率响应有很大关系，通常磁电式测振传感器的阻尼比设计为 0.5～0.7。

如上所述，磁电式测振传感器的输出电压与所测振动的速度成正比，对输出信号进行积分或微分，或在仪器输出端添加一个微积分线路则可以测量振动位移或加速度。

表 5-1 国内几种常用的速度传感器

型 号	名 称	频率响应 /Hz	速度灵敏度 /[mV/(cm/s)]	最大可测		特 点	厂 家
				位移 /mm	加速度		
CD-Z 型	磁电式拾振器	2～500	302	±1.5	10g	测相对振动	北京测振仪器厂
CD-4 型	速度传感器	2～300	600	±15	5g	测大位移	
701 型	脉动仪	0.5～100	1650	大档：±6 小档：±0.9		低频，大位移	
701 型	拾振器	0.5～100	1650	大档：±6 小档：±0.6		低频，大位移	哈尔滨工程 力学研究所
702 型	拾振器	2～3		±50			
65 型	拾振器	2～50	3700	±0.5		低频，小位移	北京地球物理 研究所
BVD-11 型	磁电式速度传感器	≥350	780	±15		大位移	上海华东电子 仪器厂
SZQ-4 型	速度式振动传感器	45～1500	6	2.5	50g	小位移	

5.2.2.2 压电式加速度传感器

某些晶体材料在三轴方向上的性能不同，x 轴为电轴线，y 轴为机械轴线，z 轴为光轴线。若垂直于 x 轴切取晶片且在电轴线方向施加外力（压力或拉力）作用时，不仅晶体片的几何尺寸会发生变化而产生压缩或拉伸变形，而且内部会出现极化现象，同时在其一定的两个相对表面上产生符号相反、数值相等的电荷，形成电场。当去掉外力后，晶体片又重新恢复为不带电状态。这种将机械能转化为电能的现象，称为"正压电效应"。晶体片受到的作用力越大，则机械变形也越大，所产生的电荷 Q 也越大。受力产生电荷 Q 的极性取决于变形的形式（压缩或拉伸）。若晶体片不是在外力作用下而是在电场作用下产生变形，则称为"逆压电效应"。具有压电效应的晶体材料称为压电晶体。

压电式拾振器就是利用压电晶体材料具有的压电效应制成的。压电晶体受到外力产生的电荷 Q 由下式表示：

$$Q = G\sigma A \tag{5-20}$$

式中，G 为晶体的压电常数；σ 为晶体的压强；A 为晶体的工作面积。

在压电材料中，石英晶体是较好的一种，它具有高稳定性、高机械强度和能在很宽的温度范围内使用的特点，但灵敏度较低。在计量方面使用最多的是压电陶瓷材料，如钛酸钡、锆钛酸铅等。采用良好的陶瓷配制工艺可以得到较高的压电灵敏度和很宽的工作温度，而且易于制成所需形状。

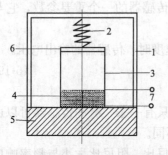

图 5-6 压电加速度传感器原理
1—外壳；2—弹簧；3—质量块；
4—压电晶体片；5—基座；
6—绝缘垫；7—输出端

压电式加速度传感器的结构原理如图 5-6 所示，压电晶体片上是质量块 m，用硬弹簧将它们夹紧在基座上。质量弹簧系统的弹簧刚度由硬弹簧刚度 K_1 和晶体刚度 K_2 组成，$K = K_1 + K_2$。在压电式加速度传感器内，质量块的质量 m 较小，阻尼系数也较小，而刚度 K 很大，因而质量、弹簧系统的固有频率 $\omega = \sqrt{\dfrac{K}{m}}$ 很高，根据用途可达若干千赫，高的甚至可达 100～200kHz。

由上述分析知，当被测物体的频率 $\omega \ll \omega_n$ 时，质量块相对于仪器外壳的位移就反映所测振动的加速度值，即

$x_m = -\dfrac{d^2 x}{\omega_n^2 dt^2}$。晶体的刚度为 K_2，因而作用在晶体上的动压力：

$$\sigma A = K2 x_m \approx -\frac{K_2 d^2 x}{\omega_n^2 dt^2} \qquad (5\text{-}21)$$

由式(5-20) 知，晶体上产生的电荷量：

$$Q = -\frac{GK_2 d^2 x}{\omega_n^2 dt^2} \qquad (5\text{-}22)$$

而电压：

$$U = -\frac{GK_2 d^2 x}{C\omega_n^2 dt^2} \qquad (5\text{-}23)$$

式中，C 为传感器的电容量。C 包括传感器本身的电容 C_a、电缆电容 C_c 和前置放大器的输入电容 C_i，即 $C = C_a + C_c + C_i$。

由式(5-22) 和式(5-23) 可以看出，压电晶体两表面所产生的电荷量（或电压）与所测振动之加速度成正比，因此可以通过测量压电晶体的电荷量来测振动之加速度值。

在式(5-23) 中：

$$\frac{GK_2}{\omega_n^2} = S_q \qquad (5\text{-}24)$$

S_q 称为压电式加速传感器的电荷灵敏度，即传感器感受单位加速度时所产生的电荷量。

式(5-23) 中：

$$\frac{GK_2}{C\omega_n^2} = S_u \qquad (5\text{-}25)$$

S_u 称为压电式加速度传感器的电压灵敏度，即传感器感受单位加速度时产生的电压量。

压电式加速度传感器具有动态范围大（可达 $10^5 g$）、频率范围宽、质量轻、体积小等特点，被广泛用于振动测量的各个领域，尤其在宽带随机振动和瞬态冲击等场合，几乎是唯一合适的测试传感器。其主要技术指示如下。

(1) 灵敏度　传感器灵敏度的大小主要取决于压电晶体材料的特性和质量块的质量大小。传感器几何尺寸愈大，亦即质量块愈大灵敏度愈高，但使用频率愈窄。传感器体积减小灵敏度也减小，但使用频率范围加宽，选择压电式加速度传感器，要根据测试要求综合考虑。

(2) 安装谐振频率　传感器说明书标明的安装谐振频率 $f_安$ 是指将传感器牢固（用螺栓）装在一个有限质量 m（目前国际公认的标准是体积为 1 立方英寸，质量为 180g）的物体上的谐振频率。传感器的安装谐振频率与传感器的频率响应有密切关系。实际测量时安装谐振频率还要受具体安装方法的影响。例如螺栓的种类、表面的粗糙度等。不好的安装方法会影响测试质量。

(3) 频率响应　压电式加速度传感器的频率响应曲线在低频段是平坦的直线，随着频率的增高，灵敏度误差增大，当振动频率接的安装谐振频率时灵敏度会变得很大。压电式加速度传感器高有专门阻尼装置，阻尼值很小，一般在 0.01 以下，因此，只有在 $\dfrac{\omega}{\omega_n} < \dfrac{1}{5}$（或 $\dfrac{1}{10}$）时灵敏度误差才比较小，测量频率的上限 $f_上$ 取决于安装谐振频率 $f_安$，当 $f_上$ 为 $f_安$ 的 $\dfrac{1}{5}$ 时，其灵敏度误差为 4.2%，如果 $f_上 = \dfrac{1}{3} f_安$，则其误差超过 12%。根据对测试精度的要求，通常取传感器测量频率的上限为其安装谐振频率的 $\dfrac{1}{5} \sim \dfrac{1}{10}$。由于压电式加速度传感

器本身有很高的安装谐振频率，所以这种传感器的工作频率上限较之其他型式的测振传感器高，也就是工作频率范围宽。至于工作频率的下限，就传感器本身可以达到极低，但实际测量时决定于电缆和前置放大器的性能。

由于压电式加速度传感器工作在 $\frac{\omega}{\omega_n} \ll 1$ 的范围内，而且阻尼比 ζ 很小，一般在 0.01 以下，相位滞后几乎等于常数 π，不随频率改变，不会产生相位畸变。这一性质在测量复杂振动和随机振动时具有重要意义。

（4）横向灵敏度比　传感器承受垂直于主轴方向振动时的灵敏感度与沿主轴方向灵敏度之比称为横向灵敏度比，在理想情况下应等于零，即当与主轴垂直方向振动时不应有信号输出。但由于压电晶体材料的不均匀性和不规则性，零信号指标难以实现。横向灵敏度比应尽可能小，质量较好的传感器应小于 5%。

（5）幅值范围（动态范围）　传感器灵敏度保持在一定误差大小（5%～10%）时的输入加速度幅值量级范围称为幅值范围，也就是传感器保持线性的最大可测范围。

5.2.3　测振放大器

无论是磁电式传感器还是压电式传感器，输出的信号一般比较微弱，需要对信号加以放大才能进行显示及记录，因此需要使用测振放大器（又称信号放大器）。

磁电式速度传感器的信号需经过电压放大器放大。放大器应与磁电式传感器相匹配。首先，放大器的输入阻抗要远大于传感器的输出阻抗，这样就可以把信号尽可能多地输入到放大器的输入端。放大器应有足够的电压放大倍数，同时信噪比要比较大。为了同时能够适应于微弱的振动测量和较大的振动测量，通常放大器设多级衰减器。放大器的频率响应应能满足测试的要求，亦即有好的低频响应和高频响应。完全满足上述要求有时是困难的，因此在选择或设计放大器时要各项指标通盘考虑。

压电式加速度传感器用的放大器有电压放大器和电荷放大器两种。

电压放大器具有结构简单，价格低廉，可靠性好等优点。但输入阻抗比较低，当作为压电式速度传感器的下一级仪表时，导线电容变化将非常敏感地影响仪器的灵敏度。因此必须在压电式加速度传感器和电压放大器之间加一阻抗变换器，同时传感器和阻抗变换器之间的导线要有所限制，标定时和实际量测时要用同一根导线。当压电加速度传感器使用电压放大器时，可测振动频率的下限较电荷放大器为高。

电荷放大器是压电式加速度传感器的专用前置放大器，由于压电加速度传感器的输出阻抗非常高，其输出电荷信号很小，因此必须采用输入阻抗极高的一种放大器与之相匹配，否则传感器产生的电荷就要经过放大器的输入电阻释放掉，采用电荷放大器能将高内阻的电荷源转换为低内阻的电压源，而且输出电压正比于输入电荷。因此电荷放大器同样也起着阻抗变换作用。电荷放大器的优点是对传输电缆电容不敏感，传输距离可达数百米，低频响应好，但成本较高。

5.2.4　显示与记录设备

显示设备将放大器传来的振动信号转变为可以直接观测的信号。常用的显示装置分为图形显示和数字显示两大类，常用的图形显示装置为各种示波器，在动态测量中，一般的指示仪表对动态变化不能连续读数，更不能显示变化形态，因此示波器具有明显的优越性。常用的示波器有光线示波器、电子示波器、数字示波器。记录设备是将被测信号以图形、数字、磁信号等形式记录下来。常用的记录装置有笔式记录仪、电平记录仪及动态数据采集仪等。

5.2.4.1　光线示波器

光线示波器是应用电磁作用原理，并以感光方式来显示和记录各种参数图形的仪器。这种示波器的特点是可记录频率较高的输入信号，灵敏度高，记录幅度宽，记录测点的数量多，仪器操作方便。

光线示波器由光学系统、传动系统、磁系统、时标基准系统、电气系统和振动子（简称振子）系统等组成（见图 5-7）。其功能是将电信号转换为光信号并记录在感光纸或胶片上。它利用惯性很小的振动子作测量参数的转换元件，具有较好的频率响应，可记录从 $0 \sim 500 \mathrm{Hz}$ 的动态变化，便于同时多点记录。

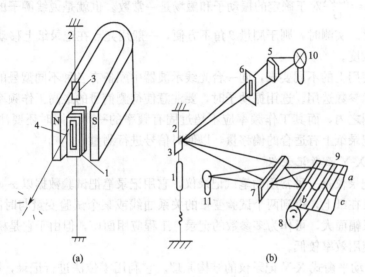

图 5-7　光线示波器的工作原理

(a) 振子系统；(b) 测量原理

1—线圈；2—张线；3—反光镜；4—软铁柱；5，7—棱镜；
6—光栅；8—传动装置；9—纸带；10，11—光源

光线示波器的振子系统实质上是一个磁电式电流计［见图 5-7(a)］，核心部分是一个"弹簧质量体系"。质量元件为线圈和镜片，弹簧为张线，其运动为扭摆运动。当信号（电流）通过线圈时，通电线圈在磁场作用下将使整个活动部分绕张线轴转动，直到被活动部分的弹性反力矩平衡为止。这时反射镜片也转动一定角度，变化过程经过光学系统反射和放大后，将镜片的角度变化转换为光点在记录纸上移动的距离，从而反映出振动波形。

光学系统的功能是将光源发出的光聚焦成为极小的光点，经振子上的反射镜反射至记录纸上，同时进行光杠杆放大；传动系统是使记录纸带按不同速度匀速运行的装置；时标系统给出不同频率的时间信号以作为时间基准。

为了分辨记录信号的量值，光线示波器的光学系统有三条独立的光路，即振动子光路、时间指标光路和分格栅光路。有了这三条光路，才能记录成图 5-7(b) 所示的波形、时间和振幅值。

当信号电源 I 流经线圈时，载流线圈在磁块内产生一个力偶矩 M 使线圈转一个角度 θ。

$$M = nBIA\cos\theta \tag{5-26}$$

式中，n 为线圈圈数；B 为磁感应强度；I 为信号电流；A 为线圈面积；θ 为线圈偏转角。

当线圈偏转时，张丝产生反扭矩 M' 为：

$$M'=G\theta \tag{5-27}$$

式中，G 为张丝的扭转刚度，对于确定的线圈是一常数。

当振动子活动部分处于平衡状态时：

$$nBIA\cos\theta=G\theta \tag{5-28}$$

通常振动子镜片偏转角 θ 很小，可以认为 $\cos\theta\approx1$，因此

$$\theta=\frac{nBA}{G}I=KI \tag{5-29}$$

上式中，$K=\dfrac{nBA}{G}$ 对于确定的振动子和磁场是一常数。也就是说线圈子的偏转角 θ 与信号电流 I 成正比。实测时，则于测量 θ 角不方便，一般用光点在记录纸上移动距离来表示振动子的电流灵敏度。

为了适应使用上的不同要求，同一台光线示波器中配备有各种不同型号的振动子，使用时应根据其技术参数选用。选用振动子时，要注意使待测信号的最高工作频率必须在振动子的工作频率范围之内，而其工作频率应不超过固有频率的一半。同时还要注意灵敏度的选择，使光点在记录纸上有适合的偏移量，以便对信号进行测量。

5.2.4.2　X-Y 函数记录仪

X-Y 函数记录仪是一种常用的笔试记录仪，它用记录笔把试验数据以 x-y 平面坐标系中的曲线形式记录在纸上，得到两个试验变量的关系曲线或某个试验变量与时间的关系曲线。这种记录仪记录幅面大，可作为多参数的记录，工程应用面广，但由于它是桥式机构组成笔的移动，所以使用效率较低。

图 5-8 为自动平衡式 X-Y 记录仪的结构原理。它利用零位法进行记录，图中 E_x 为输入电压，E_s 为基准电压，E'_s 是经过滑线变阻器 R_s 后分压出来的比较电压，将 E_s 和 E'_s 之差 e 输入到放大器进行放大后驱动伺服电机，电机带动滑线变阻器 R_s 上的滑动触点 c 移动，使 E'_s 增大，当 $E_s-E'_s=0$ 时电机停止工作。若将记录笔固定在滑块 c 上，则可在记录纸上绘出曲线，其记录的参量与 E_s 成正比。

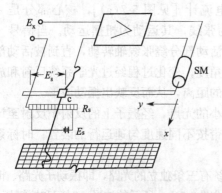

图 5-8　X-Y 函数记录仪工作原理

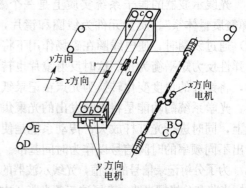

图 5-9　X-Y 记录仪传动机构示意图

记录器的输入部分由分压器和低通滤波器组成，平衡电路的变阻器由铂铱合金线圈制成，基准电压由高精度的稳压电源或水银电池提供，放大器一般采用调制型直流放大。

输入信号 x 和 y 分别输给两个独立的自动平衡器，它们分别驱动运动元件以绘出 x-y 关

系曲线。

X-Y 记录仪采用桥式行车传动机构，如图 5-9 所示。记录笔装在滑架上，可做 y 轴方向的移动，记录笔装在支架上，可做 x 轴方向的移动。做 x-y 记录时，记录纸不动，只有 y 轴方向的移动。做 $y= f(t)$ 函数记录时，就需要记录纸做一定速度的运动，因此备有走纸机构，由同步电机和减速齿轮等传动纸筒转动。此时常用辅助笔做时间坐标。

由于 X-Y 函数记录仪采用了零位法测量，准确性（误差为 0.2%～0.5% 满量程）和灵敏度高，记录笔振幅大（可达 200～300mm），线数为 1～3 线，但响应时间长（0.25～1s），只适用于低频参量的记录。

5.2.4.3　动态数据采集仪

进入 20 世纪 90 年代以来，随着电子计算机的普及，过去的记录仪如光线示波器、X-Y 函数记录仪、磁带记录仪等都已逐步被动态数据采集仪所取代，它的工作过程由计算机来控制。采集的动态数据可直接由计算机通过专业软件对其进行处理，并在终端显示器显示测试波形。除此之外，还可编制动态数据分析软件对储存下来的动态数据进行各种动态分析、计算。可在时域或频域上任意转换，得出所需的有关参数。振动波形及数据可由打印机输出，大大提高了工作效率，有效地克服了光线示波器等记录仪的种种缺陷。

动态数据采集仪由接线模块、A/D 转换器、缓冲存储器及其他辅助件构成，如图 5-10 所示。图中接线模块的作用是与各种电式传感器的输出端相接，并将电式传感器输给的电信号（如电压信号）进行扫描采集。图中 A/D 转换器则将扫描得到的模拟信号转换为数字信号。通常在数据采集仪中设置内触发功能，这样通过人为设置一个触发电位，即可捕捉任何瞬变信号，其触发电位由内触发控制器控制。图中的缓冲存储器则用来存放指令和暂时存放采样数据，最后将采样得到的数字信号传给计算机。整个采集传输的过程由计算机设置的指令来控制。

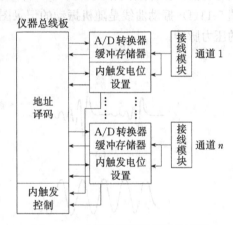

图 5-10　动态数据采集仪结构原理

5.3　动力荷载的特性试验

对土木工程结构进行动力分析和隔振设计时，必须掌握动荷载的特性。

动荷载的特性包括作用力的大小、方向、频率及其作用规律等。动荷载的特性试验主要包括主振源和动荷载自身参数的测定试验，通常采用直接测定法测试。

对地震荷载、风荷载等特殊动荷载，可通过对长期观察的历史资料进行分析，确定其作用力的大小和振动规律。一般来说，它具有较大的概括性和代表性，但仍需考虑到具体振源的动力特性可能与统计资料反映的平均结果有显著的不同。

有些动力设备如往复式机械及各种带有离心力的机械，可以根据机械本身的参数进行动荷载特性计算，但在很多场合下，不能用计算方法获得动荷载特性资料，这就需要用试验方法来确定。例如，吊车行驶时因轨道不平或接头所产生的冲击荷载，液体或气体的压力脉动、风压脉动、冲击波等，它可以采用间接测定法或比较测定法测试。

5.3.1 主振源的测定

作用在结构上的动荷载常常是很复杂的，许多情况下是由多个振源产生的。因此，首先要找出对结构振动起主导作用即危害最大的主振源，然后测定其特性。

结构发生振动，其主振源并不总是显而易见的，这时可以通过下述一些试验方法来测定。在工业厂房内有多台动力机械设备时，可以逐个开动，观察结构在每个振源影响下的振动情况，从中找出主振源，但是这种方法往往由于影响生产而不便实现。也可以分析实测振动波形，根据不同振源将会引起不同规律的强迫振动这一特点，可以间接地判定振源的类别及某些特性，同时也为探测主振源起辅助参考依据。

图 5-11 给出了几种典型的振动曲线的记录波形图。图 5-11(a) 是间歇性的阻尼振动曲线，振动曲线上有明显的尖峰和衰减的特点，说明是撞击性振源所引起的振动。图 5-11(b) 振动曲线是有周期性的单一简谐振动曲线，这可能是一台机器或多台转速一样的机器运转所引起的振动。图 5-11(c) 为两个频率相差两倍的简谐振源引起的合成振动曲线图形。图 5-11(d) 为三个简谐振源引起的更为复杂的合成振动曲线图形。图 5-11(e) 振动曲线的记录波形符合"拍振"的规律，振幅周期性地由小变大，又由大变小。这有两种可能，一种是由两个频率接近的简谐振源共同作用；另外一种是只有一个振源，但其频率和结构的自振频率相近。图 5-11(f) 振动曲线是随机振动的记录图形，它是由随机性动荷载引起的，例如液体或气体的压力脉冲。

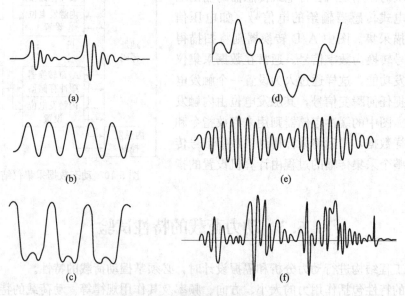

图 5-11　典型振源的振动记录图

[**例 5-1**]　某厂的一个混凝土框架结构房屋，高 18.0m，上面有一个 4000kN 的化工容器（见图 5-12）。此框架建成投产后即发现水平横向振动很大，人站在上面就能明显地感觉到振动，但框架本身及其周围并无大的动力设备。振动从何而来一时看不出，于是以探测主振源为目的进行了实测。在框架顶部、中部和地面设置了测振传感器，实测振动记录见图 5-13。可以看出在框架顶部 18.0m 处、8m 处和地面的振动记录图的形式是一样的，不同的是顶部振动幅度大，人感觉明显，地面振动幅度小，人感觉不出，只能用仪器测出，所记录的振动明显是一个"拍振"。这种振动是由两个频率值接近的简谐振动合成的结果。运用

分析"拍振"的方法可得出，组成"拍振"的两个分振动的频率分别是 1.98Hz 和 2.16Hz，相当于 118.8 次/min 和 129.6 次/min。经过调查，原来距此框架 30 多米处是该厂压缩机车间。车间内设有六台大型卧式压缩机，其中 4 台为 129 转/min，2 台为 118 转/min。因此，可以确定振源即为大型空气压缩机。

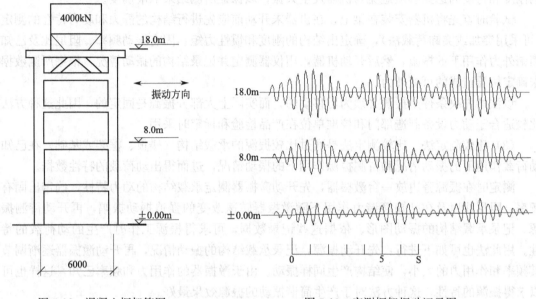

图 5-12   混凝土框架简图   图 5-13   实测框架振动记录图

由于作用于结构上的动荷载常常是多个振源产生的，为此需要找出对结构影响最大的、起主导作用的主振源。通常有两种方法来探测主振源。对于机械振动的振源可采用逐台开动，实测结构在每个振源影响下的振动情况，从而找出主振源。另外，对实测波形进行频谱分析，在频谱图上则可以清楚地识别出合成振动是由哪些频率成分组成的，具有较大幅值的这一频率成分即为主振源的频率。

5.3.2   动荷载参数的确定

动荷载特性参数的测定并不是一件十分简单的事情，它需要认真地考虑观测方案，应十分注意测定的是动荷载的特性而不是在它作用下的结构反应。在试验观测中，往往难以直接实测到动荷载特性参数，我们必须根据不同的动荷载区别对待，采用不同的测试方法。其中常用的有直接测定法、间接测定法和比较测定法。

(1) 直接测定法   直接测定法是通过测定动荷载本身参数以确定其特性。这种方法简单可靠，并且随着量测技术的不断提高，各种传感器的逐步完善，其应用范围也愈来愈广。

对一些由往复式运动部件产生的惯性力（如牛头刨床、曲柄连杆机械等）可以用加速度传感器安装在运动部件上，直接测出机器工作时运动部件的加速度变化规律，由于运动部件的质量是已知的，所以惯性力便可得到。

对由某些机械传递到结构上的动荷载，可使用各种测力传感器来测定，将传感器固定在结构物和机器底座之间，开动机器时，传感器就可将产生的惯性力用记录仪器直接记录下来。但用此法测力传感器的刚度应足够大，否则会导致很大误差。

对于由密封容器或管道内液体或气体的压力运动而产生的动荷载，可以在该容器上安装压力传感器，直接记录容器内液体或气体的压力波动图形，从而得出由此产生的动荷载。

有些机器主设备如桥式吊车，可以通过测量某一杆件的变形来得到动荷载的大小和规律。但应注意，选取适当的杆件是很重要的，被选的杆件要经过动力特性的测定。

（2）间接测定法　间接测定法是把要测定动力的机器安装在有足够弹性变形的专用结构上，结构下面为刚性支座。可以将受弯钢梁或木梁安装在大型基础上作为这种弹性结构。梁的刚度和跨度的选择必须避免与机器发生共振，以保证所测结果的准确度。

试验时首先将机器安装在梁上，在机器未开动前应先进行结构的静力和动力特性的测定（可采用突加或突卸荷载法），确定出结构的刚度和惯性力矩、固有振动频率、阻尼比及已知简谐外力作用下的振幅。然后开动机器，用仪器测定并记录结构的振动情况，根据所测数据来确定机器造成的可变外力。

该法的先决条件是振源必须为可移动的，而实际上大部分振源是固定的，因此这种方法比较适合于动力设备制造部门和校准单位在产品检验和标定时采用。

（3）比较测定法　比较测定法是通过比较振源的承载结构（楼板、框架或基础）在已知动荷载作用下的振动情况和待测振源作用下的振动情况，进而得出动荷载的特性数据。

测定时在振源旁边放一台激振器，先开动激振器测定承载结构的动力特性，确定出固有频率、阻尼比以及在已知简谐力作用下随激振器转速改变的强迫振动振幅，再开动待测振源，记录承载结构的振动图形。依据这些记录数据，可求得振源工作时产生的动荷载的特性。用此法也可如下进行：先开动振源，记录承载结构的振动情况，再开动激振器逐渐调节其频率和作用力的大小，使结构产生同样振动。由于激振器的作用力和频率已知，这样也可以求得振源的特性。这种方法对于产生简谐振动的振源效果最好。

[例 5-2]　某电石车间电炉的电极是采用液压系统提升的，如图 5-14 所示。电极重量通过油缸放在两个混凝土梁上，当生产过程中需要提升或降低电极时，由油泵通过油管向油缸输油或泄油。在提升电极时发现承载结构的混凝土梁发生振动。由于电极提升速度很慢，按计算不可能产生很大的惯性力，因此需要弄清产生振动的原因，以及动荷载的大小和作用规律。

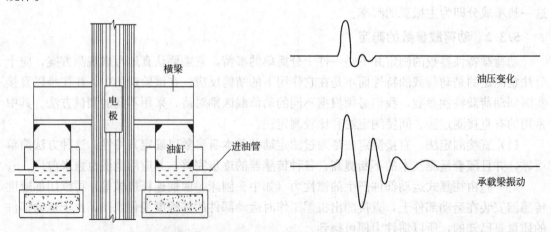

图 5-14　电炉的电极　　　　　图 5-15　实测电极油缸油压和承载梁振动记录图

为了判明振源和测定动荷载大小，在油缸上安装了电阻应变式压力传感器，并在混凝土梁上布置了拾振器。将压力传感器通过动态电阻应变仪输出的信号以及拾振器通过放大器输出的信号同时输入光线示波器。这时启动油泵向油缸输油以提升电极，在示波器上记录下油压变化曲线和承载梁的振动记录曲线，见图 5-15。从记录图上可以看出，当油缸进油，电极提升的一瞬间，油缸内的油压发生一个压力脉冲，因而在承载结构上产生一个撞击荷载使梁产生振动。油缸在进油时产生的压力脉冲类似水管内的水击现象，称为油击。进一步实测试验说明，油击大小与进油速度、阀门型式等因素有关。在特定条件下，可以通过这种方法具体测出油击脉冲的大小，从而为设计提供依据。

5.4 结构动力特性试验

结构动力特性是指结构本身固有的振动参数，包括结构的自振周期，自振频率、振型、阻尼等参数，各参数仅取决于结构的组成形式、刚度、质量分布、材料性质、构造及连接方式等因素。

虽然结构的自振周期和振型可以通过理论计算得到，但由于真实结构的组成、材料性质和连接方式等因素与理论计算时采用的数值有一定的误差，故理论计算结果与实际结构有较大的出入。而阻尼则一般只能通过试验来测定。因此，通过试验手段来研究结构的动力特性具有重要的意义。土木工程的类型各异，其结构形式也有所不同。从简单的构件如梁、板、柱以至整体建筑物，其动力特性相差很大，试验方法和所用的仪器设备也不完全相同。

用试验法测定结构动力特性，首先应设法使结构起振，通过分析记录到的结构振动形态，获得结构动力特性的基本参数。结构动力特性试验方法有迫振方法和脉动试验方法两大类。迫振方法是对被测结构施加外界激励，强迫结构起振，根据结构的响应获得结构的动力特性。常用的迫振方法有：自由振动法和共振法。脉动试验方法是利用地脉动对建筑物引起的振动过程进行记录分析以得到结构动力特性的试验方法，这种试验方法不需要对结构另外施加外界激励。本节介绍常用的动力特性试验方法。

5.4.1 自由振动法

自由振动法设法使结构产生自由振动，通过记录仪器记下有衰减的自由振动曲线，由此求出结构的基本频率和阻尼系数。

使结构产生自由振动的办法较多，通常可采用第 2 章所述的突加荷载法或突卸荷载法。在现场试验中还可以使用反冲激振器对结构产生冲击荷载，使结构产生自由振动。例如对有吊车的工业厂房，可以利用小车突然刹车制动，引起厂房横向自由振动。对体积较大的结构，可对结构预加初位移，试验时突然释放预加位移，从而使结构产生自由振动。在测定桥梁的动力特性时，还可以采用载重汽车越过障碍物的办法产生一个冲击荷载，从而引起桥梁的自由振动。用发射反冲小火箭（又称反冲激振器）的方法可以产生脉冲荷载，也可以使结构产生自由振动。该法特别适宜于烟囱、桥梁、高层房屋等高大建筑物。近年来国内已研制出各种型号的反冲激振器，推力为 $10\sim40\text{kN}$，国内一些单位用这种方法对高层房屋、烟囱、古塔、桥梁、闸门等做过大量试验，得到较好结果，但使用时要特别注意安全问题。

采用自由振动法时，拾振器一般布置在振幅较大处，同时要避开某些杆件的局部振动。最好在结构物纵向和横向多布置几点，以观察结构整体振动情况。自由振动时间历程曲线的量测系统如图 5-16 所示。记录曲线见图 5-17。

从实测得到的有衰减的结构自由振动时间历程曲线，可以根据时间信号直接量出基本频率。为了消除荷载影响，最初的一、二个波一般不用。同时，为了提高准确度，可以取若干个波的总时间除以波数得出平均数作为基本周期，其倒数即为基本频率。

结构的阻尼特性用对数衰减率或临界阻尼比表示，由于实测得到的振动记录图一般没有零线，所以在测量阻尼时应如图 5-17 采取从峰值到峰值的量法，这样比较方便而且准确度高。

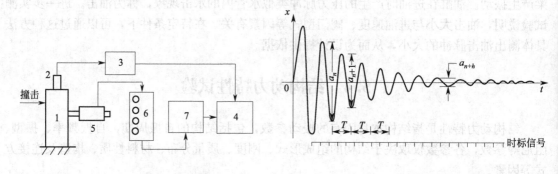

图 5-16　自由振动衰减量测系统　　　　　　图 5-17　自由振动时间历程曲线
1—结构物；2—拾振器；3—放大器；
4—光线示波器；5—应变位移传感器；
6—应变仪桥盒；7—动态电阻应变仪

由结构动力学知，有阻尼自由振动的运动方程解为：

$$x(t) = Ae^{-\zeta\omega t}\sin(\omega' t + \varphi) \tag{5-30}$$

式中，$x(t)$ 为振动位移；$Ae^{-\zeta\omega t}$ 为振幅，令第 n 个幅值为 $a_n = Ae^{-\zeta\omega t}$；$\zeta$ 为阻尼比，$\zeta = \dfrac{c}{2m\omega}$，$c$ 为阻尼系数；ω' 为阻尼体系的自振圆频率，$\omega' = \omega\sqrt{1-\zeta^2}$，$\omega = \sqrt{k/m}$。

图 5-17 中相邻两个峰值时间为一个周期 T，若某一时刻 t_n 对应的振幅值记为 a_n；经过一个周期 T 后，在 t_{n+1}（$t_{n+1} = t_n + T$，$T = 2\pi/\omega$）时刻的振幅值记为 a_{n+1}，相邻两振幅比值则为：

$$\frac{a_n}{a_{n+1}} = \frac{Ae^{-\zeta\omega t_n}}{Ae^{-\zeta\omega(t_n + T)}} = e^{\zeta\omega T} \tag{5-31}$$

两边取自然对数，则

$$\ln\frac{a_n}{a_{n+1}} = \zeta\omega T = \nu \tag{5-32}$$

式中，ν 为振幅的对数衰减率。

则有

$$\nu = \zeta\omega\frac{2\pi}{\omega} = 2\pi\zeta \tag{5-33}$$

由此求得阻尼比：

$$\zeta = \frac{\nu}{2\pi} = \frac{1}{2\pi}\ln\frac{a_n}{a_{n+1}} \tag{5-34}$$

用自由振动法得到的周期和阻尼系数均比较准确，但只能测出基本频率。

5.4.2　共振法

共振法又称强迫振动法。当结构在受到与其自振周期一致的周期荷载激励时，若结构的阻尼为零，则结构的响应随着时间的增加为无穷大。若结构的阻尼不为零，则结构的响应也较大，即产生共振现象。

共振法就是利用结构的这种特点，在结构上安装一频率可调的激振器，对结构施加简谐动荷载，使结构产生稳态的强迫简谐振动，借助对结构受迫振动的测定，求得结构动力特性的基本参数。其工作原理见图 5-18。

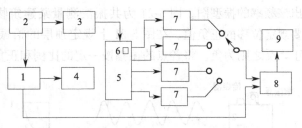

采用共振法进行动荷载试验时，连续改变激振器的频率，对结构进行频率扫描，结构振幅不断变化，当激振器振动频率接近或等于结构的固有频率时，结构产生共振现象，此时振幅最大，则记录下的频率，即结构的固有频率。工程结构都是具有连续分布质量的系统，严格说来，其固有频率不是一个，而有

图 5-18　共振法测量原理

1—信号发生器；2—功率放大器；3—激振器；4—频率仪；
5—试件；6—拾振器；7—放大器；8—相应计；9—记录仪

无限多个。连续改变激振器的频率，使结构发生第一次共振、第二次共振、第三次共振……，就可得到结构的第一频率、第二频率、第三频率等图。但频率越高输出越小，受到检测仪器灵敏度的限制，一般仅能测到有限阶的自振频率。对于一般的动力学问题，了解若干个固有频率即可满足工程要求。

图 5-19 为对建筑物进行频率扫描试验时所得到的记录曲线。在共振频率附近逐渐调节激振器的频率，同时记录下结构的振幅，就可作出频率-振幅关系曲线或称共振曲线。

当使用偏心式激振器时，应注意到转速不同，激振力大小也不一样。激振力与激振器转速的平方成正比。为了使绘出的共振曲线有可比性，应把振幅折算为单位激振力作用下的振幅，或把振幅换算为在相同激振和作用下的振幅。通常的作法是将实测振幅 A 除以激振器的圆频率的平方 ω^2，以 A/ω^2 为纵坐标，ω 为横坐标绘制共振曲线，如图 5-20 所示，图中 $x=\dfrac{A}{\omega^2}$，曲线上峰值对应的频率值即为结构的固有频率。

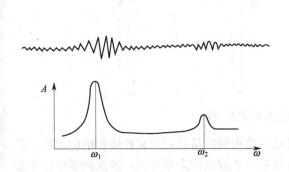

图 5-19　共振时的振动图形和共振曲线

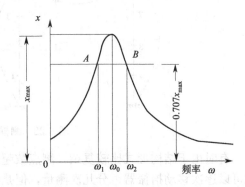

图 5-20　由共振曲线求阻尼系数和阻尼比

从共振曲线上也可以得到结构的阻尼系数，求阻尼最简便的方法是半宽带法（又称半功率法）。具体步骤是：在纵坐标最大值 x_{max} 的 0.707 倍处作一水平线与共振曲线相交于 A 和 B 两点，其对应横坐标是 ω_1 和 ω_2。则该阶频率的阻尼比为：

$$\zeta=\frac{\omega_2-\omega_1}{2\omega} \tag{5-35}$$

使用共振法也可以测定结构的振型。结构按某一固有频率作振动时形成的弹性曲线称为结构对应于此频率振动的振型。对应于基频、第二频率、第三频率分别有第一振型、第二振型、第三振型。用共振法测量振型时，要将若干个拾振器布置在结构的若干部位。当激振器使结构发生共振时，同时记录下结构各部位的振动图，通过比较各点的振幅和相位，即可给出该频率的振型图。图 5-21 为共振法测量某建筑物振型的具体情况，绘制振型曲线图时，要规定位移的正负值。在图 5-21 上规定顶层的拾振器 1 的位移为正，凡与它相位相同的为正，反之则为负。将各点的振幅按一定的比例和正负值画在图上即为振型曲线。

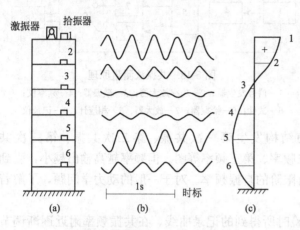

图 5-21　用共振法测建筑物振型
（a）拾振器和激振器的布置；（b）共振时记录下
的振动曲线图；（c）振型曲线

使用激振器时需将其牢固地安装在结构上，不使其跳动，否则将影响试验结果。激振器的激振方向和安装位置要根据所试验结构的情况和试验目的而定。一般说来，整体结构动荷载试验多为水平方向激振，楼板和梁的动荷载试验多为垂直方向激振。激振器的安装位置应选在所要测量的各个振型曲线都不是节点的部位。试验前最好先对结构进行初步动力分析，做到对所测量的振型曲线的大致形式心中有数。

例如图 5-22 所示框架，在横梁和柱子的中点、四分之一处、柱端点共布置了 6 个测点。这样便可较好地连成振型曲线。测量前，对各通道应进行相对校准，使之具有相同的灵敏度。

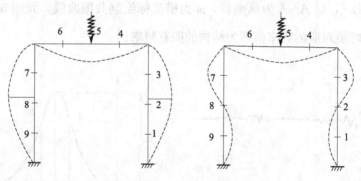

图 5-22　测框架振型时测点布置

有时由于结构形式比较复杂，测点数超过已有拾振器数量或记录装置能容纳的点数，这时可以逐次移动拾振器，分几次测量，但是必须有一个测点作为参考点，各次测量中位于参考点的拾振器不能移动，而且各次测量的结果都要与参考点的曲线比较相位。参考点也应选在不是节点的部位。

5.4.3　脉动法

实际工程环境中存在很多微弱的激振能量，如大气流动、河水流动、机械运动、汽车行驶和人群移动等，这些激振能量可使结构处于脉动中，只是这种振动很微弱，一般在 $10\mu m$ 以下，烟囱可达到 $10mm$。一般不为人们注意，当采用高灵敏度、高精度的传感器时，经放大器放大就能清楚地观测和记录下这种振动信号。这些微弱的脉动信号含有结构丰富的振动信息，能够明显地反映出结构的固有频率。

脉动法不需要对建筑物施加外界激励，它是将环境随机振动引起的结构脉动过程记录下来，经过一定的分析以确定结构的动力特性。因而又称为环境随机激励法。图 5-23 所示为某梁脉动试验时部分测点的振动信号时程曲线，测点 [1]、[9] 为支座部位。从图中可以看出各测点的振动情况。

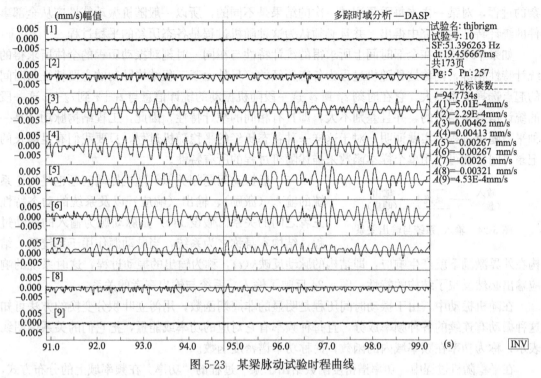

图 5-23　某梁脉动试验时程曲线

　　脉动测量方法不需要专门的激振设备，而且不受结构形式和大波折限制，我国早在 20世纪 50 年代就开始应用。自 20 世纪 70 年代以来，由于计算技术的发展和一些信号处理机或结构动态分析仪的应用，这一方法得到了迅速的发展，被广泛地应用于土木工程结构的动力分析研究中。

　　从分析结构动力特性的目的出发，应用脉动法时应注意下列几点。

　　① 工程结构的脉动是由于环境随机振动引起的。这就可能带来各种频率分量，为得到正确的记录，要求记录仪器有足够宽的频带，使所需要的频率分量不失真。

　　② 根据脉动分析原理，脉动记录中不应有规则的干扰或仪器本身带进的杂音，因此观测时应避开机器或其他有规则的振动影响，以保持脉动记录的"纯洁"性。

　　③ 为使每次记录的脉动均有反映结构物的自振特性，每次观测应持续足够长的时间并且重复几次。

　　④ 为使高频分量在分析时能满足要求的精度，减小由于时间分段带来的误差，记录仪应有足够快的速度，而且可变，以适应各种刚度的结构。

　　⑤ 布置测点时应将结构视为空间体系，沿高度及水平方向同时布置仪器，如仪器数量不足可做多次测量。这时应有一台仪器保持固定位置作为各次测量的比较标准。

　　⑥ 每次观测最好能记下当时的天气、风向风速以及附近地面的脉动，以便分析这些因素对脉动的影响。

　　脉动信号的分析通常有频谱分析法、主谐量法、统计法等。

5.4.3.1　频谱分析法

　　频谱分析法（或称模态分析法），它是将所记录到的结构脉动时程曲线，经过傅立叶积分变换，得到以频率为横坐标、振幅（或均方值、功率值）为纵坐标的频谱曲线。

工程结构的脉动是由随机脉动源所引起的响应，也是一种随机过程。随机振动是一个复杂的过程，对某一样本每重复测试一次的结果是不同的，所以一般随机振动特性应从全部事件的统计特性的研究中得出，并且必须认为这种随机过程是各态历经的平稳过程。

如果单个样本在全部时间上所求得的统计特性与在同一时刻对振动历程的全体所求得的统计特性相等，则称这种随机过程为各态历经的。另外由于工程结构脉动的主要特征与时间的起点选择关系不大，它在时刻 t_1 到 t_2 这一段随机振动的统计信息与 $t_1+\tau$ 到 $t_2+\tau$ 这一段的统计信息是相关的，并且差别不大，即具有相同的统计特性，因此，工程结构脉动又是一种平稳随机过程。实践证明，对于这样一种各态历经的平稳随机过程，只要我们有足够长的记录时间，就可以用单个样本函数来描述随机过程的所有特性。

图 5-24　输入、系统与输出关系

与一般振动问题相类似，随机振动问题也是讨论系统的输入（激励）、输出（响应）以及系统的动态特性三者之间的关系。假设 $x(t)$ 是脉动源为输入的振动过程，结构本身称之为系统，当脉动源作用于系统后，结构在外界激励下就产生响应，即结构的脉动反映 $y(t)$，称为输出的振动过程，这时系统的响应输出必然反映了结构的特性。图 5-24 反映了输入、系统与输出三者的关系。

在随机振动中，由于振动时间历程是明显的非周期函数，用傅立叶积分变换的方法可知这种振动有连续的各种频率成分，且每种频率有它对应的功率或能量，把它们的关系用图线表示，称为功率在频率域内的函数，简称功率谱密度函数。

在平稳随机过程中，功率谱密度函数给出了某一过程的"功率"在频率域上的分布方式，可用它来识别该过程中各种频率成分能量的强弱，以及对于动态结构的响应效果。所以功率谱密度是描述随机振动的一个重要参数，也是在随机荷载作用下结构设计的一个重要依据。

在各态历经平稳随机过程的假定下，脉动源的功率谱密度函数 $S_x(\omega)$ 与结构反应功率谱密度函数 $S_y(\omega)$ 之间存在着以下关系：

$$S_y(\omega)=|H(i\omega)|^2 S_x(\omega) \tag{5-36}$$

式中，$H(i\omega)$ 为传递函数；ω 为圆频率。

由随机振动理论可知：

$$H(i\omega)=\frac{1}{\omega_0^2\left[1-\left(\dfrac{\omega}{\omega_0}\right)^2+2i\xi\dfrac{\omega}{\omega_0}\right]} \tag{5-37}$$

由以上关系可知，当已知输入输出时，即可得到传递函数。

在测试工作中通过测振传感器测量地面自由场的脉动源 $x(t)$ 和结构反应的脉动信号 $y(t)$ 的记录，将这些符合平稳随机过程的样本由专用信号处理机（频谱分析仪）通过使用具有传递函数功率谱程序进行计算处理，即可得到结构的动力特性——频率、振幅、相位等，运算结果可以在处理机上直接显示。图 5-25 是利用专用计算机把时程曲线经过傅立叶变换，由数据处理结果得到的频谱图。从频谱曲线上用峰值法很容易确定出各阶频率，结构固有频率处必然出现突出的峰值，一般基频处非常突出，而在第二、第三频率处也有相应明显的峰值。

利用频谱分析法可以由功率谱得到工程结构的自振频率。如果输入功率谱是已知的，还可以得到高阶频率、振型和阻尼，但用上述方法研究工程结构动力特性参数需要专门的频谱分析设备及专用程序。

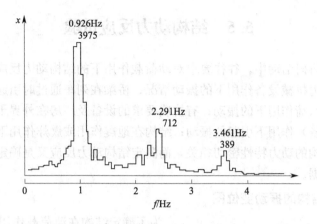

图 5-25　经数据处理得到的频谱图

5.4.3.2　主谐量法

在实践中，人们从记录得到的脉动信号图中可以明显地发现它反映出结构的某种频率特性。由环境随机振动法的基本原理可知，既然工程结构的基频谐量是脉动信号中最主要的成分，那么在记录里就应有所反映。事实上在脉动记录里常常出现酷似"拍"的现象，在波形光滑之处"拍"的现象最显著，振幅最大，凡有这种现象之处，振动周期大多相同，这一周期往往即是结构的基本周期，见图 5-26。

在结构脉动记录中出现这种现象是不难理解的，因为地面脉动是一种随机现象，它的频率是多种多样的，当这些信号输入到具有滤波器作用的结构时，由于结构本身的动力特性，使得远离结构自振频率的信号被抑制，而与结构自振频率接近的信号则被放大，这些被放大的信号恰恰为我们揭示结构动力特性提供了线索。

在出现"拍"的瞬间，可以理解为在此刻结构的基频谐量处于最大，其他谐量处于最小，因此表现有结构基本振型的性质。利用脉动记录读出该时刻同一瞬间各点的振幅，即可以确定结构的基本振型。

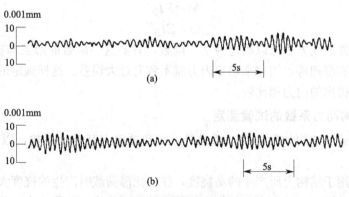

图 5-26　脉动信号记录图

(a) 多层民用房屋的脉动记录；(b) 钢筋混凝土单层厂房的脉动记录

对于一般土木工程结构用环境随机振动法确定基频与主振型比较方便，有时也能测出第二频率及相应振型，但高阶振动的脉动信号在记录曲线中出现的机会很少，振幅也小，这样测得的结构动力特性误差较大。另外主谐量法难以确定结构的阻尼特性。

5.5　结构动力反应试验

在工程实践和科研活动中，往往要求对动荷载作用下的结构动力反应进行试验测定。例如，工业厂房在动力机械设备作用下的振动情况；桥梁在列车通过时引起的振动；高层建筑物和高耸构筑物在风荷作用下的振动；有抗震要求的设备及厂房在外界干扰力（如火车、汽车及附近的动力设备）作用下引起的振动；结构在地震作用或爆炸作用下的动力反应等。这些都与动荷载和结构的动力特性密切相关，而测定结构动力反应又是确定结构在动载作用下安全工作的重要依据。

5.5.1　测定结构的振动变位图

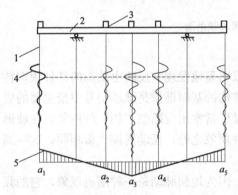

图 5-27　结构振动变位图

1—时间信号；2—结构（梁）；3—拾振器；

4—记录曲线；5—$t=t_1$ 时结构变位图

为了确定结构在动荷载作用下的振动状态及动应力的大小，往往需要测定结构在一定动荷载作用下的振动变位图。图 5-27 表示振动变位图的测量方法，将各测点的振动图用记录仪器同时记录下来，根据相位关系确定变位的正负号，再按振幅（即变位）大小以一定比例画在变位图上，最后连成结构在实际动荷载作用下的振动变位图。这种测量和分析方法与前面讲过的确定振型的方法类似。但结构的振动变位图是结构在特定荷载作用下的变形曲线，一般来说并不和结构的某一振型相一致。

确定了振动变位图后，按结构力学的理论可近似地确定结构由于动荷载所产生的内力。

设振动弹性曲线方程为：

$$y=f(x) \tag{5-38}$$

这一方程可以根据实测结果按数值分析的方法得到，则有

$$M=EIy'' \tag{5-39}$$

$$Q=EIy''' \tag{5-40}$$

实际上，弹性曲线方程可以给定为某一函数，只要这一函数的形态与振动变位图相似，而且最大变位与实测相等，用它来确定内力就不致有过大误差。这样确定的结构内力，可与直接测定应变而得出的内力相比较。

5.5.2　结构动力系数的试验测定

承受移动荷载的结构如吊车梁、桥梁等，常常要确定其动力系数，以判定结构的工作情况。

移动荷载作用于结构上所产生的动挠度，往往比静荷载时产生的挠度大。结构或构件的最大动力效应（动挠度、动应力）与相应的静力效应（静挠度、静应力）的比值称为动力系数 μ。计算公式如下：

$$\mu=\frac{最大动位移}{静态位移} \tag{5-41}$$

或

$$\mu=\frac{最大动态应力}{静态应力} \tag{5-42}$$

结构动力系数一般用试验方法实测确定。对于沿固定轨道行驶的动荷载，先使移动荷载以最慢的速度驶过结构，测得挠度如图 5-28（a）所示，然后使移动荷载按某种速度驶过，这时结构产生最大挠度（实际测试中采取以各种不同速度驶过，找出产生最大挠度的某一速度）如图 5-28（b）所示。从图上量得最大静挠度 y_j 和最大动挠度 y_d，即可求得动力系数：

$$\mu = \frac{y_d}{y_j} \tag{5-43}$$

上述方法只适用于一些有轨的动荷载，对无轨的动荷载（如汽车）不可能使两次行驶的路线完全相同。有的移动荷载由于生产工艺上的原因，用慢速行驶测量最大静挠度或应力也有困难，这时可以采取只试验一次用高速通过，记录图形如图 5-28（c）所示。取曲线最大值为 y_d，同时在曲线上绘出中线，相应于 y_d 处中线的纵坐标即 y_j。按式（5-43）即可求得动力系数。

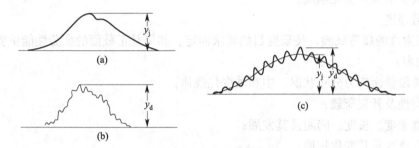

图 5-28 动力系数测定
（a）、（b）有轨移动荷载的变形记录图；
（c）无轨移动荷载的变形记录图

5.6 结构疲劳试验

土木工程结构或材料在承受反复循环荷载作用时，其应力和应变反复变化，当循环达到一定的次数时，在应力低于强度设计值时便发生脆性破坏，这种现象称为疲劳破坏。

工程结构中存在着许多疲劳现象，如承受吊车荷载作用的吊车梁，直接承受悬挂吊车作用的屋架。这些结构物或构件在重复荷载作用下达到破坏时的应力比其静力强度要低得多，危害较大。结构疲劳试验的目的就是要了解在重复荷载作用下结构的性能及变化规律。

疲劳问题涉及的范围比较广，对某一种结构而言，它包含材料的疲劳和结构构件的疲劳。如钢筋混凝土结构中有钢筋的疲劳、混凝土的疲劳和组成构件的疲劳等。近年来，国内外对结构构件、特别是钢筋混凝土构件的疲劳性能的研究比较重视。其原因如下：

① 采用极限状态设计和高强材料，以致许多结构构件处于高应力状态工作。

② 钢筋混凝土构件在各种重复荷载作用下的应用范围不断扩大，如吊车梁、桥梁、轨枕、海洋结构、压力机架、压力容器等。

③ 使用荷载作用下采用允许截面受拉开裂设计。

④ 为使重复荷载作用下构件具有良好的使用性能，改进设计方法，防止重复荷载导致过大的垂直裂缝和提前出现斜裂缝。

结构构件疲劳试验一般在专门的疲劳试验机上进行，大部分采用脉冲千斤顶施加重复荷载，也有采用偏心轮式振动设备。国内对结构构件的疲劳试验大多采用等幅匀速脉动荷载，借以模拟结构件在使用阶段不断反复加载和卸载的受力状态。近年来，随着多通道电液伺服系统的广泛应用，该设备也被应用于结构的疲劳试验，尤其是适用于大型结构件的疲劳试验。

下面以钢筋混凝土结构为例介绍疲劳试验的主要内容和方法。

5.6.1　疲劳试验的内容

根据结构疲劳试验的目的不同分为验证性疲劳试验和探索性疲劳试验。

对于验证性疲劳试验，在满足现行设计规范的要求的前提下，在控制疲劳次数内检测以下内容：

① 抗裂性及开裂荷载；

② 裂缝宽度及其发展；

③ 最大挠度及其变化幅度；

④ 疲劳强度。

对于探索性的疲劳试验，按研究目的要求而定。如果是正截面的疲劳性能试验，一般应包括以下内容：

① 各阶段截面应力分布状况，中和轴变化规律；

② 抗裂性及开裂荷载；

③ 裂缝宽度、长度、间距及其发展；

④ 最大挠度及其变化规律；

⑤ 疲劳强度的确定；

⑥ 破坏特征分析。

5.6.2　疲劳试验荷载

5.6.2.1　疲劳试验荷载取值

对于结构的疲劳试验首先应决定荷载上限值和荷载下限值。荷载上限值按结构设计规范疲劳荷载组合选取荷载下限值按疲劳试验设备要求而定。对于检验性的吊车梁正截面、斜截面疲劳试验，应根据设计文件中吊车荷载最不利作用位置时吊车荷载标准值产生的效应值，分别确定试验时的加载位置、最大荷载值和最小荷载值；建筑结构（如吊车梁）最小荷载值只有结构自重，即外加荷载应力为零。但受疲劳试验机的限制，多数情况下只能用试验机的最小荷载限制值。如 AMSLER 脉冲试验机取用的最小荷载不得小于脉冲千斤顶最大动负荷的 3%。

5.6.2.2　疲劳试验荷载速度

疲劳试验荷载在单位时间内重复作用的次数（即荷载频率）会影响材料的塑性变形和徐变，另外频率过高时对疲劳试验附属设施带来的问题也较多。目前，国内外尚无统一的频率规定，一般依据疲劳试验机的性能而定，主要考虑远离结构的共振区。

荷载频率不应使构件及加载架发生共振，同时应使构件在试验时与实际工作时的受力状态一致，为此荷载频率 θ 与构件固有频率 ω 之比应满足下列条件：

$$\frac{\theta}{\omega} < 0.5 \text{ 或} > 1.3$$

5.6.2.3　疲劳试验的控制次数

构件经受下列控制次数的疲劳荷载作用后，抗裂性（即缝宽度）、刚度、承载力必须满足现行规范中有关规定。

中级工作制吊车梁：$n=2\times10^6$ 次；

重级工作制吊车梁：$n=4\times10^6$ 次。

5.6.3　疲劳试验的步骤

构件疲劳试验的过程，可归纳为以下几个步骤。

5.6.3.1　疲劳试验前预加静载试验

对构件施加不大于上限荷载 20% 的预加静载 1～2 次，消除松动及接触不良，压牢构件并使仪表运动正常。

5.6.3.2　正式疲劳试验

第一步先做疲劳前的静载试验，其目的主要是为了对比构件经受反复荷载后受力性能有何变化。荷静分级加到疲劳上限荷载。每级荷载可取上限荷载的 20%，临近开裂荷载时应适当加密，第一条裂缝出现后仍以 20% 的荷载施加，每级荷载加完后停歇 10～15 分钟，记取读数，加满载后分两次或一次卸载。也可采用等变形加载方法。

第二步进行疲劳试验，首先调节疲劳机上下限荷载，待示值稳定后读取第一动载读数，以后每隔一定次数（30～50 次）读取数据。根据要求也可在疲劳过程中进行静载试验（方法同上），完毕后重新启动疲劳机继续疲劳试验。

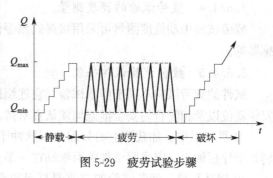

图 5-29　疲劳试验步骤

第三步做破坏试验。达到要求的疲劳次数后进行破坏试验时有两种情况。一种是继续施加疲劳荷载直至破坏，得到了承受疲劳荷载的次数。另一种是做静载破坏试验，这时方法同前，荷载分级可以加大。疲劳试验步骤用图 5-29 表示。

应该注意，不是所有疲劳试验都采取相同的试验步骤，随试验目的和要求的不同，可有多种多样，如带裂缝的疲劳试验，静载可不分级缓慢地加到第一条可见裂缝出现为止，然后开始疲劳试验。还有在疲劳试验过程中变更荷载上限。提高疲劳荷载的上限，可以在达要求疲劳次数之前，也可在达到要求疲劳次数之后。

5.6.4　疲劳试验的观测

5.6.4.1　疲劳强度

构件所能承受疲劳荷载作用次数（n），取决于最大应力值 σ_{max}（或最大荷载 Q_{max}）及应力变化幅度 ρ（或荷载变化幅度）。试验应按设计要求取最大应力值 σ_{max} 及疲劳应力比值 $\rho=\sigma_{min}/\sigma_{max}$。依据此条件的疲劳试验，在控制疲劳次数内，构件的强度、刚度、抗裂性应满足现行规范要求。

当进行探索性疲劳试验时，构件是以疲劳极限荷载作为最大的疲劳承载能力。构件达到疲劳破坏时的荷载上限值为疲劳极限荷载。构件达到疲劳破坏时的应力最大值为疲劳极限强度。为了得到给定 ρ 值条件下的疲劳极限强度和疲劳极限荷载，一般采取的办法是：根据构件实际承载能力，取定最大应力值 σ_{max} 做疲劳试验，求得疲劳破坏时荷载作用次数 n，从 σ_{max} 与 n 双对数直线关系中求得控制疲劳极限强度，作为标准疲劳强度。它的统计值作为设计验算时疲劳强度取值的基本依据。

疲劳破坏的标志应根据相应规范的要求而定，对探索性的疲劳试验有时为了分析和研究破坏的全过程及其特征，往往将破坏阶段延长至构件完全丧失承载能力。

5.6.4.2　疲劳试验的应变测量

一般采用电阻应变片测量动应变，测点布置依试验具体要求而定。测试方法如下：

① 以动态电阻应变仪和记录器（如光线示波器）组成测量系统，这种方法的缺点是测点数量少；

② 用静动态电阻应变仪（如 YJD 型）和阴极射线示波器或光线示波器组成测量系统，这种方法简便且具有一定精度，可多点测量。

5.6.4.3　疲劳试验的裂缝测量

由于裂缝的开始出现和微裂缝的宽度对构件安全使用具有重要意义，因此，裂缝测量在疲劳试验中是重要的，目前测裂缝的方法还是利用光学仪器目测或利用应变传感器电测裂缝。

5.6.4.4　疲劳试验的挠度测量

疲劳试验中动挠度测量可采用接触式测振仪、差动变压器式位移计和电阻应变式位移传感器等。

5.6.4.5　疲劳试验试件安装

试件的疲劳试验不同于静载试验，它连续进行的时间长，试验过程振动大，因此试件的安装就位以及相配合的安全措施均须认真对待，否则将会产生严重后果。

① 严格对中。加载架上的分配梁、脉冲千斤顶、试件、支座以及中间垫板要对中。特别是千斤顶轴心一定要同试件断面纵轴在一条直线上。

② 保持平稳。疲劳试验的支座最好是可调的，即使试件不够平直也能调整安装水平。另外千斤顶与试件之间、支座与支墩之间、试件与支座之间都要确实找平，用砂浆找平时不宜铺厚，因为厚砂浆层易酥。

③ 安全防护。疲劳破坏通常是脆性断裂，事先没有明显预兆。为防止发生事故，对人身安全、仪器安全均应采取可靠的防护措施。

现行的疲劳试验都是采取试验室常幅疲劳试验方法，即疲劳强度是以一定的最小值和最大值重复荷载试验结果而确定。实际上结构构件是承受变化的重复荷载作用，随着测试技术的不断进步，常幅度疲劳试验将为符合实际情况的变幅疲劳试验所代替。

疲劳试验结果的离散性是众所周知的。即使在同一应力水平的许多相同试件，它们的疲劳强度也有显著的变异。材料的不均匀性（如混凝土）和材料静力强度的提高（如高强钢材）更增加了变异。因此，对于试验结果的处理，大都采用数理统计的方法进行分析。

5.7　结构抗震试验

5.7.1　结构抗震试验的分类

地震是一种自然现象，全世界每年大约发生 500 万次地震，绝大多数地震由于发生在地球深处，或者由于释放的能量较小而难以觉察到。人们能感觉到的地震称作有感地震，占地震总数的 1% 左右，而造成灾害的强烈地震则更少，平均每年发生十几次。中国是一个地震多发国家，历史上就发生过华县大地震、邢台地震、海城地震、唐山大地震及汶川地震等强烈地震多起。强烈地震会引起地面的摇晃和颠簸，引发海啸并造成建筑物的破坏，危及人类的生命和财产安全。

为了提高建筑物的抗震能力，减轻地震对建筑结构的破坏作用，人们从理论和试验两个方面对结构的抗震性能和能力进行了大量的研究。结构的抗震性能一般由结构的强度、刚度、延性、耗能性能、刚度退化等几个方面衡量；结构抗震能力则是结构抗震性能的表现，强调的是能抵御多大的地震。我国现行的抗震设计规范要求，结构应具有"小震不坏、中震可修、大震不倒"的抗震能力。结构抗震试验就是利用现有的试验手段，具体研究结构或构件的实际抗震性能及抗震能力，主要任务如下：

① 研究新型建筑材料的抗震性能，为该材料在地震区的推广使用提供科学依据；

② 对新型建筑结构的抗震能力进行研究，提出这种新型建筑结构在地震区推广应用的抗震设计方法；

③ 进行实际结构模型试验研究，验证结构的抗震性能和能力，评定其安全性；

④ 通过结构抗震试验获得试验数据，为制定和修改抗震设计规范提供科学依据。

结构抗震试验的目的是研究结构物在模拟地震的荷载作用下其强度、变形情况、非线性性能以及结构的实际破坏状态。试验不仅研究结构或构件的恢复力模型用于地震反应计算，而且还从能量耗散的角度进行滞回特性的研究，探求结构的抗震性能。

结构抗震试验可以分为结构抗震静力试验和结构抗震动力试验两大类。结构抗震静力试验包括低周反复加载试验（又称拟静力试验或伪静力试验）和计算机-电液伺服联机试验（又称拟动力试验或伪动力试验），这两种方法都是使用静力加载的方法对试件施加荷载，因此实质上仍为静力试验。结构抗震静力试验能够研究结构在承受地震作用时的受力及变形性能。结构抗震动力试验包括地震模拟振动台试验、强震观测、人工爆破模拟地震试验等，这些方法是对结构原型或模型施加地震激励或模拟地震激励，来观测结构或模型的响应，属于结构动力试验。

5.7.2　低周反复加载试验

低周反复加载试验是采用一定的荷载控制或变形控制对试件进行低周反复加载，使试件从弹性阶段直至破坏的一种试验，故又称"低周反复加载试验"。低周反复加载试验可获得结构或试件非线性的荷载-变形特性，故亦称"恢复力特性试验"。它是通过对结构或结构构件在正反两个方向重复加载和卸载的过程，来模拟地震时结构的往复振动。由于低周反复加载的周期远大于结构自身的基本周期，所以实质上还是用静力加载的方法近似模拟地震作用。因此，低周反复加载试验又称为伪静力试验或拟静力试验。

低周反复加载试验是目前研究结构或结构构件抗震性能时应用最广泛的方法之一。低周反复加载试验的目的如下。

① 研究结构在地震荷载作用下的恢复力特性，确定结构构件恢复力的计算模型；利用低周反复加载试验获得的滞回曲线和曲线所包围的面积求得结构的等效阻尼比，衡量结构的耗能能力。利用恢复力特性曲线还可以得到与一次加载相接近的骨架曲线、结构的初始刚度和刚度退化等重要参数。

② 通过试验可以从强度、变形和能量三个方面判别和鉴定结构的抗震性能。

③ 通过试验研究结构构件的破坏机理，为改进现行抗震设计方法、修改现行抗震设计规范提供依据。

低周反复加载试验的优点是：在试验过程中可以随时停下来观察结构的开裂和破坏状态，便于检验校核试验数据和仪器的工作情况，并可根据试验需要修改或改变加载历程。低周反复加载试验的不足之处在于：试验的加载历程是研究者预先主观确定的，与实际地震作用历程无关。另外，由于加载周期长，不能反映实际地震作用时应变速率的影响。

5.7.2.1　低周反复加载试验的设备

低周反复加载试验的设备一般包括：加载装置——双向作用加载器（千斤顶）；反力装置——反力墙或反力架、试验台座。

试验装置的设计应满足下列要求。

① 试验装置与试验加载设备应满足设计受力条件和支承方式的要求。

② 试验台、反力墙、门架、反力架等，其反力装置应具有较大的刚度、强度和整体稳定性。试验台的重量不应小于结构试件最大重量的 5 倍。试验台应能承受垂直和水平方向的力。试验台在其可能提供反力部位的刚度，应比试件大 10 倍。

5.7.2.2　低周反复加载试验的加载制度

进行低周反复加载试验必须遵循一定的加载制度，根据是否考虑结构受力的空间效应，可以分为单方向加载和双向加载两类加载制度。

（1）单方向加载制度　目前，国内外较为普遍采用的单向反复加载方案有位移控制加载、作用力控制加载以及作用力-位移的混合控制三种加载制度。

① 位移控制加载　位移控制加载是目前在结构抗震恢复力特性试验中使用最为普遍和最多的一种加载制度。这种加载制度在加载过程中以位移为控制值，以屈服位移的倍数作为加载的控制值。这里位移的概念是广义的，它可以是线位移，也可以是转角、曲率或应变等相应的参量。

当试验对象具有明确的屈服点时，一般都以屈服位移的倍数为控制值。当构件不具有明确的屈服点时（如轴力大的柱子）或干脆无屈服点时（如无筋砌体），往往由研究人员制定一个认为恰当的位移值来控制试验加载。

位移控制加载根据位移控制的幅值不同，又可分为变幅加载、等幅加载和变幅等幅混合加载三种。

位移控制的变幅加载如图 5-30(a) 所示。图中纵坐标是延性系数 μ 或位移值，横坐标为反复加载的周次。这种加载制度每加载一周后，增加位移的幅值。当对一个构件的性能不太了解，作为探索性的研究或者在确定恢复力模型的时候，多用变幅加载来研究构件的强度、变形和耗能的性能。

位移控制的等幅加载如图 5-30(b) 所示。这种加载制度在整个加载试验过程中始终按照等幅位移施加荷载，这种加载法主要用于研究构件的强度降低率和刚度退化规律。

混合加载是将变幅、等幅两种加载制度结合起来运用，如图 5-30(c) 所示。这样可以综合地研究构件的性能，其中包括等幅加载法的强度和刚度变化，以及变幅加载时，特别是大变形增长情况下强度和耗能能力的变化。采用这种加载制度时，等幅部分的循环次数应随研究对象和要求的不同而异，一般可选 3~6 次。

② 力控制加载　力控制加载制度是通过控制施加于结构或构件的作用力数值的变化来实现低周反复加载的要求。当采用电液伺服加载器按控制作用力加载时，如果对试件的实际承载能力估计过高，在试验中很容易发生失控现象，所以在实际试验中这种加载方法较少使用。

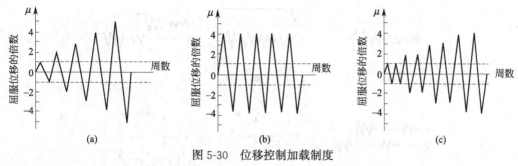

图 5-30　位移控制加载制度

（a）变幅加载；（b）等幅加载；（c）变幅等幅混合加载

③ 力-位移混合控制加载　　混合加载法是在试验中先控制作用力后控制位移的加载制度。在控制作用力加载时，由初始设定的控制力值开始加载，逐级增加控制力，经过结构开裂阶段后，一直加到试件屈服，再用位移控制加载。按位移加载时应确定一个标准位移，标准位移可以是结构或构件的屈服位移。当试件无明显屈服点时，标准位移一般由试验研究人员自行确定。在转变为控制位移加载后，可以按标准位移数值的倍数控制加载，直到结构破坏。施加反复荷载的次数应根据试验目的确定，屈服前每级荷载可反复一次，屈服以后宜反复三次。这种加载法在控制作用力加载阶段，也容易发生失控现象，因此在实际使用中应引起注意。图 5-31 为常用的一种力-位移的混合控制加载制度。

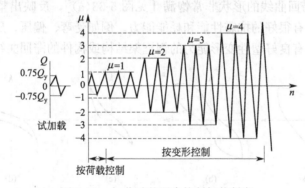

图 5-31　力-位移的混合控制加载制度

（2）双方向加载　　由于地震对结构的作用实际上是多维的作用，两个方向的相互耦合作用严重削弱结构的抗震能力，水平双向地震作用对结构的破坏作用比单向地震对结构的影响大，因此通过试验研究结构或结构构件在双向受力状态下的性能将是非常有必要的。结构构件在两方向受力时反复加载可以分为同步加载和非同步加载。

① 双向同步加载　　当用两个加载器在两个方向同时加载时，两个主轴方向的分量是同步的，其加载制度与单向受力加载的加载制度相同。

② 双向非同步加载　　双向非同步加载要用两个加载器分别在构件截面 x、y 两个主轴方向加载。由于 x、y 方向可以先后施加荷载，因而是不同步的。图 5-32 所示为常用沿 x、y 方向不同的加载制度。

5.7.2.3　低周反复加载试验的结果分析

各种结构低周反复加载试验的主要目的是研究结构在经受模拟地震作用的低周往复荷载后的力学性能和破坏机理。低周反复加载试验的结果通常由荷载-变形滞回曲线以及相关参

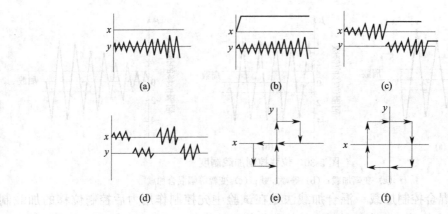

图 5-32　双向加载制度

(a) y 方向单向加载；(b) x 方向恒载，y 方向加载；(c) x、y 方向先后
加载；(d) x、y 方向交替加载；(e) x、y 方向 8 字形加载；(f) x、y 方向方形加载

数描述，它们是研究结构抗震性能的基础数据，常用于进行结构抗震性能的评定。结构抗震性能的优劣，也可以从结构的强度、刚度、延性、退化以及能量耗散等方面进行综合分析。

在低周反复加载试验中将加载一周所得到的荷载-变形曲线称为滞回曲线。滞回曲线可以归纳为以下四种基本形态。

① 梭形。说明滞回曲线的形状非常饱满 [见图 5-33(a)]，反映出整个结构或构件的塑性变形能力很强，具有很好的抗震性能和耗能能力。例如受弯、偏压、压弯以及不发生剪切破坏的弯剪构件，具有良好塑性变形能力的钢框架结构或构件的滞回曲线即呈梭形。

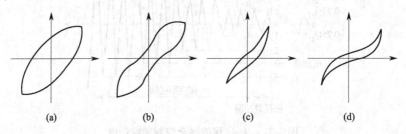

图 5-33　典型的滞回曲线

② 弓形。显示出滞回曲线受到了一定的滑移影响，具有明显的"捏缩"效应 [见图 5-33(b)]。滞回曲线的形状比较饱满，但饱满程度比梭形要低，反映出整个结构或构件的塑性变形能力比较强。例如剪跨比较大，剪力较小，并配有一定箍筋的弯剪构件和压弯剪构件等。

③ 反 S 形。反映了更多的滑移影响，滞回曲线的形状不饱满，说明该结构或构件延性和吸收地震能量的能力较差 [见图 5-33(c)]。例如一般框架、梁柱节点和剪力墙等的滞回曲线均属此类。

④ Z 形。反映出滞回曲线受到了大量的滑移影响，具有滑移性质 [见图 5-33(d)]。例如小剪跨而斜裂缝又可以充分发展的构件以及锚固钢筋有较大滑移的构件等，其滞回曲线均属此类。

在许多构件中，往往开始是梭形，然后发展到弓形、反 S 形，甚至发展到 Z 形，后三种主要取决于滑移量的大小，滑移的大小将引起滞回曲线图形性质的变化。

从滞回环的图形可以看出不同的构件具有不同的破坏机制：正截面的破坏一般是梭形曲线；剪切破坏和主筋粘结破坏由于产生"捏缩效应"而引起弓形等形式的曲线；随着主筋在混凝土中滑移量变大以及斜裂缝的张合向 Z 形曲线发展。

将荷载-变形曲线所有每次循环峰点（开始卸载点）连接起来的包络线，称为骨架曲线，如图 5-34 所示，从图中可以看出，骨架曲线的形状大体与单调加载的荷载-位移曲线相似，但极限荷载稍小一些。

骨架曲线和滞回曲线包括以下几个重要的控制指标。

（1）强度 结构强度是低周反复加载试验的一项主要指标。结构构件的骨架曲线的各阶段强度指标包括以下几种。

① 开裂荷载。试件出现水平裂缝、垂直裂缝或斜裂缝时的截面内力（M_f，N_f，Q_f）或应力值（σ_f，τ_f）。

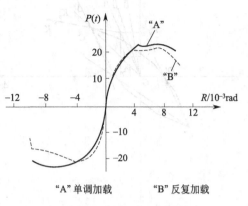

"A" 单调加载　　　"B" 反复加载

图 5-34　试件的骨架曲线

② 屈服荷载。试件刚度开始明显变化时的截面内力（M_y，N_y，Q_y）或应力值（σ_y，τ_y）。对于有明显屈服点的试件，屈服强度可由 M-Δ 曲线的拐点来确定，如图 5-35 所示。

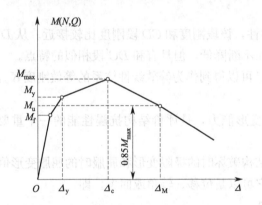

图 5-35　有明显屈服点构件的各阶段强度指标

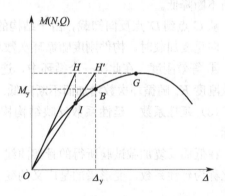

图 5-36　无明显屈服点构件的屈服强度

如果没有明显的屈服点，可采用修正"通用屈服弯矩法"如图 5-36 所示，则 M_y 和 Δ_y 的坐标就很难确定，可以采用内力-变形曲线的能量等效面积法近似确定折算屈服强度。即从曲线原点作切线 OH 与通过最大荷载点 G 的水平线相交于 H 点，过 H 作垂直线在 M-Δ 曲线上交于点 I，连接 OI 延长后与 HG 相交于 H' 点，过 H' 作垂线在 M-Δ 曲线上相交于 B 点，B 点即为假定的屈服点，由此确定 M_y 和 Δ_y。

③ 极限荷载。指试件达到最大承载能力时的截面内力（M_{max}，N_{max}，Q_{max}）或应力值（σ_{max}，τ_{max}）。

④ 破损荷载。试件经历最大承载力后，达到某一剩余承载能力时的截面内力（M_u，N_u，Q_u）或应力值（σ_u，τ_u）。可取极限荷载的 85%。

（2）刚度 从低周反复加载试验所得到的荷载-变形曲线可以看到，刚度与位移及加载

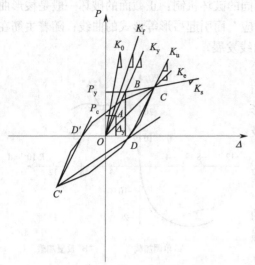

图 5-37 试件反复加载各阶段的刚度

周次都有关系，并且是个变量，常用割线刚度替代切线刚度。在非线性恢复力特性中，由于有加载、卸载、反向加载及卸载以及重复加载等情况，再加上刚度退化等，实际情况要比一次加载复杂得多，如图 5-37 所示。

① 初次加载刚度 初次加载的 P-Δ 曲线有一切线刚度 K_0，可用来计算结构的自振周期。继续加载到 A 点，结构发生开裂，开裂荷载为 P_f，连接 OA 可得到开裂刚度 K_f，继续加载到达 B 点，结构屈服，屈服荷载为 P_y，屈服刚度为 OB 线的斜率 K_y。

② 卸载刚度 从 C 点卸载达到 D 点，荷载为零有一个过程，连接 CD 可得到卸载刚度 K_u。由大量的滞回曲线变化规律发现，卸载刚度一般接近于开裂刚度或屈服刚度，它随构件受力特性和本身构造的不同而变化。

③ 反向加载、卸载刚度和重复加载刚度 从 D 点到 C' 点反向加载刚度受到许多因素的影响，如试件开裂后受压引起裂缝的闭合，钢材的包辛格效应等，并且刚度随循环次数的增加而不断降低。

从 C' 点到 D' 点反向卸载，由于结构的对称性，该段刚度和 CD 段刚度比较接近。从 D' 点正向重复加载时，构件刚度随循环次数增加而不断降低，但具有和 DC' 段相似的特点。

④ 等效刚度 在此次一个循环中，连接 OC 可以得到作为等效线性体系的等效刚度 K_e，等效刚度 K_e 随循环次数增加而不断降低。

（3）延性系数 延性系数反映结构构件的变形能力，是评价结构抗震性能的一个重要指标。

在低周反复加载试验所得的骨架曲线上，结构破坏时的极限变形和屈服时的屈服变形值之比称为延性系数，变形指的是广义的变形，它可以是位移、转角或曲率。即

$$\mu = \frac{\Delta_u}{\Delta_y} \tag{5-44}$$

式中，Δ_u 为试件的极限变形；Δ_y 为试件的屈服变形。

由于结构抗震能力是利用屈服后的塑性变形来消耗地震作用的能量，所以结构的延性越大，抗震能力就越好。

（4）耗能能力 耗能能力是指在地震作用下结构或构件吸收能量能力的大小，可由滞回曲线所包围的滞回环面积和它的形状来衡量。由滞回环的面积可以求得等效黏滞阻尼系数 h_e。

$$h_e = \frac{1}{2\pi} \frac{ABC \text{ 图形面积}}{OBD \text{ 三角形面积}} \tag{5-45}$$

等效黏滞阻尼系数是衡量结构抗震能力的一项指标。由图 5-38 可知，ABC 面积越大，则 h_e 的值就越高，结构的耗能能力也越强。

（5）退化率 退化率是反映试验结构构件抗力随反复加载次数增加而降低的指标。

① 当研究承载力退化时，用承载力降低系数表示退化率并按下式计算：

$$\lambda_i = \frac{Q_j^i}{Q_j^{i-1}} \qquad (5-46)$$

式中，Q_j^i 为位移延性系数为 j 时，第 i 次循环峰点荷载值；Q_j^{i-1} 为位移延性系数为 j 时，第 $(i-1)$ 次循环峰点荷载值。

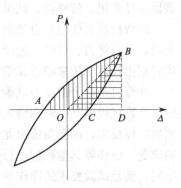

图 5-38　由滞回环面积等效黏滞阻尼系数

② 当研究刚度退化时，即在位移不变的条件下，随反复加载次数的增加而刚度降低的情况，用环线刚度表示退化率并按下式计算：

$$K_i = \frac{\sum Q_j^i}{\sum U_j^i} \qquad (5-47)$$

式中，Q_j^i 为位移延性系数为 j 时，第 i 次循环的峰点荷载值；U_j^i 为位移延性系数为 j 时，第 i 次循环的峰点位移值。

通过低周反复加载试验可以获得上述多项指标和一系列具体参数，通过对这些参数量值的对比分析，可以判断各类结构抗震性能的优劣并做出适当的评定。

5.7.3　拟动力试验

低周反复加载试验的加载历程是假定的，它与地震引起的实际反应历程差别很大。理想的加载方案是根据某一确定的地震反应制定相应的加载方案。1969 年日本学者提出了将计算机与加载作动器联机求解结构动力方程的方法，以更加真实地模拟地震对结构的作用，后来逐渐在国内外引起极大重视并得到广泛应用。这种将计算机-电液伺服联机试验的方法又称为拟动力试验方法（伪动力试验方法）。

拟动力试验利用计算机技术，由计算机监测、控制整个试验，结构的恢复力不需要事先假定，直接通过测量作用在试件上的荷载值和位移值获得，并通过计算机完成非线性地震反应微分方程的求解工作。这种方法是将利用计算机进行分析的方法和实际测定结构恢复力的方法结合起来的一种半理论半试验的非线性地震反应分析方法。

拟动力试验的基本思想源于结构动力计算的数值计算方法。对于一个离散的多自由度结构体系，其动力方程的表达式为：

$$[M]\{\ddot{x}\} + [C]\{\dot{x}\} + [K]\{x\} = -[M]\{I\}\ddot{x}_0 \qquad (5-48)$$

式中，$\{x\}$、$\{\dot{x}\}$、$\{\ddot{x}\}$ 为体系的水平位移、速度和加速度向量；$[M]$、$[C]$、$[K]$ 为体系的质量矩阵、阻尼矩阵和刚度矩阵；$\{I\}$ 为单位向量；$\ddot{x}_0$ 为地面运动加速度。

式（5-48）为二阶常微分方程组，可以直接积分法求解。常用的直接积分法有中心差分法，线性加速度法，Newmark-β 法和 Wilson-θ 法等。

拟动力试验方法不需要事先假定结构的恢复力特性，恢复力可以直接从试验对象所作用的加载器的荷载值得到。同时拟动力试验方法还可以用于分析结构弹塑性地震反应，研究目前描述结构或构件的恢复力特性模型是否正确，进一步了解难以用数学表达式描述恢复力特性的结构的地震响应。与拟静力试验和振动台试验相比，既有拟静力试验的经济方便，又具有振动台试验能够模拟地震作用的功能。

5.7.3.1　加载的设备及装置

拟动力试验主要由加载控制系统和计算机两大系统组成，包括的试验设备有电液伺服加载器、计算机、传感器、试验台架等。

加载控制系统包括电液伺服加载器及模控系统。电液伺服加载器由加载器和电液伺服阀组成，可以将力、位移、速度、加速度等物理量转换为电参量作为控制参数。模控系统根据该时刻由计算机传来的位移信号转化为电信号输出到用于加载的伺服系统。

计算机是整个拟动力试验系统的核心，加载过程的控制和试验数据的采集都由计算机完成。计算机根据某一时刻输入的地面运动加速度，以及上一时刻试验得到的恢复力计算该时刻的位移反应，加载系统由此位移量施加荷载，从而测出在该位移下的力，此外还对试验中的应变、位移等其他数据进行处理。所以计算机应具有足够的运算速度、足够的硬盘可利用空间、满足试验要求的操作平台和工作软件。

5.7.3.2　试验的方法及步骤

图 5-39 为拟动力试验的工作原理图，其流程如下：

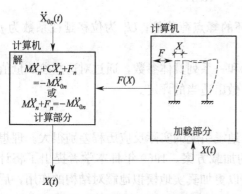

图 5-39　拟动力试验的工作原理

① 将地震波的加速度时程曲线按一定时间间隔离散化，在计算机系统中输入第 n 步地震波 X_{0n}（地震的地面运动加速度）；

② 由计算机利用直接积分法求解微分方程组，求得第 $(n+1)$ 步的指令位移值 X_{n+1}；

③ 将第 $(n+1)$ 步的指令位移 X_{n+1} 转化为电信号输入到电液伺服加载器，对结构施加与 X_{n+1} 相对应的荷载；

④ 通过荷载传感器量测结构的恢复力 F_{n+1}，由位移传感器测得结构的位移反应值 X_{n+1}；

⑤ 将 X_{n+1} 和 F_{n+1} 输入到计算机系统，重复上述步骤，求得位移 X_{n+2}，直到地震波输入完毕。

由于拟动力试验将计算机直接应用于控制结构试验加载、数据采集和分析处理，使结构试验技术得到了前所未有的发展，为结构试验的自动化创造了良好的条件。拟动力试验具有以下优点：

① 在整个数值分析过程中不需要对结构的恢复力特性进行假设；

② 由于试验加载过程接近静态，因此使试验人员有足够的时间观测结构性能的变化和结构损坏过程，获得较为详细的试验资料；

③ 可以对一些足尺模型或大比例模型进行试验；

④ 可以缓慢地再现地震的反应。

其主要缺点是：不能反映应变速率对结构的影响。

5.7.4　模拟地震振动台试验

利用振动台做地震反应的模型试验，是抗震研究的重要方法。这一方法虽然很早就被采用，但由于受振动台规模的限制，早期只能在振动台上做小模型的弹性或非弹性破坏试验。直到 20 世纪 60 年代中期国外才逐步建立了为做大比例模型试验的模拟地震振动台。我国在过去的几十年间也相继建造了多处电液伺服式的具有一定规模的地震模拟振动台。

振动台试验可以再现各种形式地震波输入后的反应和地震震害发生的过程，观测试件在相应各个阶段的力学性能，进行随机振动分析，使人们对地震破坏作用进行深入的研究。通过振动台模型试验，研究新型结构计算理论的正确性，有助于建立力学计算模型。

5.7.4.1　试验模型的基本要求

在振动台上进行模型试验，要按相似理论考虑模型的设计问题，使原型与模型保持相似，两者必须在时间、空间、物理、边界和运动条件等各方面都满足相似条件的要求，举例如下。

① 几何条件：要求原型、模型各相应部分的长度成比例。

② 物理条件：要求原型、模型的物理特性和受力引起的谱化反应相似。

③ 单值条件：要求原型、模型的边界条件和运动初始条件等相似。

事实上，要做到原型和模型完全相似是很困难的。因此，只能抓住主要因素，以便模型试验既能反映事物的真实情况，又不致太复杂太困难就可以了。

5.7.4.2　输入地震波

地震时地面运动是一个宽带的随机震动过程，一般持续时间在 15～30s，强度可达 (0.1～0.6)g，频率在 1～25Hz 左右。为了真实模拟地震时地面运动，对输入振动台的波形有一定的要求。

常见输入波有下面几种：

① 强震实际记录，在这方面国内外都已取得一些较完整记录可供试验选用；

② 按需要的地质条件或参照相近的地震记录，做出人工地震波；

③ 按规范的谱值反造人工地震波，这主要用于检验设计。

5.7.4.3　试验方法

（1）输入运动的选择　在做结构抗震试验时，振动台面的输入运动一般选为加速度，这是因为加速度输入与计算动力反应时的方程式相一致，便于对试验结构进行理论计算和分析，加速度输入时的初始条件较容易控制，现有的加速度记录仪器比较多，这也为输入运动的频谱选择提供了方便。

（2）加载过程　根据试验目的，加载过程有一次性加载和多次性加载。

一次性加载过程，一般是先进行自由振动试验，测量结构的动力特性。然后输入一个适当的地震记录，连续地记录位移、速度、加速度、应变等信号的动力反应，并观察裂缝形成和发展情况以及研究结构在弹性、非弹性及破坏阶段的各种形态等。这种试验可以模拟结构在一次强烈地震中的整个表现，但对试验对程中的量测和观察技术要求较高，破坏阶段的观测又比较危险。

多次性加载，有以几个步骤：

① 自由振动，测定结构自振动力特性；

② 给台面输入运动，使结构薄弱部位产生微裂；

③ 加大输入运动，使结构产生中等开裂；

④ 增大输入运动，使结构主要部位产生破坏；

⑤ 再增大输入运动，使结构变为机动体系，稍加荷载就会发生倒塌。

这种试验可以得到各个加载阶段的周期、阻尼、振型、刚度退化、能量吸收能力以及滞回反应等特性。

5.7.5　强震观测

地震发生时，特别是强地震发生时，以仪器为手段观测地面运动过程中工程结构的动力反应的工作称为强震观测。

强震观测能够为地震工程科学研究和抗震设计提供确切数据，并用来验证抗震理论和抗震措施是否符合实际。强震观测的基本任务如下：

① 取得地震时地面运动过程的记录，为研究地震影响场和烈度分布规律提供科学资料；

② 取得结构物在强震作用下振动过程的记录，为抗震结构的结论分析与试验研究以及设计方法提供客观的工程数据。

近二三十年来，强震观测工作发展迅速，很多国家已逐步形成强震观测台网，其中尤以美国和日本领先。例如美国洛杉矶明确规定，凡新建六层以上、面积超过 6000 平方英尺（合 5581.5m²）的建筑物必须设置强震仪 3 台。各国在仪器研制、记录处理和数据分析等方面已有很大发展。强震观测工作已成为地震工程研究中最活跃的领域之一。

我国强震观测工作是近十多年来开始发展的。在一些地震区和重要建筑物上设置了强震观测站，而且自行研制了强震加速度计。2000 年以来我国地震观测系统得到了迅速的发展，目前已建成了由国家数字地震台网、区域数字地震台网、火山数字地震台网和流动数字地震台网组成的新一代中国数字地震台网。中国地震台网中心每天汇集的数据量达到 40G，可以说我国地震台网产出的观测数据积累到了一定程度，如此大量的地震波形数据为地震监测与研究提供了丰富的原始资料，也将在推动地球科学研究方面发挥重要作用。

由于工程上习惯用加速度来计算地震反应，因此大部分强震仪都测量线加速度值（国外有少数强震观测站是测应变、应力、层间位移、土压力等物理量的）。强震不是经常发生，而且很难预测其发生时刻，所以强震仪设计了专门的触发装置，平时仪器不运转，无需专人看管，地震发生时，强震仪的触发装置便自动触发启动，仪器开始工作并将振动过程记录下来。考虑到地震时有可能中断供电，仪器一般采用蓄电池供电。在建筑物底层和上层同时布置强震仪，地震发生时底层记录到的是地面运动过程，上层记录到的是建筑物的加速度反应。

复习思考题

1. 结构动力试验有哪些基本内容？
2. 振动测量系统有哪些基本组成部分？
3. 使用惯性式拾振器时应注意什么问题？
4. 常用的动力特性试验方法有哪些？
5. 用脉动法得到的结构动力特性信号的常用分析方法有哪几种？
6. 疲劳试验中如何确定荷载的上下限值？疲劳试验的观测内容有哪些？
7. 常用的结构抗震试验方法有哪些？各有何优缺点？
8. 简述伪静力试验的设备及对试验装置的基本要求。
9. 简述伪静力试验的单向加载制度主要有哪几种及使用条件。
10. 伪静力试验的滞回曲线有哪些基本形态？各有何特点？
11. 伪静力试验所得滞回曲线和骨架曲线上评价结构抗震性能的指标有哪些？
12. 简述拟动力试验的步骤及优缺点。

第6章 土木工程结构检测

6.1 概 述

土木工程结构检测是为评定结构的工程质量或鉴定既有结构的性能等所实施的检测工作，是结构可靠性鉴定的基础工作及依据。土木工程结构检测的任务详见1.3节。

结构检测工作程序按图6-1实施，一般包括以下几方面。

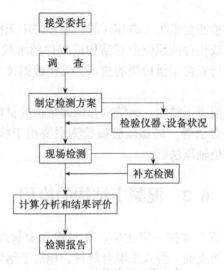

图6-1 结构检测工作程序

(1) 现场和资料调查 现场和有关资料的调查应包括：收集被检测建筑结构的设计图纸、设计变更、施工记录、施工验收和工程勘察等资料；调查被检测建筑结构现状缺陷、环境条件、使用期间的加固与维修情况、用途与荷载等变更情况；向有关人员进行调查；进一步明确委托方的检测目的和具体要求，并了解是否已进行过检测。

(2) 制定检测方案 结构检测必须在初步调查的基础上，针对每一个具体的工程制定检测计划和完备的检测方案，检测方案应征求委托方的意见，并应经过审定，其主要内容包括：概况，包括结构类型，建筑面积，总层数，设计、施工及监理单位，建造年代等；检测目的或委托一方的检测要求；检测依据，包括检测所依据的标准及有关的技术资料等；检测项目和选用的检测方法以及检测的数量；检测人员和仪器设备情况；检测工作进度计划；所需要的配合工作；检测中的安全措施和环保措施。

(3) 现场检测 结构检测的内容广泛，凡是影响结构可靠性的因素都可以成为检测的内容，从这个角度，检测内容根据其属性可以分为：几何量（如结构的几何尺寸、地基沉降、结构变形、混凝土保护层厚度、钢筋位置和数量、裂缝宽度等）、物理力学性能（如材料强度、地基的承载能力、桩的承载能力、预制板的承载能力、结构自振频率等）和化学性能（混凝土碳化、钢筋锈蚀等）。

（4）检测数据的整理与分析　检测人员通过现场检测工作获得了人工记录或计算机采集的检测数据，这些数据是数据处理所需要的原始数据，但这些原始数据往往不能直接说明试验的结果或解答试验所提出的问题。需将原始数据经过整理换算、统计分析及归纳演绎后，才能得到反映结构性能的数据。

（5）检测报告　结构工程质量的检测报告应作出所检测项目是否符合设计文件要求或相应验收规范规定的评定。既有结构性能的检测报告应给出所检测项目的评定结论，并能为结构的鉴定提供可靠的依据。检测报告应结论准确、用词规范、文字简练，对于当事方容易混淆的术语和概念可书面予以解释。检测报告至少应包括以下内容：委托单位名称；建筑工程概况，包括工程名称、结构类型、规模、施工日期及现状等；设计单位、施工单位及监理单位名称；检测原因、检测目的，以往检测情况概述；检测项目、检测方法及依据的标准；抽样方案及数量；检测日期，报告完成日期；检测数据的汇总，检测结果、检测结论；主检、审核和批准人员的签名。

一般情况下，多数结构检测要求为非破坏性的，现多采用无损检测技术，即在不破坏结构或构件的前提下，在结构或构件的原位上对结构或构件的承载力、材料强度、结构缺陷、损伤变形以及腐蚀情况等进行直接定量检测的技术。无损检测技术可以分为非破损检测和微破损检测。

非破损检测可用于检测混凝土结构、钢结构和砌体结构的材料强度和内部缺陷，如回弹法、超声波法、超声回弹综合法等；局部微破损检测主要用于检测结构或构件的材料强度等，如钻芯法、拔出法、原位轴压法等。

6.2　混凝土结构的检测

混凝土是由水泥、砂、石和水按一定比例，有时掺入少量外加剂，经搅拌、浇筑、振捣、养护等工序，凝结硬化而成的一种人工混合材料。相对于钢材等匀质材料而言，具有材料离散性大、施工质量波动大的特点。混凝土结构不仅在施工中易于出现材料强度不足、构件尺寸偏差、蜂窝麻面、孔洞、开裂、保护层厚度不足、露筋等现象，而且在使用中还常常出现各种裂缝、碳化、腐蚀、冻融、钢筋锈蚀等损伤。加之钢筋混凝土结构的钢筋品种、规格、数量及内部构造配筋不能直观获知，使得混凝土结构的检测相对于其他结构形式难度更大、更复杂。

配制混凝土所需的材料大部分为当地材料，某些地方材料粒度过细、风化严重、杂质含量较高，由这些材料配制的混凝土性能差异较大。更有甚者，在个别地方，骨料具有活性，用在混凝土中可能发生碱骨料反应。

综上所述，对混凝土结构进行鉴定，需要对该工程建造时期的技术政策及材料供应条件等做详细的了解分析，以便确定工作重点，准确找出结构物存在的问题症结，作出恰当的评定。

混凝土结构的检测可分为原材料性能、混凝土强度、混凝土构件外观质量与缺陷、尺寸与偏差、变形与损伤和钢筋配置等项工作，必要时，可进行结构构件性能的实荷检验或结构的动力测试。

6.2.1　混凝土强度检测

结构或构件混凝土抗压强度测定常用方法分为非破损法、局部微破损法和破损法三种。

　　非破损检测就是寻找既与混凝土强度有关系，又能在构件上通过非破损测量的物理量与混凝土强度之间的关系，推算出混凝土强度的测试值，并进一步推断混凝土强度的标准值。这类方法主要有回弹法、超声法、射线法，以及近年来发展起来的光纤传感法等。

　　局部微破损检测是以不显著影响结构构件承载能力为前提，直接在结构构件上进行局部小范围破坏性试验，根据试验值与混凝土强度之间的相关关系，换算出混凝土强度的测试值。也有直接从混凝土构件上取得样品，进行室内强度试验并据此推断混凝土强度的标准值。这类方法主要有钻芯法、拔出法、刻痕法、射击法等。

　　破损法有构件荷载试验法、振动破坏试验法、实物解体测定法等。此法结果真实可靠，但试验完成后构件已损坏。

　　从试验强度的可靠性来讲，取芯法优于其他各种方法，可以将这种方法看作是在建筑结构中混凝土强度的标准试验方法，各种试验方法不一致时，以取芯法为准；从代表性来讲，超声法最优；从经济性和适用性来讲，回弹法最好，除较薄的板以外，它适用于任何构件。为了准确确定混凝土的强度，实际检测中往往采用几种方法共同测试，综合确定。

6.2.1.1　回弹法

　　回弹法运用回弹仪通过测定混凝土表面的硬度以推算混凝土的强度，是混凝土结构现场检测中最常用的一种非破损检测方法。回弹法适合于龄期为 14～1000d，抗压强度为 10～60MPa，自然养护下普通混凝土的检测。不适用于表层与内部质量有明显差异或内部存在缺陷的混凝土强度检测。

　　回弹仪是 1948 年由瑞士人 E. Schmidt（史密特）发明，其构造原理如图 6-2 所示，主要由弹击杆、重锤、拉簧、压簧及读数标尺等组成。

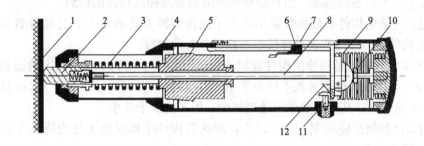

图 6-2　回弹仪构造图

1—构件表面；2—弹击杆；3—拉力弹簧；4—套筒；5—重锤；6—指针；
7—刻度尺；8—导杆；9—压力弹簧；10—调整螺丝；11—按钮；12—挂钩

　　（1）测试原理　　回弹法是根据混凝土表面硬度与抗压强度之间所存在的相关关系，通过测试混凝土表面硬度来推算混凝土的抗压强度，是各种表面硬度法中应用较好的一种方法。回弹仪是用弹簧驱动重锤，通过弹击杆弹击混凝土表面后，使混凝土表面局部发生塑性变形，一部分动能被混凝土吸收，另一部分则回传给重锤，使重锤回弹。据此，利用回弹高度可间接地反映混凝土的表面硬度，并建立与混凝土强度之间的关系，推定混凝土强度。

　　一般地，当混凝土表面的硬度低时，混凝土受弹击后的塑性变形大，吸收的能量多，相应地回传给重锤的能量就少，重锤回弹的高度亦小，标尺指示的刻度值就小；相反，混凝土表面的硬度高时，标尺指示的刻度值就大。

　　目前回弹法测定混凝土强度均采用试验归纳法，根据混凝土强度与回弹值、混凝土碳化深度之间的关系，建立回归公式，得到混凝土强度与回弹值之间的测强曲线，一般采用以下的回归表达式：

$$f_{cu}^c = AR_m^B \times 10^{Cd_m} \tag{6-1}$$

式中，f_{cu}^c 为某测区混凝土的强度换算值；R_m 为该测区平均回弹值；d_m 为该测区平均碳化深度；A、B、C 为常数项，按原材料条件等因素不同而变化。

用于混凝土强度测试的回弹仪在水平弹击时，弹击锤脱钩瞬间，回弹仪标称能量为2.207J，在洛氏硬度 HRC 为（60±2）的钢砧上的率定值应为（80±2）。数字式回弹仪应带有指针直读示值系统，数字显示的回弹值与指针直读示值相差不应超过1。回弹仪的使用环境温度应为−4～40℃。

（2）回弹法检测要求　采用回弹法测定混凝土强度应注意遵循我国现行《回弹法检测混凝土抗压强度技术规程》（JGJ/T 23—2011）的有关规定，测试时，打开按钮，弹击杆伸出筒身外，然后把弹击杆垂直顶住混凝土测试面使之徐徐压入筒身，这时筒内弹簧和重锤逐渐趋向紧张状态，当重锤碰到挂钩后即自动发射，推动弹击杆冲击混凝土表面后回弹一个高度，回弹高度在标尺上示出，按下按钮取下仪器，在标尺上读出回弹值。由于回弹法直接测试的是混凝土的表面硬度，但混凝土的表面硬度受表面平整度、碳化程度、表面含水量、试件尺寸和龄期、骨料的种类等因素的影响较大。因此，一个回弹测点值不能代表整个构件的强度，需要对构件进行分区，然后在每个测区布置一定数量的回弹测点，采用数理统计的方法进行回弹测点数据处理并进行强度推定。所以，回弹法检测应满足以下要求。

① 构件样本数量。构件混凝土强度的检测有两种方式：单个检测，适用于单个构件的检测；批量检测，适用于在相同的生产工艺条件下，混凝土强度等级相同，原材料、配合比、成型工艺、养护条件基本一致且龄期相近的同类结构或构件的检测。

按批进行检测的构件，抽检数量不得少于同批构件总数的30%，且构件数量不得少于10件。抽检构件时，应随机抽取并使所选构件具有代表性。

② 测区布置。测区是指检测构件混凝土强度时的一个检测单元。测区的面积不宜大于0.04m²；每一结构或构件测区数不应少于 10 个，对某一方向尺寸不大于 4.5m 且另一方向不大于 0.3m 的构件，其测区数量可适当减少，但不应少于 5 个。

相邻两测区的间距应控制在 2m 以内，测区离构件端部或施工缝边缘的距离不宜大于0.5m，且不宜小于 0.2m。

测区应选在使回弹仪处于水平方向检测混凝土浇筑侧面，如图 6-3 所示。当不能满足这一要求时，可使回弹仪处于非水平方向检测混凝土浇筑侧面、表面或底面。

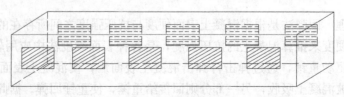

图 6-3　测区布置示意

测区宜选在构件的两个对称的可测面上，也可选在一个可测面上，且应均匀分布。在构件的重要部位及薄弱部位必须布置测区，并应避开预埋件。对弹击时产生颤动的薄壁、小型构件，应进行固定。

检测面应为混凝土表面，并应清洁、平整，不应有疏松层、浮浆、油垢、涂层以及蜂窝、麻面等，必要时可用砂轮清除疏松层和杂物，且不应有残留的粉末或碎屑。

每个测区设 16 个测点，宜均匀分布，相邻两测点的净距不宜小于 20mm，测点距外露钢筋、预埋件的距离不宜小于 30mm，测点不应设在气孔或外露石子上。

③ 回弹值测定。回弹测试时，回弹仪的轴线始终应垂直于构件混凝土的检测面，缓慢施压，当回弹仪内的重键脱钩，推动冲击杆弹击混凝土表面后，重锤回弹，回弹值显示于标尺上，准确读出数据（精确至 1）后，使回弹仪快速复位，同一测点只应弹击一次。

④ 碳化深度测量。由于混凝土碳化后生成的碳酸钙使表面硬度增大，因此回弹值测试完毕后，应在有代表性的测区上量测混凝土碳化深度值，以便考虑碳化对回弹值的修正。

混凝土碳化深度值测点数不应少于构件测区数的 30%，应取其平均值作为该构件每测区的碳化深度值。当碳化深度极差大于 2.0mm 时，应对每一测区分别测量碳化深度值。

碳化深度的测量方法，首先采用工具在测区表面进行钻孔，孔洞直径约为 15mm，其深度应大于混凝土的碳化深度。然后清除孔洞中的碎屑和粉末，不得用水冲洗，应采用浓度为 1%～2% 的酚酞酒精溶液滴在孔洞内壁的边缘处。当已碳化与未碳化界限清晰时，应采用碳化深度测量仪器测量已碳化与未碳化混凝土交界面到混凝土表面的垂直距离，并应测量 3 次，每次读数应精确至 0.25mm，取 3 次测量的平均值作为该测区混凝土的碳化深度值，并应精确至 0.5mm。

（3）数据处理

① 测区的平均回弹值。首先，计算每个测区的平均回弹值。计算时应从 16 个回弹值中剔除 3 个最大值和 3 个最小值，按剩余的 10 个值计算平均回弹值。

$$R_{\mathrm{m}} = \frac{\sum\limits_{i=1}^{10} Ri}{10} \tag{6-2}$$

式中，R_{m} 为测区平均回弹值，精确到 0.1；R_i 为第 i 个测点的回弹值。

② 回弹值的修正。如果回弹仪处于非水平方向检测混凝土浇筑侧面，应对回弹值进行角度修正。如果回弹仪处于水平方向检测非混凝土浇筑侧面（混凝土浇筑表面和底面），应对回弹值进行浇筑面修正。

处于非水平方向检测混凝土浇筑侧面，考虑到不同测试角度，回弹值应按式（6-3）修正：

$$R_{\mathrm{m}} = R_{m\alpha} + R_{a\alpha} \tag{6-3}$$

式中，$R_{m\alpha}$ 为非水平方向检测混凝土浇筑侧面测区的平均回弹值，精确到 0.1；$R_{a\alpha}$ 为非水平方向检测混凝土浇筑侧面测区时回弹值的修正值，按表 6-1 取值。表中测试角度 α 的正负的规定如图 6-4 所示。

如果回弹仪处于水平方向检测混凝土浇筑表面和底面时，测区的平均回弹值应分别按式（6-4）、式（6-5）进行修正：

$$R_{\mathrm{m}} = R_{\mathrm{m}}^{\mathrm{b}} + R_{\mathrm{a}}^{\mathrm{b}} \tag{6-4}$$

$$R_{\mathrm{m}} = R_{\mathrm{m}}^{\mathrm{t}} + R_{\mathrm{a}}^{\mathrm{t}} \tag{6-5}$$

式中，$R_{\mathrm{m}}^{\mathrm{t}}$、$R_{\mathrm{m}}^{\mathrm{b}}$ 为水平方向检测混凝土浇筑表面、底面时，测区的平均回弹值，精确到 0.1；$R_{\mathrm{a}}^{\mathrm{t}}$、$R_{\mathrm{a}}^{\mathrm{b}}$ 为混凝土浇筑表面、底面回弹值的修正值，按表 6-2 取值。

当回弹仪为非水平方向且测试面为混凝土的非浇筑侧面时，应先对回弹值进行角度修正，并应对修正后的回弹值进行浇筑面修正。

③ 平均碳化深度值的计算　每一测区的平均碳化深度值按下式计算：

$$d_\mathrm{m} = \frac{\sum\limits_{i=1}^{n} d_i}{n} \tag{6-6}$$

式中，d_m 为测区的平均碳化深度，mm，计算至 0.1mm；d_i 为第 i 次测量的碳化深度值，mm；n 为测区碳化深度测量次数。

当 $d_\mathrm{m} < 0.5$mm 时，按无碳化进行处理，即 $d_\mathrm{m} = 0.5$mm；如果 $d_\mathrm{m} > 6$mm 时，则按 $d_\mathrm{m} = 6$mm 计算。

（4）混凝土强度推定　结构或构件第 i 个测区混凝土强度换算值 $f^c_{\mathrm{cu},i}$，可根据平均回弹值（R_m）及平均碳化深度（d_m），按《回弹法检测混凝土抗压强度技术规程》（JGJ/T 23—2011）附录 A（非泵送混凝土）、附录 B（泵送混凝土）查表或按内插法计算得出。当有地区或专用测强曲线时，混凝土强度的换算值宜按地区测强曲线或专用测强曲线计算或者换算得出。当混凝土强度换算值低于 10MPa，记为 $f^c_{\mathrm{cu},i} < 10$MPa；当混凝土强度换算值高于 60MPa，记为 $f^c_{\mathrm{cu},i} > 60$MPa。

① 结构或构件的测区混凝土强度平均值可根据各测区的混凝土强度换算值 $f^c_{\mathrm{cu},i}$ 计算。当测区数为 10 个以上时，应计算强度标准差。结构或构件混凝土的测区强度平均值及标准差按下式计算：

$$m_{f^c_\mathrm{cu}} = \frac{\sum\limits_{i=1}^{n} f^c_{\mathrm{cu},i}}{n} \tag{6-7}$$

表 6-1　非水平方向检测时的回弹值修正值

$R_{m\alpha}$	检测角度							
	α 向上				α 向下			
	90°	60°	45°	30°	−30°	−45°	−60°	−90°
20	−6.0	−5.0	−4.0	−3.0	+2.5	+3.0	+3.5	+4.0
21	−5.9	−4.9	−4.0	−3.0	+2.5	+3.0	+3.5	+4.0
22	−5.8	−4.8	−3.9	−2.9	+2.4	+2.9	+3.4	+3.9
23	−5.7	−4.7	−3.9	−2.9	+2.4	+2.9	+3.4	+3.9
24	−5.6	−4.6	−3.8	−2.8	+2.3	+2.8	+3.3	+3.8
25	−5.5	−4.5	−3.8	−2.8	+2.3	+2.8	+3.3	+3.8
26	−5.4	−4.4	−3.7	−2.7	+2.2	+2.7	+3.2	+3.7
27	−5.3	−4.3	−3.7	−2.7	+2.2	+2.7	+3.2	+3.7
28	−5.2	−4.2	−3.6	−2.6	+2.1	+2.6	+3.1	+3.6
29	−5.1	−4.1	−3.6	−2.6	+2.1	+2.6	+3.1	+3.6
30	−5.0	−4.0	−3.5	−2.5	+2.0	+2.5	+3.0	+3.5
31	−4.9	−4.0	−3.5	−2.5	+2.0	+2.5	+3.0	+3.5
32	−4.8	−3.9	−3.4	−2.4	+1.9	+2.4	+2.9	+3.4
33	−4.7	−3.9	−3.4	−2.4	+1.9	+2.4	+2.9	+3.4
34	−4.6	−3.8	−3.3	−2.3	+1.8	+2.3	+2.8	+3.3
35	−4.5	−3.8	−3.3	−2.3	+1.8	+2.3	+2.8	+3.3
36	−4.4	−3.7	−3.2	−2.2	+1.7	+2.2	+2.7	+3.2
37	−4.3	−3.7	−3.2	−2.2	+1.7	+2.2	+2.7	+3.2
38	−4.2	−3.6	−3.1	−2.1	+1.6	+2.1	+2.6	+3.1
39	−4.1	−3.6	−3.1	−2.1	+1.6	+2.1	+2.6	+3.1
40	−4.0	−3.5	−3.0	−2.0	+1.5	+2.0	+2.5	+3.0

续表

$R_{m\alpha}$	检 测 角 度							
	α 向上				α 向下			
	90°	60°	45°	30°	−30°	−45°	−60°	−90°
41	−4.0	−3.5	−3.0	−2.0	+1.5	+2.0	+2.5	+3.0
42	−3.9	−3.4	−2.9	−1.9	+1.4	+1.9	+2.4	+2.9
43	−3.9	−3.4	−2.9	−1.9	+1.4	+1.9	+2.4	+2.9
44	−3.8	−3.3	−2.8	−1.8	+1.3	+1.8	+2.3	+2.8
45	−3.8	−3.3	−2.8	−1.8	+1.3	+1.8	+2.3	+2.8
46	−3.7	−3.2	−2.7	−1.7	+1.2	+1.7	+2.2	+2.7
47	−3.7	−3.2	−2.7	−1.7	+1.2	+1.7	+2.2	+2.7
48	−3.6	−3.1	−2.6	−1.6	+1.1	+1.6	+2.1	+2.6
49	−3.6	−3.1	−2.6	−1.6	+1.1	+1.6	+2.1	+2.6
50	−3.5	−3.0	−2.5	−1.5	+1.0	+1.5	+2.0	+2.5

注：1. $R_{m\alpha}$ 小于 20 或大于 50，分别按 20 或 50 查表。

2. 表中未列入的相应于 $R_{m\alpha}$ 的修正值 $R_{m\alpha}$，可用内插法求得，精确到 0.1。

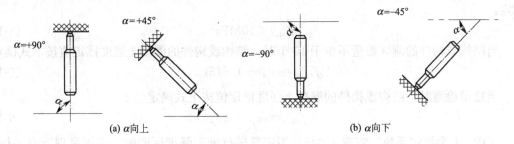

(a) α 向上　　　　　　　　　　(b) α 向下

图 6-4　回弹仪非水平方向测试角度取值

表 6-2　不同浇筑面的回弹修正值

R_m^t 或 R_m^b	表面修正值(R_a^t)	底面修正值(R_a^b)	R_m^t 或 R_m^b	表面修正值(R_a^t)	底面修正值(R_a^b)
20	+2.5	−3.0	36	+0.9	−1.4
21	+2.4	−2.9	37	+0.8	−1.3
22	+2.3	−2.8	38	+0.7	−1.2
23	+2.2	−2.7	39	+0.6	−1.1
24	+2.1	−2.6	40	+0.5	−1.0
25	+2.0	−2.5	41	+0.4	−0.9
26	+1.9	−2.4	42	+0.3	−0.8
27	+1.8	−2.3	43	+0.2	−0.7
28	+1.7	−2.2	44	+0.1	−0.6
29	+1.6	−2.1	45	0	−0.5
30	+1.5	−2.0	46	0	−0.4
31	+1.4	−1.9	47	0	−0.3
32	+1.3	−1.8	48	0	−0.2
33	+1.2	−1.7	49	0	−0.1
34	+1.1	−1.6	50	0	0
35	+1.0	−1.5			

注：1. R_m^t 或 R_m^b 小于 20 或大于 50 时，分别按 20 或 50 查表。

2. 表中有关混凝土浇筑表面的修正系数，是指一般原浆抹面的修正值。

3. 表中有关混凝土浇筑底面的修正系数，是指构件底面与侧面采用同一类模板在正常浇筑情况下的修正值。

4. 表中未列入相应于 R_m^t 或 R_m^b 的 R_a^t 和 R_a^b，可用内插法求得，精确至 0.1。

$$s_{f_{cu}^c} = \sqrt{\frac{\sum_{i=1}^{n} (f_{cu,i}^c)^2 - n (m_{f_{cu}^c})^2}{n-1}} \tag{6-8}$$

式中，$m_{f_{cu}^c}$ 为结构或构件测区混凝土强度换算值的平均值，精确至 0.1MPa；n 为对于单个检测的构件，取该构件的测区数，对于批量检测的构件，取所有被检测构件测区数之和；$s_{f_{cu}^c}$ 为结构或构件测区混凝土强度换算值的标准差，精确至 0.01MPa。

② 构件的现龄期混凝土强度推定值 $f_{cu,e}$ 是指相应于强度换算值总体分布中保证率不低于 95% 的结构或构件的混凝土抗压强度值。构件混凝土强度推定值 $f_{cu,e}$ 应按下列方法进行确定：

当该结构或构件的测区数量少于 10 个时，以构件中最小的混凝土测区强度换算值作为该构件的混凝土强度推定值。即按下式确定：

$$f_{cu,e} = f_{cu,min}^c \tag{6-9}$$

式中，$f_{cu,min}^c$ 为构件中最小的测区混凝土抗压强度换算值。

当构件的测区强度值中出现小于 10 MPa 时，结构或构件的混凝土强度推定值按下式确定：

$$f_{cu,e} < 10MPa \tag{6-10}$$

当结构或构件的测区数量不少于 10 个时，结构或构件的混凝土强度推定值按下式确定：

$$f_{cu,e} = m_{f_{cu}^c} - 1.645 s_{f_{cu}^c} \tag{6-11}$$

当批量检测时，结构或构件的混凝土强度推定值按下式确定：

$$f_{cu,e} = m_{f_{cu}^c} - k s_{f_{cu}^c} \tag{6-12}$$

式中，k 为推定系数，宜取 1.645。当需要进行推定强度区间时，按国家现行有关标准的规定取值。

对于按批量检测的构件，当该批构件混凝土强度平均值 $m_{f_{cu}^c}$ 小于 25MPa，且标准差 $s_{f_{cu}^c}$ 大于 4.5MPa 或者该批构件混凝土强度平均值 $m_{f_{cu}^c}$ 在 25～60MPa，且标准差 $s_{f_{cu}^c}$ 大于 5.5MPa，则该批构件应全部按单个构件检测。

（5）混凝土强度的钻芯修正　当检测条件与测强曲线的适用条件有较大差异时，可采用在构件上钻取混凝土芯样或者试块对测区混凝土强度换算值进行修正，但试件或钻取芯样数量不应少于 6 个，芯样公称直径宜为 100mm，高径比应为 1。芯样应在测区钻取，每个芯样只加工成一个试件。采用同条件试块修正时，试块数量不应少于 6 个，试块边长应为 150mm。计算时，测区混凝土强度修正量及测区混凝土强度换算值的修正应根据芯样或试块分别计算。

① 测区混凝土强度修正量。采用芯样修正，按下列公式计算：

$$\Delta_{tot} = f_{cor,m} - f_{cu,m0}^c \tag{6-13}$$

$$f_{cor,m} = \frac{1}{n} \sum_{i=1}^{n} f_{cor,i} \tag{6-14}$$

采用试块修正，按下列公式计算：

$$\Delta_{tot} = f_{cu,m} - f_{cu,m0}^c \tag{6-15}$$

$$f_{cu,m} = \frac{1}{n} \sum_{i=1}^{n} f_{cu,i} \tag{6-16}$$

式中，Δ_{tot}为测区混凝土强度修正量，MPa，精确至 0.1MPa；$f_{cor,m}$为芯样试件混凝土强度平均值，MPa，精确至 0.1MPa；$f_{cu,m}$为 150mm 条件立方体试块混凝土强度平均值，MPa，精确至 0.1MPa；$f^{c}_{cu,m0}$为对应于钻芯部位或同条件立方体试块回弹测区混凝土强度换算值的平均值，MPa，精确至 0.1MPa；$f^{c}_{cu,m0}=\dfrac{1}{n}\sum\limits_{i=1}^{n}f^{c}_{cu,i}$，其中 $f^{c}_{cu,i}$ 为对应于第 i 个芯样部位或同条件立方体试块测区回弹值和碳化深度值的混凝土强度换算值；$f_{cor,i}$ 为第 i 个混凝土芯样试件的抗压强度；$f_{cu,i}$ 为第 i 个混凝土立方体试块的抗压强度；n 为芯样或试块的数量。

② 测区混凝土强度换算值的修正

$$f_{cu,i1}=f^{c}_{cu,i0}+\Delta_{tot} \tag{6-17}$$

式中，$f^{c}_{cu,i0}$ 为第 i 个测区修正前的混凝土强度换算值，MPa，精确至 0.1MPa；$f^{c}_{cu,i1}$ 为第 i 个测区修正后的混凝土强度换算值，MPa，精确至 0.1MPa。

6.2.1.2 超声法

超声法是利用混凝土抗压强度与超声波在混凝土中的传播参数（声速、衰减等）之间的相关关系检测混凝土强度的一种非破损检测方法。

(1) 超声法基本原理　超声波法实质上是超声检测仪的高频电振荡激励仪器换能器中的压电晶体，由压电效应产生的机械振动发出的超声波，使之在混凝土传播，其传播速度与混凝土物理参数有关。超声波检测系统主要包括超声波的发生、传递、接收、放大、时间测量和波形显示部分，其检测系统示意图如图 6-5 所示。

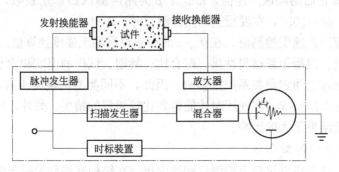

图 6-5　混凝土超声波检测系统

混凝土强度愈高，相应超声波波速愈大，经过大量的试验研究及归纳，其相关性可用非线性数学模型来描述，即通过试验建立混凝土强度与声速的关系曲线（f^{c}_{cu}-v 曲线）或经验公式。目前，常采用的相关关系表达式有指数函数、幂函数和抛物线函数等。具体如下。

指数函数：

$$f^{c}_{cu}=Ae^{Bv} \tag{6-18}$$

幂函数：

$$f^{c}_{cu}=Av^{B} \tag{6-19}$$

抛物线函数：

$$f^{c}_{cu}=Av^{2}+Bv+C \tag{6-20}$$

式中，f^{c}_{cu} 为混凝土强度换算值；v 为超声波在混凝土中的传播速度；A、B、C 为常数项。

(2) 超声法检测要求

① 测区布置。测区应布置在混凝土浇筑侧面，一般情况下，测区面积宜为 200mm×200mm；测区的间距不宜大于 2m；测试表面应清洁平整、干燥，无缺陷和无装饰面层；测区宜避开钢筋密集区和预埋铁件。

② 测区数量。当单个检测时，测区数不少于 10 个。如果对同批构件按抽样检测，抽样数应不少于同批构件的 30%，且不少于 10 件，每个构件测区数不少于 10 个。对于长度不超过 2m 的构件，其测区数量可适当减少，但不应少于 3 个。

③ 超声检测。每个测区内应在相对测试面上布置 3 个测点，相对面上对应的发射和接收换能器应在同一轴线上，使每对测点的测距最短，测试时必须保持换能器与被测混凝土表面有良好的耦合（如采用黄油、凡士林、石膏浆等），以减少声能的反射损耗。

（3）超声法数据处理及强度推定　测区声波传播速度按下式计算：

$$v_i = \frac{l}{t_{mi}} \tag{6-21}$$

$$t_{mi} = \frac{t_1 + t_2 + t_3}{3} \tag{6-22}$$

式中，v_i 为第 i 测区声速值，km/s；l 为超声测距，mm；t_{mi} 为第 i 测区平均声时值，μs；t_1、t_2、t_3 为分别为测区中 3 个测点的声时值。

当在混凝土试件的浇筑顶面或底面测试时，声速值应按下式进行修正：

$$v_u = \beta v \tag{6-23}$$

式中，v_u 为修正后的测区声速值，km/s；β 为超声测试面修正系数，在混凝土浇灌顶面及底面测试时，$\beta = 1.034$，在混凝土的侧面测试时，$\beta = 1.0$。

根据各测区超声波速度检测值，在 f_{cu}^c-v 曲线求得混凝土强度换算值。

值得注意的是：混凝土原材料性质、配合比、龄期、试件的温度和含水率等因素均会对混凝土的强度和波速之间定量关系产生影响。因此，不同类型的混凝土有着不同的 f_{cu}^c-v 曲线，只有建立各种专门曲线，在使用时才能得到比较满意的精度。另外，操作者的技术水平和经验均会对测量结果很大的影响。

6.2.1.3　超声回弹综合法

超声回弹综合法是指采用超声检测仪和回弹仪，在结构或构件混凝土的同一测区分别测量超声声时和回弹值，再利用已建立的测强公式或测强关系，推算该测区混凝土强度的一种非破损检测方法。与单一的回弹法或超声法相比，超声回弹综合法具有以下优点。① 采用超声回弹综合法检测混凝土强度，能对混凝土的某些物理参量在采用超声法或回弹法单一测量时产生的影响得到相互补偿。如减少混凝土龄期和含水率的影响。混凝土含水率高，超声速度偏高，回弹值偏低；混凝土龄期长而其含水量相应降低，超声速度的增长率会下降，回弹值因混凝土碳化深度增大而偏高。因此，两者结合的综合法可以减少混凝土龄期和含水率的影响。② 回弹法通过混凝土表面的硬度和弹性反映混凝土强度，只能确切反映混凝土表层 3cm 左右厚度的状态。另外，回弹法测试低强度混凝土时，由于弹击可能对混凝土产生较大的塑性变形，影响测试结果。超声波通过整个截面弹性反映混凝土的强度，当混凝土强度增大到一定程度后，超声波声速的传播速度会下降。因此，超声法对高强的混凝土不敏感。当采用超声和回弹综合法时，可相互弥补不足，内外结合，较全面地反映混凝土的质量。

（1）超声回弹综合法基本原理　超声回弹综合检测时，结构或构件上每一测区的混凝土强度是根据该区实测的超声波声速 v 及回弹平均值 R_m，按事先建立的 $f_{cu}^c\text{-}v\text{-}R_m$ 关系曲线推定，其中曲面型方程比较符合三者之间的关系，误差小，其公式如下：

$$f_{cu}^c = av^bR_m^c \tag{6-24}$$

式中，f_{cu}^c 为混凝土强度换算值；v 为超声波在混凝土中的传播速度；R_m 为测区平均回弹值；a、b、c 为分别为常数项，可用最小二乘法确定。

（2）超声回弹综合法检测要求　超声回弹综合法检测混凝土强度技术，应严格遵照《超声回弹综合法检测混凝土强度技术规程》（CECS 02—2005）的要求进行。该方法一般适用于自然养护、龄期 7～2000d、混凝土强度 10～70MPa 的人工或一般机械搅拌的混凝土或泵送混凝土抗压强度的检测。

① 测点布置。超声回弹综合法要求超声和回弹的测点布置在同一测区，但二者的测点不宜重叠，测点布置如图 6-6 所示。结构或构件的每一测区内，宜先进行回弹测试，然后进行超声测试。

② 超声回弹法检测。回弹值的量测计算与本章回弹法所述的规定相同，但不需测量混凝土的碳化深度。超声波传播速度量测计算与本章超声法所述的规定相同。

（3）超声回弹综合法数据处理及混凝土强度推定　只有同一个测区内所测得的回弹值和声速值才能作为推算该测区混凝土强度的综合参数，不同测区的测量值不能混用。

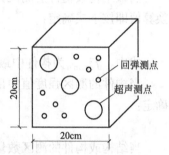

图 6-6　测点布置示意

① 结构或构件第 i 个测区的混凝土强度换算值 $f_{cu,i}^c$ 应按检测修正后的回弹值 R_a 和修正后的声速值 v_a，优先采用专用或地区测强曲线推定。当无该类测强曲线时，经验证后也可按《超声回弹综合法检测混凝土强度技术规程》（CECS 02—2005）附录 C 的测区混凝土抗压强度换算表确定或按下式确定。

粗骨料为卵石时：

$$f_{cu,i}^c = 0.0056\,(v_{ai})^{1.439}(R_{ai})^{1.769} \tag{6-25}$$

粗骨料为碎石时：

$$f_{cu,i}^c = 0.0162\,(v_{ai})^{1.656}(R_{ai})^{1.410} \tag{6-26}$$

式中，$f_{cu,i}^c$ 为第 i 个测区混凝土强度换算值，精确至 0.1MPa；v_{ai} 为第 i 个测区修正后的超声波声速值，精确至 0.01km/s；R_{ai} 为第 i 个测区修正后的回弹值，精确至 0.1。

需要注意的是：测强换算表及上述公式仅适用于龄期为 7～2000d，超过此龄期时，应采用钻取芯样进行修正。

② 当结构或构件所采用的材料及其龄期与制定测强曲线所采用的材料及其龄期有较大差异时，应采用同条件立方体试件或从结构或构件测区中钻取混凝土芯样试件的抗压强度进行修正。钻取芯样时，每个部位应钻取一个芯样，试件数量不应少于 4 个。计算时，测区混凝土强度换算值乘以修正系数。修正系数的计算公式见下式。

同条件立方体试件修正：

$$\eta = \frac{1}{n}\sum_{i=1}^{n}\frac{f_{cu,i}^0}{f_{cu,i}^c} \tag{6-27}$$

芯样试件修正：

$$\eta = \frac{1}{n}\sum_{i=1}^{n}\frac{f_{cor,i}^{0}}{f_{cu,i}^{c}} \tag{6-28}$$

式中，η 为修正系数，精确至 0.01；$f_{cu,i}^{0}$ 为第 i 个立方体（边长为 150mm）试件的混凝土抗压强度实测值，精确至 0.01MPa；$f_{cor,i}^{0}$ 为第 i 个芯样（ϕ100mm×100mm）试件的混凝土抗压强度实测值，精确至 0.01MPa；$f_{cu,i}^{c}$ 为对应于第 i 个立方体试件或芯样的混凝土强度换算值，精确至 0.1 MPa；n 为试件数。

③ 混凝土强度推定值 $f_{cu,e}$。根据测区混凝土强度换算值 $f_{cu,i}^{c}$，可以得到混凝土强度推定值 $f_{cu,e}$（指相应于强度换算值总体分布中保证率不低于 95％的结构或构件的混凝土抗压强度值）。具体方法如下（同回弹法）。

当该结构或构件的测区数量少于 10 个时，以结构或构件中最小的测区混凝土抗压强度换算值即按下式确定：

$$f_{cu,e} = f_{cu,min}^{c} \tag{6-29}$$

式中，$f_{cu,min}^{c}$ 为构件中最小的测区混凝土抗压强度换算值，精确至 0.1MPa。

当构件的测区强度值中出现小于 10 MPa 时，结构或构件的混凝土强度推定值按下式确定：

$$f_{cu,e} < 10MPa \tag{6-30}$$

当结构或构件的测区数量不少于 10 个时，结构或构件的混凝土强度推定值按下式确定：

$$f_{cu,e} = m_{f_{cu}^{c}} - 1.645 s_{f_{cu}^{c}} \tag{6-31}$$

$$m_{f_{cu}^{c}} = \frac{\sum_{i=1}^{n}f_{cu,i}^{c}}{n} \tag{6-32}$$

$$s_{f_{cu}^{c}} = \sqrt{\frac{\sum_{i=1}^{n}(f_{cu,i}^{c})^{2} - n(m_{f_{cu}^{c}})^{2}}{n-1}} \tag{6-33}$$

式中，$m_{f_{cu}^{c}}$ 为结构或构件测区混凝土强度换算值的平均值，精确至 0.1MPa；n 为对于单个检测的构件，取该构件的测区数，对于批量检测的构件，取所有被检测构件测区数之和；$s_{f_{cu}^{c}}$ 为结构或构件测区混凝土强度换算值的标准差，精确至 0.01MPa。

对按批量检测的构件，当一批构件的混凝土抗压强度标准差出现下列情况之一时，该批构件应全部按单个构件进行检测。

a. 一批构件的混凝土抗压强度平均值 $m_{f_{cu}^{c}}$ 小于 25.0MPa，且标准差 $s_{f_{cu}^{c}}$ 大于 4.50MPa；

b. 一批构件的混凝土强度平均值 $m_{f_{cu}^{c}}$ 在 25.0～50.0MPa，且标准差 $s_{f_{cu}^{c}}$ 大于 5.50MPa；

c. 一批构件的混凝土强度平均值 $m_{f_{cu}^{c}}$ 大于 50.0MPa，且标准差 $s_{f_{cu}^{c}}$ 大于 6.50MPa。

6.2.1.4 钻芯法

（1）基本原理 钻芯法是用钻芯取样机在混凝土结构具有代表性的部位钻取圆柱状的混凝土芯样，并经切割、磨平加工后在试验机上进行压力试验，根据压力试验结果计算混凝土芯样的强度，并推测结构构件中混凝土强度，是一种微破损检测方法。

由于钻芯法直接从构件上钻取的芯样比混凝土预留试块更能反映构件混凝土的质量，还可以由芯样及钻孔直接观察混凝土内部施工质量及其他情况。所以，钻芯法的检测精度明显高于无损检测和其他半破损检测方法的精度。当采用回弹法、拉拔法等测试既有结构的混凝土强度时，一般需用芯样强度进行修正。由于钻芯法对构件有一定损伤，不宜大范围使用。取样后应及时对钻芯留下的空洞进行修补，以保证结构或构件正常工作。对于预应力混凝土结构，考虑结构的安全问题，一般应避免进行芯样的钻取。钻芯法主要包括芯样钻取、芯样加工、芯样试验和强度推定四个方面。

（2）钻芯法检验要求

① 钻芯法的主要设备。钻取芯样采用专用电动钻芯机（见图 6-7），钻头为金刚石或人造金刚石薄壁空心钻头。钻头胎体不得有肉眼可见的裂缝、缺边、少角、倾斜及喇叭口变形。钻头胎体对钢体的同心偏差不得大于 0.3mm，钻头的径向跳动不大于 1.5mm。并应有水冷却系统，钻芯时用于冷却钻头和排除混凝土碎屑的冷却水的流量，宜为 3～5L/min，出口水温不宜超过 30℃。

② 芯样位置选择。钻取芯样应在结构或构件受力较小和混凝土强度质量具有代表性的部位，应避开主筋、预埋件和管线的位置，并尽量避开其他钢筋，同时要便于钻芯机的安放与操作。用钻芯法与其他非破损方法综合测定混凝土强度时，芯样应与非破损法取自同一测区。

③ 芯样数量。单个构件检测时，每个构件的钻芯数量不应少于 3 个；对构件的局部区域进行检测时，取芯位置和数量可由已知质量薄弱部位的大小决定，检测结果仅代表取芯位置处的混凝土质量，不能据此对整个构件及结构的混凝土强度作出总体评价。采用钻芯法修正回弹检测结果时，可按《回弹法检测混凝土抗压强度技术规程》（JGJ/T 23—2011）规定，芯样的数量一般不少于 6 个。对于采用钻芯法确定检验批的混凝土强度推定值时，芯样试件的数量应根据检验批的容量确定。标准芯样试件的最小样本量不宜少于 15 个，小直径芯样试件的最小样本量应适当增加。

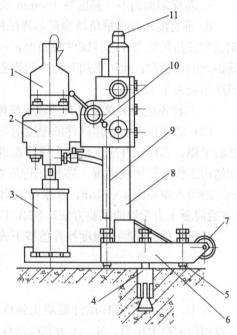

图 6-7　混凝土钻孔取芯机示意图
1—电动机；2—变速箱；3—钻头；4—膨胀螺栓；
5—支承螺丝；6—底座；7—行走轮；8—立柱；
9—升降齿条；10—进钻手柄；11—堵盖

④ 芯样要求。芯样宜使用直径为 100mm 的标准芯样试件，其公称直径不宜小于骨料最大粒径的 3 倍，在一定的条件下，也可采用公称直径 70mm 的小直径芯样试件，但其公称直径不得小于骨料最大粒径的 2 倍。芯样试件内不得有与芯样轴线平行的纵向钢筋，以免影响芯样强度。如果芯样内有钢筋时，芯样内的钢筋应与芯样试件的轴线基本垂直并离开端面 10mm 以上，对于标准芯样试件，每个试件内最多只允许有两根直径小于 10mm 的钢筋；对于公称直径小于 100mm 的芯样试件，每个试件内最多只允许有一根直径小于 10mm 的钢筋。

⑤ 芯样加工。芯样端面不平整会导致应力集中和实测强度偏低，故必须保证芯样端面平整度和垂直度。因此，必须对芯样端面进行加工。一般情况下，宜采取在磨平机上磨平端面的处理方法。承受轴向压力芯样试件端面，也可用环氧树脂和聚合物水泥砂浆补平，对于抗压强度低于 40MPa 的混凝土芯样试件，也可采用水泥砂浆、水泥净浆或聚合物水泥砂浆

补平。芯样试件的高度与直径之比宜为 1.00。

经加工后的芯样试件，芯样尺寸和外观质量应满足以下要求。

a. 采用游标卡尺在芯样试件中部相互垂直的两个位置上测量平均直径，取测量的算术平均值作为芯样试件的直径，精确至 0.5mm；芯样试件高度用钢卷尺或钢板尺进行测量，精确至 1mm。通过测量值计算芯样试件实际高径比，其值应在 0.95～1.05。

b. 沿芯样高度任一直径与平均直径相差不应大于 2mm。

c. 芯样端面的不平整度在 100mm 长度范围内不超过 0.1mm。

d. 垂直度用游标量角器测量芯样试件两个端面与母线的夹角，精确至 0.10；平整度用钢板尺或角尺紧靠在芯样试件端面上，一面转动钢板尺，一面用塞尺测量钢板尺与芯样试件端面之间的缝隙；也可采用其他专用设备量测。通过量测值计算得到的芯样端面与轴线的垂直度不应大于 10。

e. 芯样不应有裂纹或有其他较大缺陷。

（3）芯样试验　芯样试件的湿度应与被检测结构构件的湿度基本一致。如结构工作条件比较干燥，芯样试件应以自然干燥状态进行试验，受压前芯样试件应在室内自然干燥 3 天；如结构工作条件比较潮湿，芯样试件应在潮湿状态进行试验，试验前芯样试件应在（20±5）℃的清水中浸泡 40～48h，从水中取出后应立即进行试验。抗压试验应遵守现行国家标准《普通混凝土力学性能试验方法》（GB/T 50081—2002）的规定。

芯样试件的混凝土强度换算值按下式计算：

$$f_{cu,cor} = \frac{F_c}{A} \tag{6-34}$$

式中，$f_{cu,cor}$ 为芯样试件混凝土强度换算值，精确到 0.01MPa；F_c 为芯样试件的抗压试验测得的最大压力，N；A 为芯样试件抗压截面面积，mm^2。

（4）强度推定　由于抽样检测必然存在着抽样不确定性，给出确定的推定值与检测批混凝土强度值的真值之间存在偏差，因此给出一个推定区间更为合理。推定区间是对检测批混凝土强度真值的估计区间。

① 检验批混凝土强度的推定值应根据样本的统计参数（平均值、标准差等）计算推定区间，推定区间的上限值和下限值分别按式（6-37）、式（6-38）计算。

平均值：

$$f_{cu,cor,m} = \frac{\sum_{i=1}^{n} f_{cu,cor,i}}{n} \tag{6-35}$$

标准差：

$$s_{cor} = \sqrt{\frac{\sum_{i=1}^{n}(f_{cu,cor,i} - f_{cu,cor,m})^2}{n-1}} \tag{6-36}$$

强度推定区间上限值：

$$f_{cu,e1} = f_{cu,cor,m} - k_1 s_{cor} \tag{6-37}$$

强度推定区间下限值：

$$f_{cu,e2} = f_{cu,cor,m} - k_2 s_{cor} \tag{6-38}$$

式中，$f_{cu,cor,m}$ 为芯样试件的混凝土抗压强度平均值，MPa，精确至 0.1MPa；$f_{cu,cor,i}$ 为单个芯样试件的混凝土抗压强度值，MPa，精确至 0.1MPa；$f_{cu,e1}$ 为混凝土抗压强度上限值，MPa，精确至 0.1MPa；$f_{cu,e2}$ 为混凝土抗压强度下限值，MPa，精确至 0.1MPa；k_1、k_2 为推定区间上限值系数和下限值系数，按《钻芯法检测混凝土强度技术规程》(CECS 03—2007) 附录 B 查得；s_{cor} 为芯样试件强度样本的标准差，MPa，精确至 0.1 MPa。

一般情况下，宜以 $f_{cu,e1}$ 作为检验批混凝土强度的推定值。$f_{cu,e1}$ 和 $f_{cu,e2}$ 所构成推定区间的置信度（被测试量的真值落在某一区间的概率）宜为 0.85，$f_{cu,e1}$ 与 $f_{cu,e2}$ 之间的差值不宜大于 5.0MPa 和 $0.10f_{cu,cor,m}$ 两者的较大值。

② 钻芯确定单个构件的混凝土强度推定值时，有效芯样试件的数量不应少于 3 个；对于较小构件，有效芯样试件的数量不得少于 2 个。单个构件的混凝土强度推定值不再进行数据的舍弃，而应按有效芯样试件混凝土抗压强度值中的最小值确定。

钻芯法检测混凝土强度比其他测强方法可靠性大，主要问题是取样繁琐步骤多，构件配筋多时取样更加困难，往往需借助于测量钢筋位置的仪器才能找到合适的取样位置。使用多年的结构中的混凝土一般都有不同程度的老化、腐蚀等现象，为了保证测试结果的准确性，可在非破损测试结果的基础上，用钻取的芯样强度校核非破损测试强度。这样既避免了大量钻取芯样，又提高了非破损测试的精度，充分发挥了各种方法的特长，这种测强方法在实际检测中广泛应用。

6.2.1.5　拔出法

拔出法是通过拉拔安装在混凝土中的锚固件，测定极限拔出力，并根据预先建立的极限拔出力与混凝土抗压强度之间的相关关系推定混凝土抗压强度的微破损检测方法。拔出法适用于混凝土抗压强度为 10.0～80.0MPa 的既有结构和在建结构的混凝土强度检测与推定。

拔出法分为后装拔出法和预埋拔出法。后装拔出法是在已硬化的混凝土表面钻孔、磨槽、嵌入锚固件并安装拔出仪进行拔出试验的方法。预埋拔出法是指在浇筑混凝土时预埋锚固件，然后安装拔出仪进行拔出试验的方法。预埋拔出法常用于确定拆除模板和施加荷载的时间、确定施加或放张预压力的时间、确定预制构件吊装的时间、确定停止湿热养护或冬季施工时停止保温的时间。后装拔出法则较多用于已建结构混凝土强度的现场检测。这里仅介绍后装拔出法。

(1) 后装拔出法试验装置　后装拔出试验装置由钻孔机、磨槽机、锚固件及拔出仪（手动液压）等组成。常用试验装置主要有圆环式和三点式两种，其示意图如图 6-8 所示。图中圆环式后装拔出法检测装置的反力支承内径 d_3 宜为 55mm，胀簧锚固台阶外径 d_2 宜为 25mm，锚固件的锚固深度 h 宜为 25mm，钻孔直径 d_1 宜为 18mm。三点式后装拔出法检测装置的反力支承内径 d_3 宜为 120mm，锚固件的锚固深度 h 宜为 35mm，钻孔直径 d_1 宜为 22mm。

圆环式拔出法检测装置对混凝土的损伤较小，但试验时要求测试部位的混凝土表面平整。当混凝土粗骨料最大粒径不大于 40mm 时，宜优先采用圆环式拔出法检测装置。三点式后装拔出法对混凝土的损伤较大，但试验时对测试部位的表面平整度要求不高。当混凝土粗骨料最大粒径较大时，可选用三点式后装拔出法。

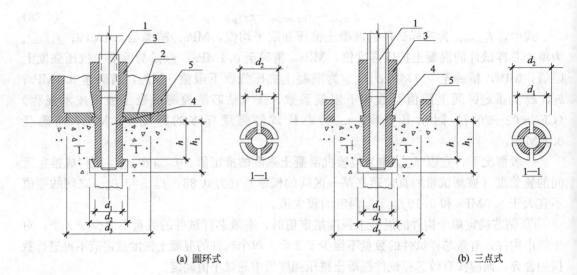

(a) 圆环式   (b) 三点式

图 6-8　后装拔出法试验装置示意图
1—拉杆；2—对中圆盘；3—胀簧；4—胀杆；5—反力支撑

(2) 后装拔出法检测要求

① 测点数量。按单个构件检测时，应在构件上均匀布置 3 个测点。当 3 个拔出力中的最大拔出力和最小拔出力与中间值之差的绝对值均小于中间值的 15% 时，仅布置 3 个测点即可；当最大拔出力或最小拔出力与中间值之差的绝对值大于中间值的 15%（包括两者均大于中间值的 15%）时，应在最小拔出力测点附近再加测 2 个测点；当同批构件按批抽样检测时，抽检数量应不少于同批构件总数的 30%，每个构件宜布置 1 个测点，且最小样本容量不宜少于 15 个。

② 测点布置。测点宜布置在构件混凝土成型的侧面，若不能满足时，可布置在混凝土浇筑面；测点应布置在构件的受力较大及薄弱部位，相邻两测点的间距不应小于 250mm；当采用圆环式拔出仪时，测点距构件边缘不应小于 100mm；当采用三点式拔出仪时，测点距构件边缘不应小于 150mm；测试部位的混凝土厚度不宜小于 80mm；测点应避开接缝、蜂窝、麻面部位以及钢筋和预埋件。另外，测试面应平整、清洁、干燥，饰面层、浮浆等应予清除，必要时进行磨平处理。

③ 拔出试验。实验时，应将胀簧锚固台阶完全嵌入环形槽内，保证锚固可靠。拔出仪应与锚固件用拉杆连接对中，并与混凝土测试面垂直，然后以 0.5～1.0kN/s 的速度对拉杆连续均匀施加拔出力，直至混凝土破坏，测力显示器读数不再增加为止，记录的极限拔出力值应精确至 0.1kN。

(3) 后装拔出法混凝土强度的推定

① 按已经建立的拔出力与立方体抗压强度之间的相关关系曲线，由拔出力确定混凝土的抗压强度换算值。混凝土的抗压强度换算值可按下式计算。

圆环式：

$$f_{cu}^c = 1.55F + 2.35 \tag{6-39}$$

三点式：

$$f_{cu}^c = 2.76F - 11.54 \tag{6-40}$$

式中，f_{cu}^c 为测点混凝土强度换算值，精确至 0.1MPa；F 为测点拔出力，精确至 0.1kN。

② 后装拔出法的混凝土强度推定值 $f_{cu,e}$：当单个构件检测时，以构件的强度换算值作为该构件的混凝土强度推定值。当构件 3 个拔出力中的最大和最小拔出力与中间值之差的绝对值均小于中间值的 1％～5％时，取 3 个拔出力中的最小值，按式(6-39)或式(6-40)计算的强度换算值作为该构件的混凝土强度推定值。当加测 2 个测点时，首先计算出加测 2 个测点的拔出力与最小拔出力的平均值，再与前 3 个拔出力的中间值比较，取二者中的较小值，按式(6-39)或式(6-40)计算的强度换算值作为该构件的混凝土强度推定值 $f_{cu,e}$。

当批量抽样检测时，将同批构件抽样检测的每个拔出力作为拔出力代表值，根据不同的检测方法对应带入式(6-39)或式(6-40)中计算强度换算值，然后按下列公式计算混凝土强度推定值 $f_{cu,e}$：

$$f_{cu,e} = m_{f_{cu}^c} - 1.645 s_{f_{cu}^c} \tag{6-41}$$

$$m_{f_{cu}^c} = \frac{\sum\limits_{i=1}^{n} f_{cu,i}^c}{n}$$

$$s_{f_{cu}^c} = \sqrt{\frac{\sum\limits_{i=1}^{n} (f_{cu,i}^c)^2 - n(m_{f_{cu}^c})^2}{n-1}}$$

式中，$m_{f_{cu}^c}$ 为检验批中构件混凝土强度换算值的平均值，精确至 0.1MPa；$s_{f_{cu}^c}$ 为批抽检构件混凝土强度换算值的标准差，精确至 0.01MPa。n 为批抽检构件的测点总数；$f_{cu,i}^c$ 为第 i 个测点混凝土强度换算值，精确至 0.1MPa。

对按批抽样检测的构件，当全部测点的强度标准差或变异系数出现下列情况时，该批构件应全部按单个构件进行检测。

a. 当混凝土强度换算值的平均值 $m_{f_{cu}^c}$ 不大于 25.0MPa，且标准差 $s_{f_{cu}^c}$ 大于 4.50MPa；

b. 当混凝土强度换算值的平均值 $m_{f_{cu}^c}$ 大于 25.0MPa 且不大于 50.0MPa，且标准差 $s_{f_{cu}^c}$ 大于 5.50MPa；

c. 当混凝土强度换算值的平均值 $m_{f_{cu}^c}$ 大于 50.0MPa，且变异系数 $\delta = s_{f_{cu}^c}/m_{f_{cu}^c}$ 大于 0.10。

6.2.2　混凝土外观质量及内部缺陷检测

混凝土构件外观质量与缺陷的检测可分为蜂窝、麻面、孔洞、夹渣、露筋、裂缝、疏松区和不同时间浇筑的混凝土结合面质量等项目。对于一般结构构件的破损及缺陷可通过目测、敲击、卡尺及放大镜等进行测量。对裂缝、内部空洞缺陷和表层损伤，可采用超声法、冲击反射法等非破损检测方法，必要时可采用局部破损的方法对非破损的检测结果进行验证。

超声法检测混凝土缺陷的基本原理是利用超声波在介质中传播时，遇到缺陷产生绕射使传播速度降低，声时变长；在缺陷界面产生反射，使波幅和频率明显降低，接收波形发生畸变。综合波速、波幅、频率等参数的相对变化和接收波形的变化，对比相同条件下无缺陷混凝土的参数和波形，就可判断和评定混凝土的缺陷和损伤情况。使用超声法检测混凝土裂缝深度时被测裂缝中不得有积水或泥浆等。

6.2.2.1　混凝土裂缝检测

混凝土构件裂缝的检测，首先要根据裂缝在结构中的部位和走向，对裂缝产生的原因进行判断与分析；其次对裂缝的形状及几何尺寸进行量测。一般分为浅裂缝检测和深裂缝检测。

(1) 浅裂缝检测　对于结构混凝土开裂深度小于或等于500mm的裂缝，可采用平测法或斜测法进行检测。

① 单面平测法。平测法适用于结构的裂缝部位只有一个可测表面的情况，如地下室剪力墙、混凝土路面、飞机跑道等。采用单面平测法进行裂缝深度的检测时，应在裂缝的被测部位，按跨缝和不跨缝两种方式、以不同的测距分别测量声波时。其检测步骤如下。

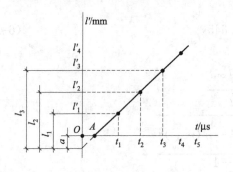
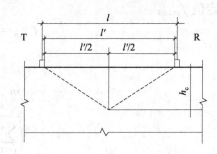

图 6-9　平测"时-距"图　　　　　　　　　图 6-10　绕过裂缝示意图

不跨缝测量时，应在裂缝的同一侧选择有代表性的、质量均匀的部位设置测点，以发射换能器 T 和接收换能器 R 两换能器的内边缘距离 l' 为准，按 $l'=100mm$、150mm、200mm、250mm、300mm…改变两换能器的距离，分别测读声时值 t_i，绘制"时-距"图。当混凝土的质量均匀、无缺陷时，时-距图中的各点可回归为一条直线，见图6-9。这时超声波在混凝土中的声速值 v 应为直线的斜率，而各测点超声波传播的实际距离应为：

$$l_i = l_i' + |a| \tag{6-42}$$

式中，l_i 为第 i 点的超声波实际传播距离，mm；l_i' 为第 i 点发、收换能器内边缘间距，mm；a 为"时-距"图中 l' 轴的截距，mm。

跨缝测量时，将发射换能器 T 和接收换能器 R 以裂缝为对称轴布置在裂缝的两侧（见图6-10），使发射换能器 T 与接收换能器 R 内边缘之间的距离为 $l'=100mm$、150mm、200mm、250mm、300mm…，分别测得超声波传播的声时为 t_i^0，同时观察首波相位的变化。实际检测时，通过不同测距的测量，取平均值作为该裂缝的深度值。则裂缝深度的平均值可按下式进行计算：

$$m_{h_c} = 1/n \sum_{i=1}^{n} h_{ci} \tag{6-43}$$

$$h_{ci} = \frac{l_i}{2} \sqrt{\left(\frac{t_i^0 v}{l_i}\right)^2 - 1} \tag{6-44}$$

式中，m_{h_c} 为各测点计算裂缝深度的平均值，mm；h_{ci} 为第 i 点计算的裂缝深度值，mm；t_i^0 为第 i 点跨缝平测的声时值，μs；l_i 为不跨缝平测时第 i 点的超声波实际传播距离，mm；n 为测点数。

跨缝测量时，当在某测距发现首波反相时，可用该测距及两个相邻测距的测量值按式
(6-44) 计算 h_{ci} 值，取此三点的 h_{ci} 作为该裂缝的深度值 h_c。

跨缝测量中如难于发现首波反相，则以不同测距按式(6-43) 计算 h_{ci} 值，取此点 h_{ci} 及其平均值 m_{h_c}。将各测距 l_i' 与 m_{h_c} 相比较，凡测距 l_i' 小于 m_{h_c} 和大于 $3m_{h_c}$，应剔除该组数据，然后取余下 h_{ci} 的平均值，作为该裂缝的深度值 h_c。

② 双面斜测法。当结构的裂缝部位有两个相互平行的测试表面时，如混凝土梁、柱等，可采用双面斜测法检测。如图 6-11 所示，将两个换能器分别置于对应测点 1，2，3，…的位置，读取相应声时值 t_i、波幅值 A_i 和频率值 f_i。当两换能器的连线通过裂缝时，则接收信号的波幅和频率明显降低。对比各测点信号，根据波幅和频率的突变，可以判定裂缝的深度以及是否在平面方向贯通。

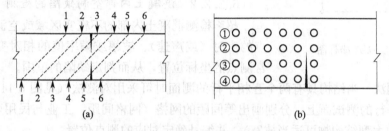

图 6-11　斜测法裂缝测点布置示意图
(a) 平面图；(b) 立面图

(2) 深裂缝检测　对于在大体积混凝土中预计深度在 500mm 以上的深裂缝，采用平测法和斜测法有困难时，被检测混凝土允许在裂缝两侧钻测孔，可以采用钻孔对测法量测裂缝深度，见图 6-12。钻孔的孔径应比所用换能器直径大 5～10mm；孔深应比裂缝预计深度深 700mm。经测试如浅于裂缝深度，则应加深钻孔；对应的两个测试孔（A、B），必须始终位于裂缝两侧，其轴应保持平行；两个对应测试孔的间距宜为 2000mm，同一检测对象各测孔间距应保持相同；孔中粉末碎屑应清理干净；宜在裂缝一侧多钻一个孔距相同但较浅的孔（C），通过 B、C 两孔测试无裂缝混凝土的声学参数，与裂缝部位的混凝土对比，进行判别。如图 6-12(a) 所示。

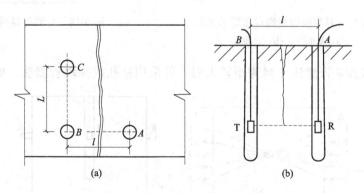

图 6-12　钻孔测裂缝深度示意图
(a) 平面图；(b) 立面图

裂缝深度检测应选用频率为 20～60kHz 的径向振动式换能器。测试前应先向测试孔中注满清水，然后将 T、R 换能器分别置于裂缝两侧的对应孔中，以相同高程等间距（100～

400mm）从上至下同步移动，逐点读取声时、波幅和换能器所处的深处，如图 6-12(b) 所示。以换能器所处深度 h 与对应的波幅值 A，绘制 h-A 坐标图（见图 6-13）。随换能器位置的下移，波幅逐渐增大，当换能器下移至某一位置后，波幅达到最大并基本稳定，该位置所对应的深度便是裂缝深度值 h_c。

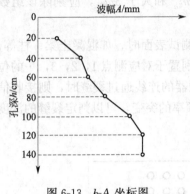

图 6-13　h-A 坐标图

钻孔探测方法还可用于混凝土钻孔灌注桩的质量检测。利用换能器沿预埋于桩内的管道作对穿式检测，由于超声传播介质的不连续使声学参数（声时、波幅）产生突变，藉以可判断桩的混凝土灌注质量，检测混凝土的孔洞、蜂窝、疏松不密实和桩内泥沙或砾石夹层，以及可能出现的断桩部位。

6.2.2.2　混凝土内部空洞缺陷的检测

超声检测混凝土内部的不密实区域或空洞是根据各测点的声时（或声速）、波幅或频率值的相对变化，确定异常测点的坐标位置，从而判定缺陷的范围。

（1）对测法　当结构具有两个互相平行的测面时可采用对测法（见图 6-14）。在测试部位两对相互平行的测试面上，分别画出等间距的网格（网格间距：工业与民用建筑为 100～300mm，其他大型结构物可适当放宽），并编号确定对应的测点位置。

（2）斜测法　对于只有一对相互平行的侧面时可采用斜测法。在测试部位两个相互平行的测试面上分别画出网格线，可在对测的基础上进行交叉斜测（见图 6-15）。

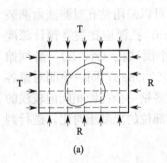

图 6-14　对测法裂缝测点布置示意图
(a) 平面图；(b) 立面图

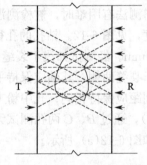

图 6-15　对测与斜测法结合立面图

（3）钻孔或预埋管测法　当测距较大时，可采用钻孔或预埋管测法。如图 6-16 所示，

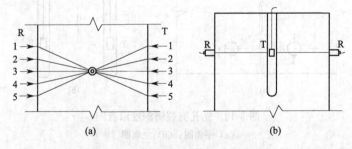

图 6-16　混凝土缺陷钻孔法测点布置图
(a) 平面图；(b) 立面图

在测位预埋声测管或钻出竖向测试孔，预埋管内径宜比换能器直径大 5～10mm，预埋管或钻孔间距宜为 2～3m，其深度可根据测试需要确定。检测时可用两个径向振动式换能器分别置于两测孔中进行测试，或用一个径向振动式与一个厚度振动式换能器，分别置于测孔中和平行于测孔的侧面进行测试。

测试时，记录每一测点的声时、波幅、频率和测距，当某些测点出现声时延长，声能被吸收和散射，波幅降低，高频部分明显衰减的异常情况时，通过对比同条件混凝土的声学参数（平均值、标准差），判别是否为异常值。当测试部位中某些测点的声学参数被判为异常值时，可结合异常测点的分布及波形状况确定混凝土内部存在不密实区和空洞的位置及范围。当判定缺陷是空洞，可按下式估算空洞的当量尺寸（见图 6-17）：

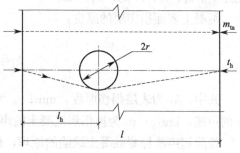

图 6-17　混凝土内部空洞尺寸估算

$$r=\frac{l}{2}\sqrt{\left(\frac{t_{\mathrm{h}}}{t_{\mathrm{ma}}}\right)^2-1} \tag{6-45}$$

式中，r 为空洞半径，mm；l 为 T、R 换能器之间的距离，mm；t_{h} 为缺陷处的最大声时值，μs；t_{ma} 为无缺陷区域的平均声时值，μs。

6.2.2.3　混凝土表层损伤的检测

混凝土结构受火灾、冻害和化学侵蚀等引起混凝土表面损伤，其损伤的厚度也可以采用表面平测法进行检测。检测时，换能器测点如图 6-18 布置。将发射换能器 T 在测试表面耦合后保持不动，接收换能器依次耦合安置在 B_1，B_2，B_3，…，每次移动距离不宜大于 100mm，并测读响应的声时值 t_1，t_2，t_3，… 及两换能器之间的距离 l_1，l_2，l_3，…，每一测区内不得少于 5 个测点。按各点声时值及测距绘制损伤层检测"时-距"坐标图（见图 6-19）。由于混凝土损伤后使声波传播速度变化，因此在时-距坐标图上出现转折点，并由此可分别求得声波在损伤混凝土与密实混凝土中的传播速度。

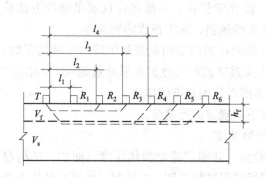

图 6-18　检测损伤层厚度示意图

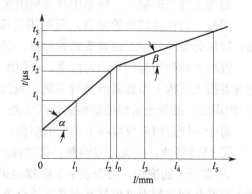

图 6-19　混凝土表层损伤检测"时-距"坐标图

损伤表层混凝土的声速：

$$v_{\mathrm{f}}=\cot\alpha=\frac{l_2-l_1}{t_2-t_1} \tag{6-46}$$

未损伤混凝土的声速：

$$v_a = \cot\beta = \frac{l_5 - l_3}{t_5 - t_3} \tag{6-47}$$

式中，l_1、l_2、l_3、l_5 分别为转折点前后各测点的测距，mm；t_1、t_2、t_3、t_5 为相对于测距 l_1、l_2、l_3、l_5 的声时，μs。

混凝土表面损伤层的厚度：

$$h_f = \frac{l_0}{2}\sqrt{\frac{v_a - v_f}{v_a + v_f}} \tag{6-48}$$

式中，h_f 为表层损伤厚度，mm；l_0 为声速产生突变时的测距，mm；v_a 为未损伤混凝土的声速，km/s；v_f 为损伤层混凝土的声速，km/s。

按照超声法检测混凝土缺陷的原理，超声法还可应用于检测混凝土二次浇筑所形成的施工缝和加固修补结合面的质量以及混凝土各部位的相对均匀性的检测。

6.2.3 尺寸偏差检测

现浇混凝土结构及预制构件的尺寸，应以设计图纸规定的尺寸为基准确定尺寸的偏差，尺寸的检测方法和尺寸偏差的允许值应按《混凝土结构工程施工质量验收规范》（GB 50204）确定。

混凝土结构构件的尺寸与偏差的检测项目主要有构件轴线位置、截面尺寸、标高、预埋件位置、预埋孔洞位置、构件垂直度和表面平整度等。

对于受到环境侵蚀和灾害影响的构件，其截面尺寸应在损伤最严重部位量测，在检测报告中应提供量测的位置和必要的说明。

6.2.4 变形与损伤检测

混凝土结构或构件变形的检测可分为构件的挠度、结构的倾斜和基础不均匀沉降等项目；混凝土结构损伤的检测可分为环境侵蚀损伤、灾害损伤、人为损伤、混凝土有害元素造成的损伤以及预应力锚夹具的损伤等项目。

混凝土构件的挠度，可采用激光测距仪、水准仪或拉线等方法检测。

混凝土构件或结构的倾斜，可采用经纬仪、激光定位仪、三轴定位仪或吊锤的方法检测，应区分倾斜中施工偏差造成的倾斜、变形造成的倾斜、灾害造成的倾斜等。

混凝土结构的基础不均匀沉降，可用水准仪检测；当需要确定基础沉降的发展情况时，应在混凝土结构上布置测点进行观测，观测操作应遵守现行《建筑变形测量规程》（JGJ/T 8）的规定；混凝土结构的基础累计沉降差，可参照首层的基准线推算。

对于不同原因造成混凝土结构的损伤，可按下列规定进行检测。

① 环境侵蚀，应确定侵蚀源、侵蚀程度和侵蚀速度。

② 混凝土的冻伤，可按表 6-3 的规定进行检测，并测定冻融损伤深度、面积；结构混凝土冻伤类型的判别可根据其定义并结合施工现场情况进行判别。必要时，也可从结构上取样，通过分析冻伤和未冻伤混凝土的吸水量、湿度变化等试验来判别。混凝土冻伤检测的操作应分别参照钻芯法、超声回弹综合法和超声法检测混凝土强度方法进行。

③ 火灾等造成的损伤，应确定灾害影响区域和受灾害影响的构件，确定影响程度。

④ 人为的损伤，应确定损伤程度。

⑤ 宜确定损伤对混凝土结构的安全性及耐久性影响的程度。

表 6-3　结构混凝土冻伤类型及检测项目与检测方法

混凝土冻伤类型		定　义	特　点	检验项目	采用方法
混凝土早期冻伤	立即冻伤	新拌制的混凝土，若入模温度较低且接近于混凝土冻结温度时则导致立即冻伤	内外混凝土冻伤基本一致	受冻混凝土强度	钻芯法或超声回弹综合法
	预养冻伤	新拌制的混凝土，若入模温度较高，而混凝土预养时间不足，当环境温度降到混凝土冻结温度时则导致预养冻伤	内外混凝土冻伤不一致，内部轻微，外部较严重	1. 外部损伤较重的混凝土厚度及强度；2. 内部损伤轻微的混凝土强度	外部损伤较重的混凝土厚度可通过钻出芯样的湿度变化来检测，也可采用超声法
混凝土冻融损伤		成熟龄期后的混凝土，在含水的情况下，由于环境正负温度的交替变化导致混凝土损伤			

6.2.5　混凝土结构中钢筋检测

混凝土结构钢筋检测内容主要包括钢筋的配置、钢筋的材质和钢筋的锈蚀等。有相应检测要求时，可对钢筋的锚固与搭接、框架节点及柱加密区箍筋和框架柱与墙体的拉结筋进行检测。

6.2.5.1　钢筋配置的检测

钢筋配置的检测可分为钢筋位置、保护层厚度、直径、数量等项目。对既有混凝土结构做施工质量诊断及可靠性鉴定时，要求确定钢筋的配置情况。当采用钻芯法检测混凝土强度时，为在钻芯部位避开钢筋，也须做钢筋位置的检测。钢筋位置、保护层厚度和钢筋数量，一般宜采用非破损的雷达法或电磁感应法进行检测，必要时可凿开混凝土进行钢筋直径或保护层厚度的验证。

钢筋位置测试仪是利用电磁感应原理进行检测（见图 6-20）。混凝土是带弱磁性的材料，而结构内配置的钢筋是带有强磁性的。混凝土中原来是均匀磁场，当配置钢筋后，就会使磁力线集中于沿钢筋的方向。检测时，当钢筋测试仪的探头接触结构混凝土表面，探头中的线圈通过交流电时，在线圈周围产生交流磁场。该磁场中由于有钢筋存在，线圈电压和感应电流强度发生变化，同时由于钢筋的影响，产生的感应电流的相位与原来交流电的相位产生偏移。该变化值是钢筋与探头的距离和

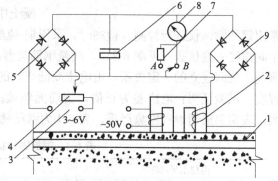

图 6-20　钢筋位置测试仪原理图
1—试件；2—探头；3—平衡电源；4—可变电阻；
5—平衡整流器；6—电解电容；7—分档电阻；
8—电流表；9—整流器

钢筋直径的函数。钢筋愈近探头，钢筋直径愈大时，感应强度愈大，相位差也愈大。

电磁感应法检测，比较适用于配筋稀疏与混凝土表面距离较近（即保护层不太大）的钢筋检测，同时钢筋又布置在同一平面或不同平面内距离较大时，可取得较满意效果。

6.2.5.2　钢筋材质检测

对已埋置在混凝土中的钢筋，目前还不能用非破损检测方法来测定材料性能，也不能从构件的外观形态来推断，应注意收集分析原始资料（包括原产品合格证及修建时现场抽样试验记录等）。当原始资料能充分证明所使用的钢筋力学性能及化学成分合格时，方可据此作出处理意见。当无原始资料或原始资料不足时，则需在构件内截取试样试验。取样应特别注意尽量在受力较小的部位或具有代表性的次要构件上截取试样，必要时采取临时支护措施，取样完毕立即按原样修复。对钢筋取样所作的力学性能试验、化学分析结果或搜集到的修建

时所作的检验记录，均以现行建筑用钢筋国家标准所列指标来评定是否合格。

6.2.5.3　钢筋锈蚀的检测

水泥在水化过程中生成大量氢氧化钙、氢氧化钾和氢氧化钠等产物，使硬化水泥的 pH 值达到 12～13 的强碱性状态，其中氢氧化钙为主要成分。此时，混凝土中的水泥石对钢筋有一定的保护作用，使钢筋处于碱性纯化状态。由于混凝土长期暴露于空气中，混凝土表面受到空气中二氧化碳的作用会逐渐形成碳酸钙，使水泥石的碱度降低。这个过程称为混凝土的碳化，或叫中性化或老化。

混凝土碳化深度达到钢筋表面时，水泥石失去对钢筋的保护作用。当然并非所有失去混凝土保护作用的钢筋都会发生锈蚀，只有遭受有害气体和液体介质以及处在潮湿环境中的钢筋才会锈蚀。锈蚀发展到一定程度，由于锈皮体积膨胀，混凝土表面出现沿钢筋（主要是主筋）方向的纵向裂缝。纵向裂缝出现后，钢筋即与外界接触而锈蚀迅速发展，致使混凝土保护层脱落、掉角及露筋。老化严重处混凝土表面呈现酥松剥落，从外观即可判别。

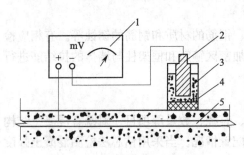

图 6-21　钢筋锈蚀测试仪原理图
1—毫伏表；2—铜棒电极；3—硫酸铜饱和溶液；
4—多孔接头；5—混凝土中钢筋

混凝土中钢筋的锈蚀是一个电化学的过程，钢筋锈蚀将引起腐蚀电流，使电位发生变化。混凝土中钢筋的锈蚀，可采用电位差法进行检测，常用钢筋锈蚀仪进行检测。检测时，采用铜-硫酸铜作为参考电极，另一端与被测钢筋连接，中间连接一毫伏表（见图 6-21），测量钢筋与参考电极之间的电位差，利用钢筋锈蚀程度与测量电位间建立的一定关系，由电位高低变化的规律，可以判断钢筋锈蚀的可能性及其锈蚀程度。试验证明：电位差为正值，钢筋无锈蚀；电位差为负值，钢筋有锈蚀可能，负值越大，表明钢筋锈蚀程度愈严重。表 6-4 为钢筋锈蚀状况的判别标准。

表 6-4　钢筋锈蚀状况的判别标准

电位水平/mV	钢筋状态
0～−100	未锈蚀
−100～−200	发生锈蚀的概率<10%,可能有锈斑
−200～−300	锈蚀不确定,可能有坑蚀
−300～−400	发生锈蚀的概率>90%,可能大面积锈蚀
−400 以上(绝对值)	肯定锈蚀,严重锈蚀
如果某处相邻两测点值大于 150mV,则电位更负的测值处判为锈蚀	

6.2.5.4　钢筋锈蚀对结构承载力的影响

钢筋锈蚀可导致其断面削弱，在进行结构承载能力验算时应予以考虑。一般的折算方法是用锈蚀后的钢筋面积乘以原材料强度作为钢筋所能承担的极限拉（压）力，然后按现行设计规范验算结构的承载能力。测量锈蚀钢筋的断面积常用称重法或用卡尺量取锈蚀最严重处的钢筋直径。

主筋达到中度锈蚀后，结构表面混凝土将出现沿主筋方向的裂缝，严重时混凝土保护层剥落。当构件主筋锈蚀后，除了使钢筋面积削弱外还使钢筋与混凝土协调工作性能降低，锈坑引起的应力集中和缺口效应将导致钢筋的屈服强度和构件的承载能力降低。

6.3　砌体结构的检测

砌体结构的强度是由块材强度等级和砂浆强度等级决定的。在对既有砌体结构的性能进行鉴定时，由于直接从砌体结构上截取试样的检测方法存在着较大的取样困难，因此，非破损检测方法在实践中得到了广泛的应用，并已经制定颁布了《砌体工程现场检测技术标准》（GB/T 50315—2011）。

砌体结构的检测可分为砌筑块材、砌筑砂浆、砌体强度、砌筑质量与构造以及损伤与变形等项工作。具体的检测项目应根据施工质量验收、鉴定工作的需要和现场的检测条件等具体情况确定。

砌体工程的现场检测方法，可按测试内容分为下列几类：

① 检测砌体抗压强度可采用原位轴压法、扁顶法、切制抗压试件法；

② 检测砌体工作应力、弹性模量可采用扁顶法；

③ 检测砌体抗剪强度可采用原位单剪法、原位双剪法；

④ 检测砌筑砂浆强度可采用推出法、筒压法、砂浆片剪切法、砂浆回弹法、点荷法、砂浆片局压法；

⑤ 检测砌筑墙体抗压强度可采用烧结砖回弹法、取样法。

现场检测时，根据检测目的，选择合适的检测方法，各种现场检测方法、特点、用途与限制条件见表 6-5。

当检测对象为整栋建筑物或建筑物的一部分时，应将其划分为一个或若干个可以独立进行分析的结构单元，每一结构单元应划分为若干个检测单元。检测单元是指每一楼层且总量不大于 250m³ 的材料品种和强度等级均相同的砌体。每一检测单元内，不宜少于 6 个测区，应将单个构件（单片墙体、柱）作为一个测区。当一个检测单元不足 6 个构件时，应将每个构件作为一个测区。

采用原位轴压法、扁顶法、切制抗压试件法检测时，应当选择 6 个测区。确有困难时，可选取不少于 3 个测区测试，但宜结合其他非破损检测方法综合进行强度推定。每一测区应随机布置若干测点。各种检测办法的测点数，应符合下列要求：

① 原位轴压法、扁顶法、原位单剪法、筒压法，测点数不应少于 1 个；

② 原位双剪法、推出法，测点数不应少于 3 个；

③ 砂浆片剪切法、砂浆回弹法、点荷法、砂浆片局压法、烧缩砖回弹法，测点数不应少于 5 个。

对既有建筑物或应委托方要求仅对建筑物的部分或个别部位检测时，测区和测点数可减少，但一个检测单元的测区数不宜少于 3 个。

6.3.1　砌筑块材检测

砌筑块材的检测可分为砌筑块材的强度、尺寸偏差、外观质量、抗冻性能、块材品种等检测项目。一般情况下，砌筑块材的强度可采用取样法、回弹法、取样结合回弹的方法或钻芯法检测。在砌体结构上截取块材，由抗压试验确定砌块强度是最能反映块材强度的检测方法。但是，由于受到现场、结构自身等条件限制，通常采用回弹法等非破损检测方法来检测块材的抗压强度。下面主要介绍砌筑块材的检测要求及烧结砖回弹检测法。

表 6-5　砌体结构现场检测方法

序号	检测方法	特点	用途	限制条件
1	原位轴压法	1. 属原位检测,直接在墙体上测试,检测结果综合反映了材质质量和施工质量; 2. 直观性、可比性较强; 3. 设备较重; 4. 检测部位有较大局部破损	1. 检测普通砖和多孔砖砌体的抗压强度; 2. 检测火灾、环境侵蚀后的砌体剩余抗压强度	1. 槽间砌体每侧的墙体宽度不应小于 1.5m,测点宜选在墙体长度方向的中部; 2. 限用于 240mm 厚砖墙
2	扁顶法	1. 属原位检测,直接在墙体上测试,检测结果综合反映了材料质量和施工质量; 2. 直观性、可比性较强; 3. 扁顶重复使用率较低; 4. 砌体强度较高或轴向变形较大时,难以测出抗压强度; 5. 设备较轻; 6. 检测部位有较大局部破损	1. 检测普通砖和多孔砖砌体的抗压强度; 2. 检测古建筑和重要建筑的受压工作应力; 3. 检测砌体弹性模量; 4. 检测火灾、环境侵蚀后的砌体剩余抗压强度	1. 槽间砌体每侧的墙体宽度不应小于 1.5m,测点宜选在墙体长度方向的中部; 2. 不适用于测试墙体破坏荷载大于 400kN 的墙体
3	切制抗压试件法	1. 属取样检测,直接在墙体上测试,测试结果综合反映了材料质量和施工质量; 2. 试件尺寸与标准抗压试件相同,直观性、可比性强; 3. 设备较重,现场取样时有水污染; 4. 取样部位有较大局部破损,需切割、搬运试件; 5. 检测结果不需要换算	1. 检测普通砖和多孔砖砌体的抗压强度; 2. 检测火灾、环境侵蚀后的砌体剩余抗压强度	取样部位每侧的墙体宽度不小于 1.5m,且应为墙体长度方向的中部或受力较小处
4	原位单剪法	1. 属取样检测,直接在墙体上测试,测试结果综合反映了材料质量和施工质量; 2. 直观性强; 3. 检测部位有较大局部破损	检测各种砖砌体的抗剪强度	测点选在窗下墙部位,且承受反作用力的墙体应有足够长度
5	原位双剪法	1. 属原位检测,直接在墙体上测试,测试结果综合反映了材料质量和施工质量; 2. 直观性强; 3. 设备较轻便; 4. 检测部位局部破损	检测烧结普通砖和烧结多孔砖砌体的抗剪强度	
6	推出法	1. 原位检测,直接在墙体测试,测试结果综合反映了材料质量和施工质量; 2. 设备较轻便; 3. 检测部位局部破损	检测烧结普通砖、烧结多孔砖、蒸压灰砂砖或蒸压粉煤灰砖墙体的砂浆强度	当水平灰缝的砂浆饱满度低于 65% 时,不宜选用
7	剪压法	1. 属取样检测; 2. 仅需利用一般混凝土试验室的常用设备; 3. 取样部位局部损伤	检测烧结普通砖和烧结多孔砖墙体中的砂浆强度	
8	砂浆片剪切法	1. 属取样检测; 2. 需专用的砂浆测强仪及其标定仪,较为轻便; 3. 测试工作较简便; 4. 取样部位局部损伤	检测烧结普通砖和烧结多孔砖墙体中的砂浆强度	
9	回弹法	1. 属原位无损检测,测区选择不受限制; 2. 硅及砂浆回弹仪备有定型产品,性能较稳定,操作简便; 3. 检测部位的装修面层仅局部损伤	1. 检测烧结普通砖、多孔砖的抗压强度及其砖墙体中的砂浆强度; 2. 砂浆回弹仪主要用于砂浆强度均质性检查	1. 不适用于砂浆强度小于 2MPa 的墙体; 2. 水平灰缝表面粗糙难以磨平时,不得用于检测砂浆强度 3. 砖回弹仪适用于 6～30MPa 的砖
10	点荷法	1. 属于取样检测; 2. 测试工作较简便; 3. 取样部位局部损	检测烧结普通砖和烧结多孔砖墙体中的砂浆强度	不适用于砂浆强度小 1.2MPa 的墙体

6.3.1.1 砌筑块材检测要求

① 砌筑块材强度的检测，应将块材品种相同、强度等级相同、质量相近、环境相似的砌筑构件划为一个检测批，每个检测批砌体的体积不宜超过 250m³。

② 需要依据砌筑块材强度和砌筑砂浆强度确定砌体强度时，砌筑块材强度的检测位置、砌筑砂浆强度的检测位置对应。

③ 除了有特殊的检测目的之外，砌筑块材强度检测时，取样检测的块材试样和块材的回弹测区，外观质量应符合相应产品标准的合格要求，不应选择受到灾害影响或环境侵蚀作用的块材作为试样或回弹测区。

④ 砖和砌块尺寸的检测时，每个检测批可随机抽检 20 块块材，现场检测可仅抽检外露面。单个块材尺寸的评定指标按现行相应产品标准确定。

⑤ 砖和砌块外观质量的检查可分为缺棱掉角、裂纹、弯曲等。现场检查，可检查砖或块材的外露面。检查方法和评定指标应按现行相应产品标准确定。砌筑块材外观质量不符合要求时，可根据不符合要求的程度降低砌筑块材的抗压强度；砌筑块材的尺寸为负偏差时，应以实测构件的截面尺寸作为构件安全性验算和构造评定的参数。

6.3.1.2 烧结砖回弹法检测

烧结砖回弹法适用于推定烧结普通砖砌体或烧结多孔砖砌体中砖的抗压强度，不适用于推定表面已风化或遭受冻害、环境侵蚀的烧结普通砖砌体或烧结多孔砖砌体中砖的抗压强度。检测时，应用回弹仪测试砖表面硬度，并应将砖回弹值换算成砖抗压强度。烧结砖回弹法检测砖块的基本原理与混凝土强度检测的回弹法相同。烧结砖回弹法属原位无损检测，测区选择不受限制，检测部位的装修面层仅有局部损伤。其适用范围为 6～30MPa。

(1) 检测要求

① 结构划分为若干个检测单元，每单元随机选择 10 个测区，每个测区的面积不宜小于 1.0m²。每个测区应随机选择 10 块条面向外的砖作为 10 个测位供回弹测试。选择的砖块与墙边缘的距离应大于 250 mm。

② 每个测位（每块砖）的测面上应均匀布置 5 个弹击点。弹击点应避开砖表面的缺陷。相邻两弹击点的间距不应小于 20 mm，弹击点离砖边缘不应小于 20 mm。每个弹击点只能弹击 1 次，回弹值读数应估读至 1。测试时回弹仪应始终处于水平状态，其轴线应垂直于砖表面。

(2) 数据分析　从每个测位取 5 个弹击点回弹值的平均值，以 R 表示。第 i 测区第 j 测位的抗压强度换算值，采用下式计算。

烧结普通砖：

$$f_{1ij} = 2 \times 10^{-2} R^2 - 0.45R + 1.25 \tag{6-49}$$

烧结多孔砖：

$$f_{1ij} = 1.70 \times 10^{-3} R^{2.48} \tag{6-50}$$

式中，f_{1ij} 为第 i 测区第 j 个测位的抗压强度换算值，MPa；R 为第 i 测区第 j 个测位的平均回弹值。

测区的砖抗压强度平均值按下式计算：

$$f_{1i} = \frac{1}{10} \sum_{j=1}^{n_1} f_{1ij} \tag{6-51}$$

式中，f_{1i} 为第 i 测区的抗压强度平均值，MPa。

（3）强度推定　根据《砌体工程现场检测技术标准》（GB/T 50315—2011）中强度推定的方法，每一检测单元的砖强度平均值 $f_{1,m}$、标准值 s 和变异系数 δ，应按下列各式计算：

$$f_{1,m} = \frac{1}{n_2} \sum_{i=1}^{n_2} f_{1i} \tag{6-52}$$

$$s = \sqrt{\frac{\sum\limits_{i=1}^{n_2} (f_{1,m} - f_{1i})^2}{n_2 - 1}} \tag{6-53}$$

$$\delta = \frac{s}{f_{1,m}} \tag{6-54}$$

式中，$f_{1,m}$ 为同一检测单元的砖强度平均值，MPa；s 为同一检测单元的砖强度标准值，MPa；n_2 为同一检测单元的测区数。

既有砌体工程，当采用回弹法检测烧结砖抗压强度时，每一检测单元的砖抗压强度等级，应符合下列要求。

① 当变异系数 $\delta \leqslant 0.21$ 时，应按表 6-6、表 6-7 中抗压强度平均值 $f_{1,m}$、抗压强度标准值 f_{1k} 推定每一检测单元的砖抗压强度等级。每一检测单元的砖抗压强度标准值，应按下式计算：

$$f_{1k} = f_{1,m} - 1.8s \tag{6-55}$$

式中，f_{1k} 为同一检测单元的砖抗压强度标准值，MPa。

② 当变异系数 $\delta > 0.21$ 时，应按表 6-6、表 6-7 中抗压强度平均值 $f_{1,m}$、以测区为单位统计的抗压强度最小值 $f_{1i,min}$ 推定每一测区的砖抗压强度等级。

表 6-6　烧结普通砖抗压强度等级的推定

抗压强度 推定等级	抗压强度平均值 $f_{1,m} \geqslant$	变异系数 $\delta \leqslant 0.21$ 抗压强度标准值 $f_{1k} \geqslant$	变异系数 $\delta > 0.21$ 抗压强度的最小 $f_{1,min} \geqslant$
MU25	25.0	18.0	22.0
MU20	20.0	14.0	16.0
MU15	15.0	10.0	12.0
MU10	10.0	6.5	7.5
MU7.5	7.5	5.0	5.5

表 6-7　烧结多孔砖抗压强度等级的推定

抗压强度 推定等级	抗压强度平均值 $f_{1,m} \geqslant$	变异系数 $\delta \leqslant 0.21$ 抗压强度标准值 $f_{1k} \geqslant$	变异系数 $\delta > 0.21$ 抗压强度的最小 $f_{1,min} \geqslant$
MU30	30.0	22.0	25.0
MU25	25.0	18.0	22.0
MU20	20.0	14.0	16.0
MU15	15.0	10.0	12.0
MU10	10.0	6.5	7.5

6.3.2　砌筑砂浆检测

砌筑砂浆的检测项目可分为砂浆强度、品种、抗冻性和有害元素含量等。检测砌筑砂浆的强度宜采用取样的方法检测，如推出法、筒压法、砂浆片剪切法、点荷法等；检测砌筑砂浆强度的匀质性，可采用非破损的方法检测，如回弹法、射钉法、贯入法、超声法、超声回弹综合法等。当这些方法用于检测既有建筑砌筑砂浆强度时，宜配合有取样的检测方法。下面介绍几个主要的检测方法。

6.3.2.1　推出法

推出法采用推出仪从墙体上水平推出单块丁砖，测得水平推力及推出砖下的砂浆饱满度，以此推定砌筑砂浆抗压强度。推出法适用于推定 240mm 厚烧结普通砖、烧结多孔砖、蒸压灰砂砖或蒸压粉煤灰砖墙体中的砌筑砂浆强度，所测砂浆的强度宜为 1～15MPa。检测时，应将推出仪安放在墙体的孔洞内。推出仪应由钢制部件、传感器、推出力峰值测定仪等组成（见图 6-22）。

（1）检测要求　测点宜均匀布置在墙上，并应避开施工中的预留洞口；被推丁砖的承压面可采用砂轮磨平，并应清理干净；被推丁砖下的水平灰缝厚度应为 8～12mm；测试前，被推丁砖应编号，并详细记录墙体的外观情况。

（2）测试步骤

① 取出被推丁砖上部的两块顺砖，应遵守下列规定：使用冲击钻在图 6-22(a) 所示 A 点打出约 40mm 的孔洞；用锯条自 A 至 B 点锯开灰缝；将扁铲打入上一层灰缝，取出两块顺砖；用锯条锯切被推丁砖两侧的竖向灰缝，直至下皮砖顶面；开洞及清缝时，不得扰动被推丁砖。

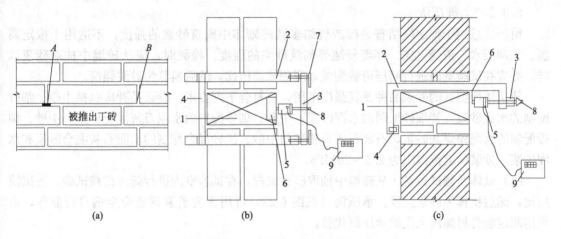

图 6-22　推出仪及测试安装

(a) 试件加工步骤示意；(b) 平剖面；(c) 纵剖面

1—被推出丁砖；2—支架；3—前梁；4—后梁；5—传感器；6—垫片；

7—调平螺丝；8—传力螺杆；9—推出力峰值测定仪

② 安装推出仪，用尺测量前梁两端与墙面距离，使其误差小于 3mm。传感器的作用点，在水平方向应位于被推丁砖中间，铅垂方向应距被推丁砖下表面之上 15mm 处。

③ 加载试验，旋转加荷螺杆对试件施加荷载，加荷速度宜控制在 5kN/min。当被推丁砖和砌体之间发生相对位移，试件达到破坏状态，记录推出力 N_{ij}。

④ 取下被推丁砖，用百格网测试砂浆饱满度 B_{ij}。

（3）数据整理

① 单个测区的推出力平均值，应按下式计算。

$$N_i = \xi_{3i} \frac{1}{n_1} \sum_{j=1}^{n_1} N_{ij} \qquad (6\text{-}56)$$

式中，N_i 为第 i 个测区的推出力平均值，精确至 0.01kN；N_{ij} 为第 i 个测区第 j 块测试砖的推出力峰值，kN；ξ_{3i} 为砖品种的修正系数，对烧结普通砖，取 1.00，对蒸压（养）灰砂砖，取 1.14。

② 测区的砂浆饱满度平均值，应按下式计算。

$$B_i = \frac{1}{n_1}\sum_{j=1}^{n_1} B_{ij} \tag{6-57}$$

式中，B_i 为第 i 个测区的砂浆饱满度平均值，以小数计；B_{ij} 为第 i 个测区第 j 块测试砖下的砂浆饱满度实测值，以小数计。

③ 测区的砂浆强度平均值，应按式下式计算。

$$f_{2i} = 0.3\,(N_i/\xi_{4i})^{1.19} \tag{6-58}$$

$$\xi_{4i} = 0.45 B_i^2 + 0.9 B_i \tag{6-59}$$

式中，f_{2i} 为第 i 个测区的砂浆强度平均值，MPa；ξ_{4i} 为推出法的砂浆强度饱满度修正系数，以小数计。

当测区的砂浆饱满度平均值小于 0.65 时，不宜按上述公式计算砂浆强度，宜选用其他方法推定砂浆强度。

6.3.2.2　筒压法

筒压法适用于推定烧结普通砖或烧结多孔砖砌体中砌筑砂浆的强度，不适用于推定高温、长期浸水、遭受火灾、环境侵蚀等砌筑砂浆的强度。检测时，应从砖墙中抽取砂浆试样，并应在试验室内进行筒压荷载测试，应测试筒压比，然后换算为砂浆强度。

筒压法所测试的砂浆品种及其强度范围，应符合下列要求：砂浆品种应包括中砂、细砂配制的水泥砂浆，特细砂配制的水泥砂浆，中砂、细砂配制的水泥石灰混合砂浆，中砂、细砂配制的水泥粉煤灰砂浆，石灰石质石粉砂与中砂、细砂混合配制的水泥石灰混合砂浆和水泥砂浆。砂浆强度范围应为 2.5～20MPa。

（1）试体及测试设备　从砖墙中抽取砂浆试样，在试验室内进行筒压荷载试验，测试筒压比，然后换算为砂浆强度。承压筒（见图 6-23）可用普通碳素钢或合金钢自行制作，也可用测定轻骨料筒压强度的承压筒代替。

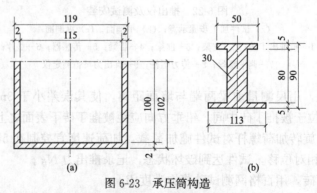

图 6-23　承压筒构造

(a) 承压筒剖面；(b) 承压盖剖面

（2）检测步骤及要求　在每一测区，应从距墙表面 20mm 以里的水平灰缝中凿取砂浆约 4000g，砂浆片（块）的最小厚度不得小于 5mm。各个测区的砂浆样品应分别放置并编号，不得混淆。使用手锤击碎样品时，应筛取 5～15mm 的砂浆颗粒约 3000g，应在（105±

5)℃的温度下烘干至恒重，并应待冷却至室温后备用。

每次应取烘干样品约 1000g，应置于孔径 5mm、10mm、15mm（或边长 4.75mm、9.5mm、16mm）标准筛所组成的套筛中，应机械摇筛 2min 或手工摇筛 1.5min；应称取粒级 5～10mm（4.75～9.0mm）和 10～15mm（9.0～16mm）的砂浆颗粒各 250g，混合均匀后作为一个试样；应制备三个试样。每个试样应分两次装入承压筒。每次宜装 1/2。应在水泥跳桌上跳振 5 次。第二次装料并跳振后，应整平表面。无水泥跳桌时，可按砂、石紧密体积密度的测试方法颠击密实。

将装试样的承压筒置于试验机上时，应再次检查承压筒内的砂浆试样表面是否平整，稍有不平时，应整平；应盖上承压盖，并应按 0.5～1.0kN/s 加荷速度或 20～40s 内均匀加荷至规定的筒压荷载值后，立即卸荷。不同品种砂浆的筒压荷载值，应符合下列要求：

① 水泥砂浆、石粉砂浆应为 20kN；

② 特细砂水泥砂浆应为 10kN；

③ 水泥石灰混合砂浆、粉煤灰砂浆应为 10kN。

施加荷载过程中，出现承压盖倾斜状况时，应立即停止测试，并应检查承压盖是否受损（变形），以及承压筒内砂浆试样表面是否平整。出现承压盖受损（变形）情况时，应更换承压盖，并应重新制备试样。

将施压后的试样倒入由孔径 5（4.75）mm 和 10（9.5）mm 标准筛组成的套筛中时，应装入摇筛机摇筛 2min 或人工摇筛 1.5min，并应筛至每隔 5s 的筛出量基本相符。

应称量各筛筛余试样的质量，并应精确至 0.1g。各筛的分计筛余量和底盘剩余量的总和，与筛分前的试样质量相比，相对差值不得超过试样质量的 0.5%；当超过时，应重新进行测试。

（3）数据整理

① 标准试样的筒压比，应按下式计算。

$$\eta_{ij} = \frac{t_1 + t_2}{t_1 + t_2 + t_3} \tag{6-60}$$

式中，η_{ij} 为第 i 个测区中第 j 个试样的筒压比，以小数计；t_1、t_2、t_3 为分别为孔径 5（4.75）mm、10（9.5）mm 筛的分计筛余量和底盘中剩余量，g。

② 测区的砂浆筒压比，应按下式计算。

$$\eta_i = \frac{(\eta_{1i} + \eta_{2i} + \eta_{3i})}{3} \tag{6-61}$$

式中，η_i 为第 i 个测区的砂浆筒压比平均值，以小数计，精确至 0.01；η_{1i}、η_{2i}、η_{3i} 为分别为第 i 个测区三个标准砂浆试样的筒压比。

③ 根据筒压比，测区的砂浆强度平均值应按下列各式计算。

水泥砂浆：　　　　　$f_{2i} = 34.58(\eta_i)^{2.06}$ $\tag{6-62}$

水泥石灰混合砂浆：$f_{2i} = 6.1(\eta_i) + 11(\eta_i)^2$ $\tag{6-63}$

粉煤灰砂浆：　　　$f_{2i} = 2.52 - 9.4(\eta_i) + 32.8(\eta_i)^2$ $\tag{6-64}$

石粉砂浆：　　　　$f_{2i} = 2.7 - 13.9(\eta_i) + 44.9(\eta_i)^2$ $\tag{6-65}$

6.3.2.3　点荷法

点荷法适用于推定烧结普通砖或烧结多孔砖砌体中的砌筑砂浆强度，检测时，应从砖墙中抽取砂浆片试样，并应采用试验机或专用仪器测试其点荷载值，然后换算为砂浆强度。从每个测点处，宜取出两个砂浆大片，一片用于检测，一片备用。

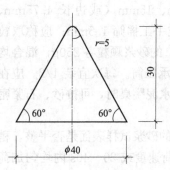

图 6-24 加荷头端部尺

（1）检测方法及要求　试验设备采用小吨位压力试验机（最小读数盘值宜为 50kN 以内）和自制加荷头装置。铁制加荷头装置（见图 6-24）形状为内角 60°的圆锥体，其锥底直径为 40mm，锥体高度为 30mm；锥体的头部是半径为 5mm 的截球体，锥球高度为 3mm，其他尺寸可自定。加荷头应为 2个。加荷头与试验机的连接方法，可根据试验机的具体情况确定，宜将连接件与加荷头设计为一个整体附件。

从每个测点处剥离出砂浆大片。加工或选取的砂浆试件应符合下列要求：厚度为 5～12mm，预估荷载作用半径为 15～25mm，大面应平整，但其边缘不要求非常规则。在砂浆试件上画出作用点，量测其厚度，精确至 0.1mm。

在小吨位压力试验机上、下压板上分别安装上、下加荷头，两个加荷头应对齐；将砂浆试件水平放置在上、下加荷头对准预先画好的作用点，并使上加荷头轻轻压紧试件，然后缓慢匀速施加荷载至试件破坏。试件可能破坏成数个小块。记录荷载值，精确至 0.1kN。将破坏后的试件拼接成原样，测量荷载实际作用点中心到试件破坏线边缘的最短距离即荷载作用半径，精确至 0.1mm。

（2）数据整理　砂浆试件的抗压强度换算值 f_{2ij}，应按式下式计算：

$$f_{2ij} = (33.3\xi_{4ij}\xi_{5ij}N_{ij} - 1.1)^{1.09} \tag{6-66}$$

$$\xi_{4ij} = 1/(0.05\gamma_{ij} + 1) \tag{6-67}$$

$$\xi_{5ij} = 1/[0.03t_{ij}(0.1t_{ij} + 1) + 0.4] \tag{6-68}$$

式中，N_{ij} 为点荷载值，kN；ξ_{4ij} 为荷载作用半径修正系数；ξ_{5ij} 为试件厚度修正系数；γ_{ij} 为荷载作用半径，mm；t_{ij} 为试件厚度，mm。

测区的砂浆抗压强度平均值，应按下式计算：

$$f_{2i} = \frac{1}{n_1}\sum_{j=1}^{n_1} f_{2ij} \tag{6-69}$$

6.3.2.4　砂浆抗压强度的推定

根据《砌体工程现场检测技术标准》（GB/T 50315—2011）中强度推定的方法，每一检测单元的砂浆强度平均值 $f_{2,\mathrm{m}}$、标准值 s 和变异系数 δ，应按下列各式计算：

$$f_{2,\mathrm{m}} = \frac{1}{n_2}\sum_{i=1}^{n_2} f_{2i} \tag{6-70}$$

$$s = \sqrt{\frac{\sum_{i=1}^{n_2}(f_{2,\mathrm{m}} - f_{2i})^2}{n_2 - 1}} \tag{6-71}$$

$$\delta = \frac{s}{f_{2\mathrm{m}}} \tag{6-72}$$

式中，$f_{2,\mathrm{m}}$ 为同一检测单元的砂浆强度平均值，MPa；s 为同一检测单元的砂浆强度标准值，MPa；n_2 为同一检测单元的测区数。

（1）对在建或新建砌体工程　当需推定砌筑砂浆抗压强度值时，可按下列公式计算。

① 当测区数 n_2 不小于 6 时，应取下列公式中的较小值：

$$f_2' = 0.91f_{2,m} \tag{6-73}$$
$$f_2' = 1.18f_{2,\min} \tag{6-74}$$

式中，f_2' 为砌筑砂浆抗压强度推定值，MPa；$f_{2,\min}$ 为同一检测单元，测区砂浆抗压强度的最小值，MPa。

② 当测区数 n_2 小于 6 时，可按下式计算：

$$f_2' = f_{2,\min} \tag{6-75}$$

(2) 对既有砌体工程　当需推定砌筑砂浆抗压强度值时，应按下列公式计算。

① 当测区数 n_2 不小于 6 时，应取下列公式中的较小值：

$$f_2' = f_{2,m} \tag{6-76}$$
$$f_2' = 1.33f_{2,\min} \tag{6-77}$$

② 当测区数 n_2 小于 6 时，可按下式计算：

$$f_2' = f_{2,\min} \tag{6-78}$$

当砌筑砂浆强度检测结果小于 2.0MPa 或大于 15MPa 时，不宜给出具体检测值，可仅给出检测值范围 $f_2 < 2.0\,\text{MPa}$ 或 $f_2 > 15.0\,\text{MPa}$。

6.3.3　砌体强度检测

砌体的强度可采用取样试验或现场原位试验方法检测。取样法是从砌体中截取试件，在试验室测定试件的强度。原位法是在现场测试砌体的强度。砌体强度的取样检测应遵守下列规定：

① 取样检测不得构成结构或构件的安全问题；

② 试件的尺寸和强度测试方法应符合《砌体基本力学性能试验方法标准》（GBJ 129）的规定；

③ 取样操作宜采用无振动的切割方法，试件数量应根据检测目的确定；

④ 测试前应对试件局部的损伤予以修复，严重损伤的样品不得作为试件。

6.3.3.1　原位轴压法

原位轴压法适用于推定 240mm 厚普通砖砌体或多孔砖砌体的抗压强度，其试验装置由扁式加载器、自平衡反力架和液压加载系统组成（见图 6-25）。测试时先在砌体测试部位垂直方向按试样高度上下两端各开凿一个相当于扁式加载器尺寸的水平槽，在槽内各嵌入一扁式加载器，并用自平衡拉杆固定。也可用一个加载器，另一个用特制的钢板代替。通过加载系统对试体分级加载，直到试件受压开裂破坏，求得砌体的极限抗压强度。目前较多采用的也有在被测试体上下端各开 240mm×240mm 方孔，内嵌以自平衡加载架及扁千斤顶，直接对砌体加载。

(1) 检测步骤及要求　测试部位应具有代表性，测试部位宜选在墙体中部距楼、地面 1m 左右的高度处；槽间砌体每侧的墙体宽度不应小于 1.5m。同一墙体上，测点不宜多于 1 个，且宜选在沿墙体长度的中间部位；多于 1 个时，其水平净距不得小于 2.0m。测

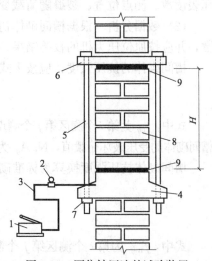

图 6-25　原位轴压法的试验装置
1—手动油泵；2—压力表；3—高压油管；
4—扁式千斤顶；5—钢拉杆（4 根）；
6—反力板；7—螺母；8—槽间砌体；
9—垫砂层

试部位不得选在挑梁下、应力集中部位以及墙梁的墙体计算高度范围内。

在测点上开凿水平槽孔时，上、下水平槽的尺寸应符合表 6-8 的要求，上、下水平槽孔应对齐。普通砖砌体，槽间砌体高度应为 7 皮砖；多孔砖砌体，槽间砌体高度应为 5 皮砖。开槽时，应避免扰动四周的砌体；槽间砌体的承压面应修平整。

在槽孔间安放原位压力机时，在上槽内的下表面和扁式千斤顶的顶面，应分别均匀铺设湿细砂或石膏等材料的垫层，垫层厚度可取 10mm。应将反力板置于上槽孔，扁式千斤顶置于下槽孔，应安放四根钢拉杆，并应使两个承压板上下对齐后，沿对角两两均匀拧紧螺母并调整其平行度；四根钢拉杆的上下螺母间的净距误差不应大于 2mm。

正式测试前，应进行试加荷载测试，试加荷载值可取预估破坏荷载的 10%，应检查测试系统的灵活性和可靠性，以及上下压板和砌体受压面接触是否均匀密实。经试加荷载，测试系统正常后应卸荷，并应开始正式测试。

表 6-8 水平槽尺寸

名称	长度/mm	厚度/mm	高度/mm
上水平槽	250	240	70
下水平槽	250	240	≥110

正式测试时，应分级加荷。每级荷载可取预估破坏荷载的 10%，并应在 1~1.5min 内均匀加完，然后恒载 2min。加荷至预估破坏荷载的 80% 后，应按原定加荷速度连续加荷，直至槽间砌体破坏。当槽间砌体裂缝急剧扩展和增多，油压表的指针明显回退时，槽间砌体达到极限状态。

测试过程中，发现上下压板与砌体承压面因接触不良，致使槽间砌体呈局部受压或偏心受压状态时，应停止测试，并应调整测试装置，重新测试，无法调整时应更换测点。

测试过程中，应仔细观察槽间砌体初裂裂缝与裂缝开展情况，并应记录逐级荷载下的油压表读数、测点位置、裂缝随荷载变化情况等。

(2) 数据分析 根据槽间砌体初裂和破坏时的油压表读数，应分别减去油压表的初始读数，并应按原位压力机的校验结果，计算槽间砌体的初裂荷载值和破坏荷载值。

槽间砌体的抗压强度，应按下式计算：

$$f_{uij} = \frac{N_{uij}}{A_{ij}} \tag{6-79}$$

式中，f_{uij} 为第 i 个测区第 j 个测点槽间砌体的抗压强度，MPa；N_{uij} 为第 i 个测区第 j 个测点槽间砌体的受压破坏荷载值，N；A_{ij} 为第 i 个测区第 j 个测点槽间砌体的受压面积，mm²。

槽间砌体抗压强度换算为标准砌体的抗压强度，应按下列公式计算：

$$f_{mij} = \frac{f_{uij}}{\xi_{1ij}} \tag{6-80}$$

$$\xi_{1ij} = 1.25 + 0.60\sigma_{0ij} \tag{6-81}$$

式中，f_{mij} 为第 i 个测区第 j 个测点的标准砌体抗压强度换算值，MPa；ξ_{1ij} 为原位轴压法的无量纲的强度换算系数；σ_{0ij} 为该测点上部墙体的压应力，其值可按墙体实际所承受的荷载标准值计算，MPa。

测区的砌体抗压强度平均值，应按下式计算：

$$f_{mi} = \frac{1}{n_1}\sum_{j=1}^{n_1} f_{mij} \tag{6-82}$$

式中，f_{mi} 为第 i 个测区的砌体抗压强度平均值，MPa；n_1 为第 i 个测区的测点数。

砌体原位轴心抗压强度测定法是在原始状态下进行检测，砌体不受扰动，所以它可以全面考虑砖材和砂浆变异及砌筑质量等对砌体抗压强度的影响，这对于结构改建、抗震修复加固、灾害事故分析以及对既有砌体结构的可靠性评定等尤为适用。此外，这种方法以局部破损应力作为砌体强度的推算依据，结果较为可靠，而且它是一种微破损的试验方法，对砌体所造成的局部损伤易于修复。

6.3.3.2　扁顶法

扁顶法的试验装置是由扁式液压加载器及液压加载系统组成。试验时在待测砌体部位按所取试样的高度在上下两端垂直于主应力方向沿水平灰缝将砂浆掏空，形成两个水平空槽，并将扁式加载器的液囊放入灰缝的空槽内。当扁式加载器进油时、液囊膨胀使砌体产生应力，随着压力的增加，试件受载增大，由压力表的读数测定施加压力大小。

用扁式加载器的压应力值经修正后，即为砌体的抗压强度。扁顶法除了可直接测定砌体强度外，当在被试砌体部位布置应变测点进行应变量测时，尚可测定砌体的应力-应变曲线和砌体原始主应力值，推定墙体的受压工作应力和砌体的弹性模量，参见图 6-26。

(1) 试验布置及要求

① 实测墙体受压工作应力。在选定的墙体上，应标出水平槽的位置，并应牢固粘贴两对变形测量的脚标 [见图 6-26(a)]。脚标应位于水平槽正中并跨越该槽；普通砖砌体脚标之间的距离应相隔 4 条水平灰缝，宜取 250mm；多孔砖砌体脚标之间的距离应相隔 3 条水平灰缝，宜取 270～300mm。

使用手持应变仪或附着式应变计测量砌体变形的初读数时，应测量 3 次，并应取其平均值。

在标出水平槽位置处，应剔除水平灰缝内的砂浆。水平槽的尺寸应略大于扁顶尺寸。开凿时不应损伤测点部位的墙体及变形测量脚标。槽的四周应清理平整，并应除去灰渣。

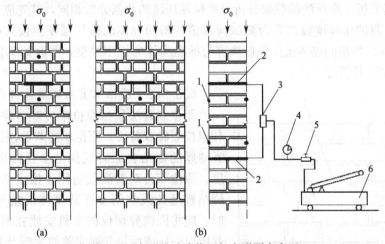

图 6-26　扁顶法试验装置与变形测点布置

(a) 测试受压工作应力；(b) 测试受压弹性模量、抗压强度

1—变形测点角标；2—扁式液压千斤顶；3—三通接头；

4—压力表；5—溢流阀；6—手动油泵

使用手持式应变仪或附着式应变计测量开槽后的砌体变形值时，应待读数稳定后再进行下一步测试工作。

在槽内安装扁顶，扁顶上下两面宜垫尺寸相同的钢垫板，并应连接测试设备的油路，试加荷载测试。正式测试时，应分级加荷。每级荷载应为预估破坏荷载值的5%，并应在1.5～2min内均匀加完，恒载2min后应测读变形值，当变形值接近开槽前的读数时，应适当减小加荷级差，并应直至实测变形值达到开槽前的读数，然后卸荷。

② 实测墙内砌体抗压强度和弹性模量。在完成墙体的受压工作应力测试后，应开凿第二条水平槽，上下槽应互相平行、对齐。当选用250mm×250mm扁顶时，普通砖砌体两槽之间的距离应相隔7皮砖；多孔砖砌体两槽之间的距离应相隔5皮砖。当选用250mm×380mm扁顶时，普通砖砌体两槽之间的距离应相隔8皮砖；多孔砖砌体两槽之间的距离应相隔6皮砖。遇有灰缝不规则或砂浆强度较高而难以凿槽时，可在槽孔处取出1皮砖，安装扁顶时应采用钢制楔形垫块调整其间隙。

正式测试时，应分级加荷。每级荷载可取预估破坏荷载的10%，并应在1～1.5min内均匀加完，然后恒载2min。加荷至预估破坏荷载的80%后，应按原定加荷速度连续加荷，直至槽间砌体破坏。当槽间砌体裂缝急剧扩展和增多，油压表的指针明显回退时，槽间砌体达到极限状态。

当槽间砌体上部压应力小于0.2MPa时，应加设反力平衡架后再进行测试。当槽间砌体上部压应力不小于0.2MPa时，也宜加设反力平衡架后再进行测试，反力平衡架可由两块反力板和四根钢拉杆组成。

应用扁顶法，须根据测试目的采用不同的试验步骤，主要应注意下列四点。

a. 仅测定墙体的受压工作应力，在测点只开凿一条水平灰缝槽，使用1个扁顶。

b. 测定墙体受压工作应力和砌体抗压强度：在测点先开凿一条水平槽，使用一个扁顶测定墙体受压工作应力；然后开凿第二条水平槽，使用两个扁顶测定砌体弹性模量和砌体抗压强度。

c. 仅测定墙内砌体抗压强度，同时开凿两条水平槽，使用两个扁顶。

d. 测试砌体抗压强度和弹性模量时，不论σ_0大小，均宜加设反力平衡架。

（2）数据分析　扁顶法的数据分析与原位轴压法的数据分析相同，首先应根据扁顶力值的校验结果，将油压表读数换算为测试荷载值，槽间砌体的抗压强度应按式（6-79）计算；然后按式（6-80）将槽间砌体抗压强度换算为标准砌体的抗压强度，测区的砌体抗压强度平均值按式（6-82）计算。

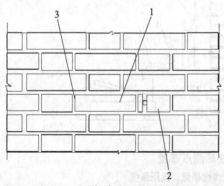

图6-27　原位单砖双剪试验示意

1—剪切试件；2—剪切仪主机；3—掏空的竖缝

6.3.3.3　原位双剪法测定砌体抗剪强度

原位双剪法包括原位单砖双剪法（见图6-27）和原位双砖双剪法。原位单砖双剪法适用于推定各类墙厚的烧结普通砖或烧结多孔砖砌体的抗剪强度，原位双砖双剪法仅适用于推定240mm厚墙的烧结普通砖或烧结多孔砖砌体的抗剪强度。检测时，应将原位剪切仪的主机安放在墙体的槽孔内，并应以一块或两块并列完整的顺砖及其上下两条水平灰缝作为一个测点（试件）。

原位双剪法宜选用释放或可忽略受剪面上部应力σ_0作用的测试方案；当上部压应力σ_0较大且可较准确计算时，也可选用在上部压应力σ_0作用下的测试方案。

原位剪切仪的主机应为一个附有活动承压钢板的小型千斤顶。其成套设备如图6-28所示。原位剪切仪的主要技术指标应符合相关规定。

（1）检测步骤及要求　在测区内选择测点，应符
合下列要求：测区应随机布置 n_1 个测点，对原位单砖
双剪法，在墙体两面的测点数量宜接近或相等。试件
两个受剪面的水平灰缝厚度应为 8～12mm。门、窗洞
口侧边 120mm 范围内，后补的施工洞口和经修补的砌
体，独立砖柱不应布设测点。同一墙体的各测点之间，
水平方向净距不应小于 1.5m，垂直方向净距不应小于
0.5m，且不应在同一水平位置或纵向位置。

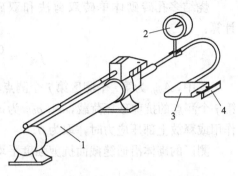

图 6-28　成套原位剪切仪示意图
1—油泵；2—压力表；3—剪
切仪主机；4—承压钢板

安放原位剪切仪主机的孔洞，应开在墙体边缘
的远端或中部。当采用带有上部压应力 σ_0 作用的测
试方案时，应按图 6-29 所示制备出安放主机的孔
洞，并应清除四周的灰缝。原位单砖双剪试件的孔洞截面尺寸，普通砖砌体不得小于
115mm×65mm；多孔砖砌体不得小于 110mm×110mm。原位双砖双剪试件的孔洞截面尺
寸，普通砖砌体不得小于 240mm×65mm；多孔砖砌体不得小于 240mm×110mm；应掏空、
清除剪切试件另一端的竖缝。

当采用释放试件上部压应力 σ_0 的测试方案时，尚应按图 6-29 所示，掏空试件顶部两皮
砖之上的一条水平灰缝，掏空范围，应由剪切试件的两端向上按 45°角扩散至灰缝 4，掏空
长度应大于 620mm，深度应大于 240mm。试件两端的灰缝应清理干净。开凿清理过程中，
严禁扰动试件；发现被推砖块有明显缺棱掉角或上、下灰缝有松动现象时，应舍去该试件。
被推砖的承压面应平整，不平时应用扁砂轮等工具磨平。

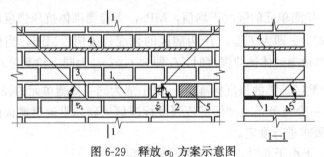

图 6-29　释放 σ_0 方案示意图
1—试样；2—剪切仪主机；3—掏空竖缝；4—掏空水平缝；5—垫块

测试时，应将剪切仪主机放入开凿好的孔洞中（见图 6-29），并应使仪器的承压板与试
件的砖块顶面重合，仪器轴线与砖块轴线应吻合。开凿孔洞过长时，在仪器尾部应另加垫
块。操作剪切仪，应匀速施加水平荷载，并应直至试件和砌体之间产生相对位移，试件达到
破坏状态。加荷的全过程宜为 1～3min。

记录试件破坏时剪切仪测力计的最大读数，应精确至 0.1 个分度值。采用无量纲指示仪
表的剪切仪时，尚应按剪切仪的校验结果换算成以 N 为单位的破坏荷载。

（2）数据分析　烧结普通砖砌体单砖双剪法和双砖双剪法试件沿通缝截面的抗剪强度，
应按下式计算：

$$f_{vij} = \frac{0.32 N_{vij}}{A_{vij}} - 0.70\sigma_{0ij} \tag{6-83}$$

烧结多孔砖砌体单砖双剪法和双砖双剪法试件沿通缝截面的抗剪强度，应按下式计算：

$$f_{vij} = \frac{0.29N_{vij}}{A_{vij}} - 0.70\sigma_{0ij} \tag{6-84}$$

式中，A_{vij} 为第 i 个测区第 j 个测点单个灰缝受剪截面的面积，mm^2；N_{vij} 为第 i 个测区第 j 个测点的抗剪破坏荷载，N；σ_{0ij} 为该测点上部墙体的压应力，MPa，当忽略上部压应力作用或释放上部压应力时，取为 0。

测区的砌体沿通缝截面抗剪强度平均值，应按下式计算：

$$f_{vi} = \frac{1}{n_1} \sum_{j=1}^{n_1} f_{vij} \tag{6-85}$$

式中，f_{vi} 为第 i 个测区的砌体沿通缝截面抗剪强度平均值，MPa。

（3）砌体抗压与抗剪强度推定 根据《砌体工程现场检测技术标准》（GB/T 50315—2011）中强度推定的方法，每一检测单元的砂浆强度平均值 $f_{2,m}$、标准值 s 和变异系数 δ，应按下列各式计算：

$$\bar{x} = \frac{1}{n_2} \sum_{i=1}^{n_2} f_i \tag{6-86}$$

$$s = \sqrt{\frac{\sum_{i=1}^{n_2} (\bar{x} - f_i)^2}{n_2 - 1}} \tag{6-87}$$

$$\delta = \frac{s}{\bar{x}} \tag{6-88}$$

式中，$\bar{x}$ 为同一检测单元的强度平均值，MPa，当检测砌体抗压强度时，$\bar{x}$ 即为 f_m，当检测砌体抗剪强度时，$\bar{x}$ 即为 $f_{v,m}$；f_i 为测区的强度代表值，MPa，当检测砌体抗压强度时，f_i 即为 f_{mi}，当检测砌体抗剪强度时，f_i 即为 f_{vi}；n_2 为同一检测单元的测区数。s 为同一检测单元按 n_2 个测区计算的强度标准值，MPa；δ 为同一检测单元的强度变异系数。

当需要推定每一检测单元的砌体抗压强度标准值或砌体沿通缝截面的抗剪强度标准值时，应分别按下列要求进行推定。

① 当测区数 n_2 不小于 6 时，可按下列公式推定：

$$f_k = f_m - ks \tag{6-89}$$

$$f_{v,k} = f_{v,m} - ks \tag{6-90}$$

式中，f_k 为砌体抗压强度标准值，MPa；f_m 为同一检测单元的砌体抗压强度平均值，MPa；$f_{v,k}$ 为砌体抗剪强度标准值，MPa；$f_{v,m}$ 为同一检测单元的砌体沿通缝截面的抗剪强度平均值，MPa；k 为与 α、C、n_2 有关的强度标准值计算系数，应按表 6-9 取值；α 为确定强度标准值所取的概率分布下分位数，取 0.05；C 为置信水平，取 0.60。

表 6-9　计算系数 k

测区数 n_2	6	7	8	9	10	12	15	18
k	1.947	1.908	1.880	1.858	1.841	1.816	1.790	1.773
测区数 n_2	20	25	30	35	40	45	50	
k	1.764	1.748	1.736	1.728	1.721	1.716	1.712	

② 当测区数 n_2 小于 6 时，可按下列公式推定：

$$f_k = f_{mi,min} \tag{6-91}$$

$$f_{v,k} = f_{vi,min} \tag{6-92}$$

式中，$f_{mi,min}$ 为同一检测单元中，测区砌体抗压强度的最小值，MPa；$f_{vi,min}$ 为同一检测单元中，测区砌体抗剪强度的最小值，MPa。

每一检测单元的砌体抗压强度或抗剪强度，当检测结果的变异系数 δ 分别大于 0.2 或 0.25 时，不宜直接按式（6-89）或式（6-90）计算，应检查检测结果离散性较大的原因，若查明系混入不同样本所致，宜分别进行统计，并应分别按式（6-89）～式（6-92）确定本标准值。如确系变异系数过大，则应按式（6-91）和式（6-92）确定标准值。

6.3.4 砌筑质量与构造检测

砌筑构件的砌筑质量检测可分为砌筑方法、灰缝质量、砌体偏差和留槎及洞口等项目。砌体结构的构造检测可分为砌筑构件的高厚比、梁垫、壁柱、预制构件的搁置长度、大型构件端部的锚固措施、圈梁、构造柱或芯柱、砌体局部尺寸及钢筋网片和拉结筋等项目。既有砌筑构件砌筑方法、留槎、砌筑偏差和灰缝质量等，可采取剔凿表面抹灰的方法检测。当构件砌筑质量存在问题时，可降低该构件的砌体强度。各检测项目的检测内容不同。

（1）砌筑方法检测 砌筑方法的检测应检测上、下错缝，内、外搭砌等是否符合要求。

（2）灰缝质量检测 灰缝质量检测可分为灰缝厚度、灰缝饱满程度和平直程度等项目。其中灰缝厚度的代表值应按 10 皮砖砌体高度折算。灰缝的饱满程度和平直程度，可按《砌体工程施工质量验收规范》（GB 50203—2011）规定的方法进行检测。

（3）砌体偏差检测 砌体偏差的检测可分为砌筑偏差和放线偏差。砌筑偏差中的构件轴线位移和构件垂直度的检测方法和评定标准，可按《砌体工程施工质量验收规范》（GB 50203—2011）的规定执行。对于无法准确测定构件轴线绝对位移和放线偏差的既有结构，可测定构件轴线的相对位移或相对放线偏差。

（4）配筋砌体中钢筋检测 配筋砌体中的钢筋检测可分为钢筋位置、直径、数量等项目。钢筋位置和钢筋数量宜采用非破损的雷达法或电磁感应法进行检测，必要时可凿洞进行钢筋直径或数量的验证。砌体中拉结筋的间距，应取 2～3 个连续间距的平均间距作为代表值。

（5）砌体构造检测 砌筑构件的高厚比，其厚度值应取构件厚度的实测值。跨度较大的屋架和梁支承面下的垫块和锚固措施，可采取剔除表面抹灰的方法检测。预制钢筋混凝土板的支承长度，可采用剔凿楼面面层及垫层的方法检测。跨度较大门窗洞口的混凝土过梁的设置状况，可通过测定过梁钢筋状况判定，也可采取剔凿表面抹灰的方法检测。砌体墙梁的构造，可采取剔凿表面抹灰和用尺量测的方法检测。圈梁、构造柱或芯柱的设置，可通过测定钢筋状况判定；圈梁、构造柱或芯柱的混凝土施工质量检测按混凝土相关规定进行检测。

6.3.5 变形与损伤检测

砌体结构的变形与损伤的检测可分为裂缝、倾斜、基础不均匀沉降、环境侵蚀损伤、灾害损伤及人为损伤等项目。

（1）裂缝检测 对于结构或构件上的裂缝，应测定裂缝的位置、裂缝长度、裂缝宽度和裂缝的数量；必要时应剔除构件抹灰确定砌筑方法、留槎、洞口、线管及预制构件对裂缝的影响；对于仍在发展的裂缝应进行定期的观测，提供裂缝发展速度的数据。

（2）损伤检测　对砌体结构受到的损伤进行检测时，应确定损伤对砌体结构安全性的影响。对于不同原因造成的损伤，其检测内容不同。对环境侵蚀，应确定侵蚀源、侵蚀程度和侵蚀速度；对冻融损伤，应测定冻融损伤深度、面积，检测部位宜为檐口、房屋的勒脚、散水附近和出现渗漏的部位；对火灾等造成的损伤，应确定灾害影响区域和受灾害影响的构件，确定影响程度；对于人为的损伤，应确定损伤程度。

（3）变形检测　砌筑构件或砌体结构的倾斜可采用经纬仪、激光定位仪、三轴定位仪或吊锤的方法检测，宜区分倾斜中砌筑偏差造成的倾斜、变形造成的倾斜、灾害造成的倾斜等。基础的不均匀沉降可用水准仪检测；当需要确定基础沉降的发展情况时，应在砌体结构上布置测点进行观测，观测操作应遵守《建筑变形测量规程》（JGJ/T 8—2007）相关规定；砌体结构的基础累计沉降差，可参照首层的基准线推算。

6.4　钢结构的检测

钢结构的检测是指钢结构与钢构件质量或性能的检测。可分为钢结构材料性能、连接、构件的尺寸与偏差、变形与损伤、构造以及涂装等项检测工作，必要时，可进行结构或构件性能的实荷检验或结构的动力测试。

本节主要介绍钢材外观质量检测、构件的尺寸偏差检测、钢材的力学性能检测、超声探伤、磁粉探伤和射线探伤的方法。

6.4.1　钢材外观质量检测

钢材外观质量检测可分为均匀性，是否有夹层、裂纹、非金属夹杂和明显的偏析等项目。当对钢材的质量有怀疑时，应对钢材原材料进行力学性能检验或化学成分分析。

① 钢材裂纹，可采用观察的方法和渗透法检测。采用渗透法检测时，应用砂轮和砂纸将检测部位的表面及其周围 20mm 范围内打磨光滑，不得有氧化皮、焊渣、飞溅、污垢等；用清洗剂将打磨表面清洗干净，干燥后喷涂渗透剂，渗透时间不应少于 10min；然后再用清洗剂将表面多余的渗透剂清除；最后喷涂显示剂，停留 10～30min 后，观察是否有裂纹显示。

② 杆件的弯曲变形和板件凹凸等变形情况，可用观察和尺量的方法检测，量测出变形的程度；变形评定，应按现行《钢结构工程施工质量验收规范》（GB 50205）的规定执行。

③ 螺栓和铆钉的松动或断裂，可采用观察或锤击的方法检测。

④ 结构构件的锈蚀，可按《涂装前钢材表面锈蚀等级和除锈等级》（GB 8923）确定锈蚀等级，对 D 级锈蚀，还应量测钢板厚度的削弱程度。

⑤ 钢结构构件的挠度、倾斜等变形与位移和基础沉降等，可采用经纬仪、激光定位仪、三轴定位仪或吊锤的方法检测，宜区分倾斜中施工偏差造成的倾斜、变形造成的倾斜、灾害造成的倾斜等。基础不均匀沉降，可用水准仪检测；当需要确定基础沉降的发展情况时，应在结构上布置测点进行观测，观测操作应遵守《建筑变形测量规程》（JGJ/T 8—2007）的规定；结构的基础累计沉降差，可参照首层的基准线推算。

6.4.2　构件尺寸偏差检测

尺寸检测的范围，应检测所抽样构件的全部尺寸，每个尺寸在构件的 3 个部位量测，取 3 处测试值的平均值作为该尺寸的代表值；尺寸量测的方法，可按相关产品标准的规定量测，其中钢材的厚度可用超声测厚仪测定；构件尺寸偏差的评定指标，应按相应的产品标准确定。

钢构件的尺寸偏差，应以设计图纸规定的尺寸为基准，计算尺寸偏差。偏差的允许值，应按《钢结构工程施工质量验收规范》（GB 50205）确定。

钢构件安装偏差的检测项目和检测方法，应按《钢结构工程施工质量验收规范》（GB 50205）确定。

6.4.3　钢材的力学性能检验

对结构构件钢材的力学性能检验可分为屈服点、抗拉强度、伸长率、冷弯和冲击功等项目。当工程尚有与结构同批的钢材时，可以将其加工成试件，进行钢材力学性能检验；当工程没有与结构同批的钢材时，可在构件上截取试样，但应确保结构构件的安全。

6.4.3.1　材料力学性能现场检验项目和方法

钢材力学性能检验试件的取样数量、取样方法、试验方法和评定标准应符合表 6-10 的规定。

当被检验钢材的屈服点或抗拉强度不满足要求时，应补充取样进行拉伸试验。补充试验应将同类构件同一规格的钢材划为一批，每批抽样 3 个。

6.4.3.2　钢材强度的检测方法

既有钢结构钢材的抗拉强度，可采用表面硬度法检测。应用表面硬度法检测钢结构钢材抗拉强度时，应有取样检验钢材抗拉强度的验证。

表 6-10　材料力学性能检验项目和方法

检验项目	取样数量 /(个/批)	取样方法	试验方法	评定标准
屈服点、抗拉强度、伸长率	1	《钢材力学及工艺性能试验取样规定》(GB 2975)	《金属拉伸试验试样》(GB 6397)；《金属材料室温拉伸试验方法》(GB/T 228)	《碳素结构钢》(GB 700)；《低合金高强度结构钢》(GB/T 1591)；其他钢材产品标准
冷弯	1		《金属材料弯曲试验方法》(GB/T 232)	
冲击功	3		《金属材料摆锤冲击试验方法》(GB/T 229)	

表面硬度法主要利用布氏硬度计测定，由硬度计端部的钢珠受压时在钢材表面和已知硬度标准试样上的凹痕直径，测得钢材的硬度，并由钢材硬度与强度的相关关系，经换算得到钢材的强度：

$$f = 3.6 H_B \, (\mathrm{N/mm^2}) \tag{6-93}$$

$$H_B = H_S \frac{D - \sqrt{D^2 - d_S}}{D - \sqrt{D^2 - d_B}} \tag{6-94}$$

式中，H_B、H_S 分别为钢材和标准试件的布氏硬度；d_B、d_S 分别为硬度计钢珠在钢材和标准试件上的凹痕直径；D 为硬度计钢珠直径；f 为钢材的极限强度。

测定钢材的极限强度 f 后，可依据同种材料的屈强比计算得到钢材的屈服强度。

6.4.4　超声法检伤

超声法检测钢材和焊缝缺陷的工作原理与检测混凝土内部缺陷相同，试验时较多采用脉冲反射法。超声波脉冲经换能器发射进入被测材料传播时，当通过材料不同界面（构件材料表面、内部缺陷和构件底面）时，会产生部分反射，这些超声波各自往返的路程不同，回到换能器时间不同，在超声波探伤仪的示波屏幕上分别显示出各界面的反射波及其相对的位置，分别称为始脉冲、伤脉冲和底脉冲，如图 6-30 所示。由缺陷反射波与始脉冲和底脉冲的相对距离可确定缺陷在构件内的相对位置。如材料完好内部无缺陷时，则显示屏上只有始脉冲和底脉冲，不出现缺陷放射脉冲。

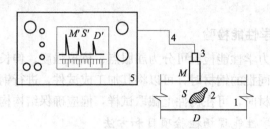

图 6-30 脉冲反射法探伤

1—试件；2—缺陷；3—探头；

4—电缆；5—探伤仪

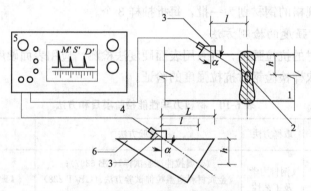

图 6-31 斜向探头探测缺陷位置

1—试件；2—缺陷；3—探头；4—电

缆；5—探伤仪；6—标准试块

进行焊缝内部缺陷检测时，换能器常采用斜向探头。图 6-31 用三角形标准试块经比较法确定内部缺陷的位置。当在构件焊缝内探测到缺陷时，记录换能器在构件上的位置 L 和缺陷反射波在显示屏上的相对位置。然后将换能器移到三角形标准试块的斜边上做相对移动，使反射脉冲与构件焊缝内的缺陷脉冲重合，当三角形标准试块的 α 角度与斜向换能器超声波和折射角度相同时，量取换能器在三角形标准试块上的位置 L，则可按式（6-95）和式（6-96）确定缺陷的深度 h：

$$l = L \sin^2 \alpha \tag{6-95}$$

$$h = L \sin\alpha \cos\alpha \tag{6-96}$$

由于钢材密度比混凝土大得多，为了能够检测钢材或焊缝内较小的缺陷，要求选用较高的超声频率，常用工作频率为 $0.5 \sim 2\text{MHz}$，比混凝土检测时的工作频率高。

超声法检测比其他方法（如磁粉探伤、射线探伤等）更有利于现场检测。

6.4.5 磁粉与射线探伤

磁粉探伤的原理：铁磁材料（铁、钴、镍及其合金）置于磁场中，即被磁化。如果材料内部均匀一致而截面不变时，则其磁力线方向也是一致的和不变的；当材料内部出现缺陷，如裂纹、空洞和非磁性夹杂物等，则由于这些部位的磁导率很低，磁力线便产生偏转，即绕道通过这些缺陷部位。当缺陷距离表面很近时，此处偏转的磁力线就会有部分越出试件表面，形成一个局部磁场。这时将磁粉撒向试件表面，落到此处的磁粉即被局部磁场吸住，于是显现出缺陷的所在。图 6-32 为磁粉探伤仪。

射线探伤有 X 射线探伤和 γ 射线探伤两种。X 射线和 γ 射线都是波长很短的电磁波，具有很强的穿透非透明物质的能力，并能被物质所吸收。物质吸收射线的程度，随物质本身的密实程度而异。材料愈密实，吸收能力愈强，射线愈易衰减，通过材料后的射线愈弱。当材料内部有松孔、夹渣、裂缝时，则射线通过这些部位的衰减程度较小，因而透过试件的射线较强。根据透过试件的射线强弱，即可判断材料内部的缺陷。

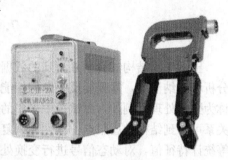

图 6-32　磁粉探伤仪

钢结构的无损检测，除了超声波、磁粉和射线探伤外，还有渗透法和涡流探伤等。

复习思考题

1. 简述结构检测的内容及工作程序。
2. 混凝土结构检测包括哪些内容？
3. 混凝土强度检测有哪些方法？
4. 简述回弹法检测混凝土强度的工作原理。
5. 混凝土裂缝检测有哪些方法？
6. 混凝土结构中钢筋检测的内容有哪些？
7. 砌体结构检测包括哪些内容？
8. 砌筑砂浆强度检测的方法有哪些？简述各种检测方法的特点及适用范围。
9. 砌体强度检测的方法有哪些？简述各种检测方法的特点及适用范围。
10. 钢结构检测包括哪些内容？
11. 钢材强度检测采用哪种检测方法？简述其原理。
12. 简述超声法检测钢材和焊缝缺陷的工作原理及方法。

第7章 土木工程结构试验的数据处理

7.1 概　述

土木工程结构试验中采集到的数据是原始数据。经对这些原始数据进行整理换算、统计分析和归纳演绎，得到能反映结构性能的数据、公式、图像、表格、数学模型等，这一过程称为数据处理。例如，由试验中采集的应变值得到结构的内力分布，由结构的变形和荷载的关系可得到结构的屈服点、延性和恢复力模型等，对原始数据进行统计分析可以得到平均值等统计特征值，对动态信号进行变换处理可以得到结构的自振频率等动力特性等。

结构试验时采集得到的原始数据不仅量大而且有误差，有时杂乱无章，甚至有错误。所以，必须对原始数据进行处理，才能得到可靠的试验结果。

数据处理的内容和步骤包括四个方面：①数据的整理和换算；②数据的统计分析；③数据的误差分析；④数据的表达方式。

7.2　试验数据的整理和换算

剔除不可靠或不可信数值和统一数据精度的过程称为试验数据的整理。把整理后的试验数据通过基础理论或专业知识来计算另一物理量的过程称为试验数的换算。

7.2.1　试验数据的整理

在数据采集时，由于各种原因，会得到一些错误的信息。例如，仪器参数设置错误而造成出错，人工读数的错误，人工记录时的笔误，环境因素造成的数据失真，测量仪器缺陷或布置有误造成的数据错误，或者测量过程受到干扰造成的错误等。这些数据错误一般都可以通过复核仪器参数等方法进行整理，加以改正。

试验采集得到的数据有时杂乱无章，不同仪器得到的数据位数长短不一，应该根据试验要求和测量精度，按照国家标准《数值修约规则》的规定，把试验数据修约成规定有效位数的数值。数据修约时应遵循下列规则。

① 拟舍弃数字的最左一位数字小于 5 时，则舍去，即保留的各位数字不变。例如，将 12.1498 修约到一位小数，得 12.1。

② 拟舍弃数字的最左一位数字大于 5，或者是 5，但其后跟有非全部为 0 的数字，则进 1，即保留的末位数字加 1。例如，将 10.68 和 10.502 修约成两位有效位数，均得 11。

③ 拟舍弃数字的最左一位数为 5，而右边无数字或皆为 0 时，若所保留的末位数字为奇数（1，3，5，7，9）则进 1，为偶数（2，4，6，8，0）则舍弃。例如，将 33500 和 34500 修约成两位有效位数，均得 34×10^3。

④ 负数修约时，先将它的绝对值按上述规则修约，然后在修约值前面加上负号。例如，将 -0.03650 和 -0.03552 修约到 0.001，均得 -0.036。

⑤ 拟修约数值应在确定修约位数后一次修约获得结果，不得多次按上述规则连续修约。

例如，将 15.4546 修约到 1，正确的做法为 15.4546→15，不正确的做法为 15.4546→15.455→15.46→15.5→16。

7.2.2 试验数据换算

经过整理的数据还需要进行换算，才能得到所要求的物理量。例如，把采集到的应变换算成应力，把位移换算成挠度、转角、应变等，把应变式传感器测得的应变换算成相应的力、位移、转角等；另外，考虑结构自重和设备重量的影响，还应对数据进行修正。但由试验数据经换算得到的数据仍然是试验数据，而不是理论数据。

当由试验应变值换算应力时，应根据试件材料的应力-应变关系和应变测点的布置进行，如材料属于线弹性体，可按照材料力学的有关公式（见表 7-1）进行，公式中的弹性模量 E 和泊松比 ν 应先考虑采用实际测定的数值，如没有实际测定值时，也可以采用有关资料提出的数值。

表 7-1 测点应变与应力的换算公式

受力状况	测点布置	主应力 σ_1、σ_2 及 σ_1 和 0°轴线的夹角 θ
单向应力		$\sigma_1 = E\varepsilon_1$ $\theta = 0$
平面应力 （主应力方向已知）		$\sigma_1 = \dfrac{E}{1-\nu^2}(\varepsilon_1 + \nu\varepsilon_2)$ $\sigma_2 = \dfrac{E}{1-\nu^2}(\varepsilon_2 + \nu\varepsilon_1)$ $\theta = 0$
平面应力		$\sigma_2^1 = \dfrac{E}{2}\left[\dfrac{\varepsilon_1+\varepsilon_3}{1-\nu} \pm \dfrac{1}{1+\nu}\sqrt{2(\varepsilon_1-\varepsilon_2)^2 + 2(\varepsilon_2-\varepsilon_3)^2}\right]$ $\theta = \dfrac{1}{2}\arctan\left(\dfrac{2\varepsilon_2-\varepsilon_1-\varepsilon_3}{\varepsilon_1-\varepsilon_3}\right)$
		$\sigma_2^1 = \dfrac{E}{3}\left\{\dfrac{\varepsilon_1+\varepsilon_2+\varepsilon_3}{1-\nu} \pm \dfrac{1}{1+\nu}\sqrt{2\left[(\varepsilon_1-\varepsilon_2)^2+(\varepsilon_2-\varepsilon_3)^2+(\varepsilon_3-\varepsilon_1)^2\right]}\right\}$ $\theta = \dfrac{1}{2}\arctan\left[\dfrac{\sqrt{3}(\varepsilon_2-\varepsilon_3)}{2\varepsilon_1-\varepsilon_2-\varepsilon_3}\right]$
		$\sigma_2^1 = \dfrac{E}{2}\left[\dfrac{\varepsilon_1+\varepsilon_4}{1-\nu} \pm \sqrt{(\varepsilon_1-\varepsilon_4)^2 + \dfrac{4}{3}(\varepsilon_2-\varepsilon_3)^2}\right]$ $\theta = \dfrac{1}{2}\arctan\left[\dfrac{2(\varepsilon_2-\varepsilon_3)}{\sqrt{3}(\varepsilon_1-\varepsilon_4)}\right]$ 校核公式：$\varepsilon_1 + 3\varepsilon_4 = 2(\varepsilon_2 + \varepsilon_3)$
		$\sigma_2^1 = \dfrac{E}{2}\left\{\dfrac{\varepsilon_1+\varepsilon_2+\varepsilon_3+\varepsilon_4}{2(1-\nu)} \pm \dfrac{1}{1+\nu}\sqrt{2\left[(\varepsilon_1-\varepsilon_3)^3+(\varepsilon_4-\varepsilon_2)^2\right]^2}\right\}$ $\theta = \dfrac{1}{2}\arctan\left[\dfrac{\varepsilon_2-\varepsilon_4}{\varepsilon_1-\varepsilon_3}\right]$ 校核公式：$\varepsilon_1 + \varepsilon_3 = \varepsilon_2 + \varepsilon_4$
三向应力 （主应力方向已知）		$\sigma_1 = \dfrac{E}{(1+\nu)(1-2\nu)}\left[(1-\nu)\varepsilon_1 + \nu(\varepsilon_2+\varepsilon_3)\right]$ $\sigma_2 = \dfrac{E}{(1+\nu)(1-2\nu)}\left[(1-\nu)\varepsilon_2 + \nu(\varepsilon_3+\varepsilon_1)\right]$ $\sigma_3 = \dfrac{E}{(1+\nu)(1-2\nu)}\left[(1-\nu)\varepsilon_3 + \nu(\varepsilon_1+\varepsilon_2)\right]$

由试验应变值换算试件截面上的应变分布及内力，由试验位移值或转角测量结果计算受弯构件的曲率，由试验位移值计算结构或构件某一平面区域的剪切变形等，均可根据试验值及相应的理论知识进行换算，此处不再赘述。

7.3　试验数据的误差分析

7.3.1　误差的分类

土木工程结构试验中，被测对象的值是客观存在的，称为真值，每次测量所得的值为实测值（测量值）。真值与测量值的差值称为测量误差，简称为误差。根据测量误差产生的原因和性质，测量误差分为系统误差、随机误差和过失误差三种。

7.3.1.1　系统误差

系统误差又称经常误差，它是由某些固定的原因造成的，其特点是在整个测量过程中始终有规律地存在，且大小和符号都不变或按某一规律改变。系统误差的来源有以下几个方面。

① 方法误差。它是由于所采用的测量方法或数据处理方法不完善所造成的。如采用简化的测量方法或近似计算方法，忽略了某些因素对测量结果的影响，以致产生误差。

② 工具误差。由于测量仪器或工具本身的不完善（结构不合理，零部件制造缺陷及使用中的磨损等缺陷）所造成的误差，如仪表刻度不均匀、百分表无效行程等。

③ 环境误差。测量过程中，由于环境的变化所造成的误差。如测量过程中的温度、湿度变化所导致的误差。

④ 操作误差。由于试验人员的操作不当所造成的误差，如仪器安装不当、仪器未校准或仪器调整不当等。

⑤ 主观误差。由于测量人员本身某一主观因素造成的误差。如测量人员特有习惯、习惯性的读数偏高或偏低。

系统误差的大小可以用准确度表示，准确度高表示测量的系统误差小。只有查明系统误差的原因，找出其变化规律，就可以在测量中采取措施（改进测量方法，采用更精确的仪器等）以减少误差，或在数据处理时对测量结果进行修正。

7.3.1.2　随机误差

随机误差也称偶然误差，它是由一些随机的偶然因素造成的，其特点是在整个测量过程偶然存在，且大小和符号变化无常。

产生随机误差的原因有测量仪器、测量方法和环境条件等方面的，如电源电压的波动，环境温度、湿度和气压的微小波动，磁场干扰，仪器的微小变化，操作人员操作上的微小差别等。随机误差在测量中是无法避免的，即使是一个很有经验的测量者，使用很精密的仪器，很仔细地操作，对同一对象进行多次测量，其结果也不会完全一致，而是有高有低。但若对同一量值进行大量的测量，可以发现特别大的数值和特别小的数值都是少数，且正负数值的误差数量也接近，绝对值越小的误差出现的概率越大，表明随机误差的分布服从正态分布，可用正态分布曲线来描述。

随机误差的大小可以用精密度表示，精密度高表示测量的随机误差小。对随机误差进行统计分析，或增加测量次数，找出其统计特征值，就可在数据处理时对测量结果进行修正。

7.3.1.3　过失误差

过失误差又称粗大误差或粗差，它是由于测量人员粗心大意，不按操作规程办事等原因造成的误差。如读错仪表刻度（位数、正负号）、记录和计算错误等。过失误差一般数值较大，并且常与事实明显不符，必须把过失误差从试验数据中剔除，还应分析出现过失误差的原因，采取措施以防再次出现。

7.3.2　误差计算

对误差进行统计分析时，同样需要计算三个重要的统计特征值，即算术平均值、标准误差和变异系数。如进行了 n 次测量，得到 n 个测量值 $x_i(i=1,2,\cdots,n)$，有 n 个测量误差 a_i $(i=1,2,3,\cdots,n)$，则误差的平均值为：

$$\bar{a}=\frac{1}{n}(a_1+a_2+\cdots+a_n) \tag{7-1}$$

式中，a_i 按下式计算：

$$a_i=x_i-\bar{x} \tag{7-2}$$

$$\bar{x}=\frac{1}{n}\sum_{i=1}^{n}x_i \tag{7-3}$$

误差的标准差为：

$$\sigma=\sqrt{\frac{1}{n-1}\sum_{i=1}^{n}a_i^2} \tag{7-4}$$

或

$$\sigma=\sqrt{\frac{1}{n-1}\sum_{i=1}^{n}(x_i-\bar{x})^2} \tag{7-5}$$

变异系数为：

$$c_v=\frac{\sigma}{\bar{a}} \tag{7-6}$$

7.3.3　误差传递

在对试验结果进行数据处理时，常常需要用若干个直接测量值计算某些物理量的值，它们之间的关系可以用下面的函数形式表示：

$$y=f(x_1,x_2,\cdots,x_m) \tag{7-7}$$

式中，$x_i(i=1,2,\cdots,m)$ 为直接测量值；y 为所要计算物理量的值。

若直接测量值 x_i 的最大绝对误差为 $\Delta x_i(i=1,2,\cdots,m)$，则 y 的最大绝对误差 Δy 和最大相对误差 δy 分别为：

$$\Delta y=\left|\frac{\partial f}{\partial x_1}\right|\Delta x_1+\left|\frac{\partial f}{\partial x_2}\right|\Delta x_2+\cdots+\left|\frac{\partial f}{\partial x_m}\right|\Delta x_m \tag{7-8}$$

$$\delta y=\frac{\Delta y}{|y|}=\left|\frac{\partial f}{\partial x_1}\right|\frac{\Delta x_1}{|y|}+\left|\frac{\partial f}{\partial x_2}\right|\frac{\Delta x_2}{|y|}+\cdots+\left|\frac{\partial f}{\partial x_m}\right|\frac{\Delta x_m}{|y|} \tag{7-9}$$

对一些常用的函数形式，可以得到以下关于误差估计的实用公式。

(1) 代数和

$$y=x_1\pm x_2\pm\cdots\pm x_m \tag{7-10}$$

$$\Delta y=\Delta x_1+\Delta x_2+\cdots+\Delta x_m \tag{7-11}$$

$$\delta y=\frac{\Delta y}{|y|}=\frac{\Delta x_1+\Delta x_2+\cdots+\Delta x_m}{|x_1+x_2+\cdots+x_m|} \tag{7-12}$$

（2）乘法

$$y = x_1 x_2 \tag{7-13}$$

$$\Delta y = |x_2| \Delta x_1 + |x_1| \Delta x_2 \tag{7-14}$$

$$\delta y = \frac{\Delta y}{|y|} = \frac{\Delta x_1}{|x_1|} + \frac{\Delta x_2}{|x_2|} \tag{7-15}$$

（3）除法

$$y = x_1 / x_2 \tag{7-16}$$

$$\Delta y = \left| \frac{1}{x_2} \right| \Delta x_1 + \left| \frac{x_1}{x_2^2} \right| \Delta x_2 \tag{7-17}$$

$$\delta y = \frac{\Delta y}{|y|} = \frac{\Delta x_1}{|x_1|} + \frac{\Delta x_2}{|x_2|} \tag{7-18}$$

（4）幂函数

$$y = x^a \, (a \text{ 为任意实数}) \tag{7-19}$$

$$\Delta y = |a x^{a-1}| \Delta x \tag{7-20}$$

$$\delta y = \frac{\Delta y}{|y|} = \left| \frac{\alpha}{x} \right| \Delta x \tag{7-21}$$

（5）对数

$$y = \ln x \tag{7-22}$$

$$\Delta y = \left| \frac{1}{x} \right| \Delta x \tag{7-23}$$

$$\delta y = \frac{\Delta y}{|y|} = \frac{\Delta x}{|x \ln x|} \tag{7-24}$$

如 x_1，x_2，$\cdots$，x_m 为随机变量，它们各自的标准误差为 σ_1，σ_2，$\cdots$，σ_m，令 $y = f(x_1, x_2, \cdots, x_m)$ 为随机变量的函数，则 y 的标准误差 σ 为：

$$\sigma = \sqrt{\left(\frac{\partial f}{\partial x_1} \right)^2 \sigma_1^2 + \left(\frac{\partial f}{\partial x_2} \right)^2 \sigma_2^2 + \cdots + \left(\frac{\partial f}{\partial x_m} \right)^2 \sigma_m^2} \tag{7-25}$$

7.3.4 误差的检验及处理

土木工程结构试验中，系统误差、随机误差和过失误差是同时存在的，试验误差是这三种误差的组合。通过对误差进行检验，尽可能地消除系统误差，剔除过失误差，并处理随机误差，使试验数据接近真实值。随机误差带有随机性，但它又服从正态分布的统计规律。因此，可依据正态分布理论对随机误差的大小进行估计，以便确定测量值的误差范围。

7.3.4.1 系统误差的检验及修正

由于系统误差产生的原因较多、较复杂，所以，系统误差不容易被发现，它的规律难以掌握，也难以全部消除它的影响。

从数值上看，常见的系统误差有"固定的系统误差"和"变化的系统误差"两类。

固定的系统误差是在整个测量数据中始终存在着的一个数值大小、符号保持不变的偏差。产生固定系统误差的原因有测量方法或测量工具方面的缺陷等。固定的系统误差往往不能通过在同一条件下的多次重复测量来发现，只能用几种不同的测量方法或同时用几种测量工具进行测量比较时，才能发现其原因和规律，并加以消除，如仪表仪器的初始零点漂移等。

变化的系统误差可分为积累变化、周期性变化和按复杂规律变化三种。当测量次数相当多时，如率定传感器时，可由偏差的频率直方图来判别；如偏差的频率直方图和正态分布曲线相差甚远，即可判断测量数据中存在着系统误差，这是因为随机误差的分布规律服从正态分布。当测量次数不够多时，可将测量数据的偏差按测量先后次序依次排列，如其数值大小基本上呈现有规律地向一个方向变化（增大或减小），即可判断测量数据有积累的系统误差；如将前一半的偏差之和与后一半的偏差之和相减，若两者之差不为零或不近似为零，也可判断测量数据有积累的系统误差。将测量数据的偏差按测量先后次序依次排列，如其符号基本上呈现有规律的交替变化，即可认为测量数据中有周期性变化的系统误差。对变化规律复杂的系统误差，可按其变化的现象，进行各种试探性的修正，来寻找其规律和原因；也可改变或调整测量方法，改用其他的测量工具，来减少或消除这一类的系统误差。

7.3.4.2　随机误差处理

通常认为随机误差服从正态分布，它的分布密度函数（即正态分布密度函数）为：

$$y = \frac{1}{\sqrt{2\pi}\,\sigma} e^{-\frac{x_i - x}{2\sigma^2}} \tag{7-26}$$

式中，$(x_i - x)$ 为随机误差；x_i 为实测值（减去其他误差）；x 为真值。实际试验时，常用 $(x_i - \bar{x})$ 代替 $(x_i - x)$，$\bar{x}$ 为平均值或其他近似的真值。

根据正态分布的概率密度函数曲线图特点，标准误差 σ 愈大，曲线愈平坦，误差值分布愈分散，精确度愈低；σ 愈小，曲线愈陡，误差值分布愈集中，精确度愈高。

误差落在某一区间内的概率 $P(|x_i - x| \leqslant a_i)$ 如表 7-2 所示。

表 7-2　与某一误差范围对应的概率

误差限 a_i	0.32σ	0.67σ	σ	1.15σ	1.96σ	2σ	2.58σ	3σ
概率 P	25%	50%	68%	75%	95%	95.4%	99%	99.7%

在一般情况下，99.7% 的概率已可认为代表多次测量的全体，所以把 3σ 叫做极限误差；当某一测量数据的误差绝对值大于 3σ 时（其可能性只有 0.3%），即可以认为其误差已不是随机误差，该测量数据已属于不正常数据。

7.3.4.3　异常数据的舍弃

在结构试验中，有时会遇到个别测量值的误差较大，并且难以对其合理解释，这些个别数据就是所谓的异常数据，应该把它们从试验数据中剔除，通常认为其中包含有过失误差。

根据误差的统计规律，绝对值越大的随机误差，其出现的概率越小；随机误差的绝对值不会超过某一范围。因此可以选择一个范围来对各个数据进行鉴别，如果某个数据的偏差超出此范围，则认为该数据中包含有过失误差，就予以剔除。常用的判别范围和鉴别方法如下。

(1) 3σ 方法　由于随机误差服从正态分布，误差绝对值大于 3σ 的概率仅为 0.3%，即 300 多次才可能出现一次。因此，当某个数据的误差绝对值大于 3σ 时，应剔除该数据。实际试验中，可用偏差代替误差，σ 按式(7-4) 或式(7-5) 计算。

(2) 肖维纳（Chauvenet）方法　进行 n 次测量，误差服从正态分布，以概率 $\frac{1}{2n}$ 设定判别范围 $[-\alpha\sigma, +\alpha\sigma]$，当某一数据的误差绝对值大于 $\alpha\sigma$($|x_i - \bar{x}| > \alpha\sigma$)，即误差出现的概率小于 $\frac{1}{2n}$ 时，就剔除该数据。差别范围由下式设定：

$$\frac{1}{2n} = 1 - \int_{-\alpha}^{\alpha} \frac{1}{\sqrt{2\pi}} e^{-\frac{t^2}{2}} \mathrm{d}t \tag{7-27}$$

即认为异常数据出现的概率小于$\frac{1}{2n}$。

（3）格拉布斯（Grubbs）方法　格拉布斯是以 t 分布为基础，根据数理统计理论按危险率 α（指剔错的概率，在工程问题中置信度一般取 95％，$\alpha=5\%$）和子样容量 n（即测量次数 n）求得临界值 $T_0(n,\alpha)$（见表 7-3）。如某个测量数据 x_i 的误差绝对值满足下式时：

$$|x_i-\bar{x}|>T_0(n,\alpha)S \tag{7-28}$$

即应剔除该数据，上式中，S 为子样的标准差。

表 7-3 $T_0(n,\alpha)$

n	α		n	α	
	0.05	0.01		0.05	0.01
3	1.15	1.16	17	2.48	2.78
4	1.46	1.49	18	2.50	2.82
5	1.67	1.75	19	2.53	2.85
6	1.82	1.94	20	2.56	2.88
7	1.94	2.10	21	2.58	2.91
8	2.03	2.22	22	2.60	2.94
9	2.11	2.32	23	2.62	2.96
10	2.18	2.41	24	2.64	2.99
11	2.30	2.48	25	2.66	3.01
12	2.28	2.55	30	2.74	3.10
13	2.33	2.61	35	2.81	3.18
14	2.37	2.66	40	2.87	3.24
15	2.41	2.70	50	2.96	3.34
16	2.44	2.75	100	3.17	3.59

7.4　试验数据的表达方式

对结构试验中测出的大量试验数据，应根据试件受力和变形的情况进行分类整理，采用适当的方式表达试验结果，以便能完善、准确地理解和分析试件的工作性能。试验数据的表达方式有表格方式、图像方式和函数方式三种。

7.4.1　表格方式

采用列表格的方式给出试验结果是常用的方式之一，它可简洁地给出实测的多个物理量与一个物理量之间的对应关系。表格按其内容和格式可分为汇总表格和关系表格两类。汇总表格把试验结果中的主要内容或试验中的某些重要数据汇集于一表之中，便于一目了然地浏览主要试验结果，起着类似于摘要和结论的作用，表中的行与行、列与列之间一般没有必然的关系；关系表格是把相互有关的数据按一定的格式列于表中，表中列与列、行与行之间都有一定的关系，它的作用是使有一定关系的代表两个或若干个变量的数据更加清楚地表示出变量之间的关系和规律。

表格的主要组成部分和基本要求如下。

① 每个表格都应该有一个表格的名称，如果试验结果中有一个以上的表格时，还应该有表的编号。表名和编号通常放在表的顶上。

② 表格的形式应该根据表格的内容和要求来决定，在满足基本要求的情况下，可以对细节作变动。

③ 不论何种表格，每列都必须有列名，它表示该列数据的意义和单位。列名都放在每列的头部，应把各列的列名都放在第一行对齐，如果第一行空间不够，可以把列名的部分内容放在表格下面的注解中去。应尽量把主要的数据列或自变量列放在靠左边的位置。

④ 表格中的内容应尽量完全，能完整地说明问题。

⑤ 表格中的符号和缩写应该采用标准格式，表中的数字应该整齐、准确。

⑥ 如果需要对表格中的内容加以说明，可以在表格的下面、紧挨着表格加以注解，不要把注解放在其他任何地方，以免混淆。

⑦ 应突出重点，把主要内容放在醒目的位置。

表 7-4 为一汇总表格的例子，表示 8 个钢管桩承台试件主要的试件特点和试验结果。第一列为试件号，第二列为钢管桩顶盖板形式（试件的主要参数），第三列为试验日期，第四、五列为混凝土承台的开裂荷载和试件破坏的极限荷载，第六列为试件的破坏形式，第七列备注作为附加说明（钢管加强是为保证满足混凝土承台达到破坏的补救措施）。汇总表格式比较松散，可根据需要布置行列，行列可以不对齐，重要的是能清楚地表示出主要内容。

表 7-4　钢管桩承台劈裂试验结果汇总

试件	盖板形式	试验日期	开裂荷载/kN	极限荷载/kN	破坏形式	备注
NO. 1	厚平盖	1992.5.9	没有开裂	481.08	钢管压屈	
NO. 2	薄平盖加肋	1992.5.14	628.92	684.10	混凝土承台劈裂	
NO. 3	厚平盖外挑	1992.5.16	650	654.71	钢管压屈	钢管加强
NO. 4	弧形盖	1992.5.4	没有开裂	550.89	钢管压屈	钢管加强,裂缝未发展
NO. 5	弧形盖	1992.5.12	610	681.02	混凝土承台劈裂	
NO. 6	无盖、有网片	1992.5.28	460	468.77	钢管压屈	钢管加强
NO. 7	无盖	1992.5.3	457.32	472.86	钢管压屈	裂缝未发展
NO. 8	无盖	1992.5.7	428.28	452.61	混凝土承台劈裂	裂缝未发展

关系表格的组成由若干个关系的变量数据列为主形成，如荷载列、位移列、应变列等，每列都有名称（通常在表格的上部），名称包括本列的变量名和单位，如位移/mm；每一行都是在某一时刻各个变量的取值，如某一荷载及相应的位移和应变等。这种按列布置变量数据称为列表格，较为常用。表中除主要的变量数据列外，还可以根据需要加上编号列（常在最左面）和备注列以记录试验过程中的特殊现象（如混凝土开裂、屈服、破坏等）。如情况需要，也可以按行布置变量数据，组成行表格。表 7-5 为一关系表格的实例，表示了某一塔状结构模型在 Y 方向（水平方向）加载时的位移，由表中数据可清楚看到不同标高处结构位移与荷载的关系，及在某一级荷载时结构的整体变形情况。

表 7-5　Y 方向加载时的位移

荷载/N	底座钢板 (±0.000)		PT (0.510)		ZG2 (1.100)	ZG1 (1.520)	备注
	Y_1/mm	$\theta_1/10^{-4}$	Y_2/mm	$\theta_2/10^{-2}$	Y_3/mm	Y_4/mm	
60	0	0	0	0	0	0	加载设备重
820	0.0184	0.5305	−0.0174	0.549	3.726	8.509	
1200	0.0226	0.7958	0.0255	0.742	5.242	10.46	
1580	0.0368	1.061	0.1634	1.04	7.413	14.49	T_1,T_2 混凝土开裂
1960	0.0552	1.592	0.4482	1.65	12.16	23.08	T_3 混凝土也开裂
2340	0.0693	1.857	0.7031	2.62	18.64	35.63	
2720	0.0435	2.122	0.628	4.63	30.55	57.2	T_1,T_2,T_3 混凝土压碎

注：Y_1, Y_2, Y_3 和 Y_4 为结构模型不同标高处的 Y 方向线位移，θ_1 和 θ_2 为不同标高处的转角位移。

7.4.2 图像方式

试验数据的图像表达方式有：曲线图、直方图、形态图等，其中最常用的是曲线图和形态图。

7.4.2.1 曲线图

曲线图可以清楚、直观地显示两个或两个以上的变量之间关系的变化过程，或显示若干个变量数据沿某一区域的分布情况，还可显示变化过程或分布范围中的转折点、最高点、最低点及周期变化的规律。对于定性分布和整体规律分析来说，曲线图是最合适的方法。

曲线图的主要组成部分和基本要求如下。

① 每个曲线图都必须有图名，如果试验结果中有一个以上的曲线图，还应该有图的编号。图名和图号通常放在图的底部。

② 每个曲线应该有一个横坐标和一个或一个以上的纵坐标，每个坐标都应有名称；坐标的形式、比例和长度可根据数据的范围决定，但应该使整个曲线图清楚、准确地反映数据的规律。

③ 通常是取横坐标作为自变量，取纵坐标作为因变量，自变量通常只有一个，因变量可以有若干个；一个自变量与一个因变量可以组成一条曲线，一个曲线图中可以有若干条曲线。

④ 有若干条曲线时，可以用不同线形（实线、虚线、点划线和点线等）或用不同的标记（＋、□、△、×等）加以区别，也可以用文字说明来区别。

⑤ 曲线必须以试验数据为根据，对试验时记录得到的连续曲线（如 X-Y 函数记录仪记录的曲线，光线示波器记录的振动曲线等），可以直接采用，或加以修整后采用；对试验时非连续记录得到的数据和把连续记录离散化得到的数据，可以用直线或曲线顺序相连，并应尽可能用标记标出试验数据点。

⑥ 如果需要对曲线图中的内容加以说明，可以在图中或图名下加上注解。

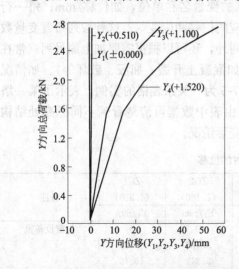 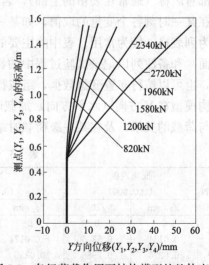

图 7-1　各测点水平位移（Y 方向）与荷载的关系　　图 7-2　各级荷载作用下结构模型的整体变形

图 7-1 为上述结构模型试验得到的各个不同高度测点的水平位移 Y_1、Y_2、Y_3 和 Y_4 与荷载的关系，Y_1 和 Y_2 很小，Y_3 和 Y_4 在荷载 1580N 以前为直线，1580N 以后显示出很大的塑性变化，表示结构发生开裂，并逐渐形成破坏。图 7-2 为该结构模型在各级荷载作用下

结构的整体变形情况，标高 0.510m 以下部分变形很小，0.510m 处出现拐点，使以上部分的水平位移大量增加。从图中可以看到变形集中在 0.510m 处，结构可能在此处发生破坏。图 7-2 中曲线的数据见表 7-6。

表 7-6　试验曲线的数据

x	x_0	$x_1=x_0+\Delta x$	...	$x_i=x_0+i\Delta x$	...	$x_m=x_0+m\Delta x$
y	y_0	y_1	...	y_i	...	y_m

由于各种原因，试验直接得到的曲线上会出现毛刺、振荡等，影响对试验结果的分析。对这种情况，可以采用直线、二次抛物线或三次抛物线的滑动平均法，对试验曲线进行修匀、光滑处理。如某结构试验曲线的数据列于表 7-6。其中 x 为自变量，y_i 为按等距 Δx 作测量得到的数据，用直线的滑动平均法，可得到新的 y_i' 值，用 (x_i,y_i') 顺序相连，可得到一条较光滑的曲线。取三点滑动平均，y_i' 可由下式算得：

$$y_i'=\frac{1}{3}(y_{i-1}+y_i+y_{i+1}) \qquad (i=1,2,\cdots,m-1) \tag{7-29}$$

$$y_0'=\frac{1}{6}(5y_0+2y_1-y_2) \tag{7-30}$$

$$y_m'=\frac{1}{6}(-y_{m-2}+2y_{m-1}+5y_m) \tag{7-31}$$

取五点滑动平均，y_i' 由下式计算：

$$y_i'=\frac{1}{5}(y_{i-2}+y_{i-1}+y_i+y_{i+1}+y_{i+2}) \qquad (i=2,3,\cdots,m-2) \tag{7-32}$$

$$y_0'=\frac{1}{5}(3y_0+2y_1+y_2-y_4) \tag{7-33}$$

$$y_1'=\frac{1}{10}(4y_0+3y_1+2y_2+y_3) \tag{7-34}$$

$$y_{m-1}'=\frac{1}{10}(y_{m-3}+2y_{m-2}+3y_{m-1}+4y_m) \tag{7-35}$$

$$y_m'=\frac{1}{5}(-y_{m-4}+y_{m-2}+2y_{m-1}+3y_m) \tag{7-36}$$

7.4.2.2　形态图

结构试验时，对各种难以用数值表示的形态，可以用图像表示。如混凝土结构的裂缝情况、钢结构的屈曲失稳状态、结构的变形状态、结构的破坏状态等，这种图像就是形态图。

形态图的制作方式有照相和手工画图，照片形式的形态图可以真实地反映实际情况，但有时却把一些不需要的细节也包括在内；手工画的形态图可以对实际情况进行概括和抽象，能突出重点，更好地反映本质情况。制图时，可根据需要作整体图或局部图，还可以把各个侧面的形态图连成展开图制图。制图还应考虑各类结构的特点、结构的材料、结构的形状等。

形态图用来表示结构的损伤情况、破坏形态等，是其他表达方法不能代替的。

7.4.2.3　直方图

直方图的作用之一是统计分析，通过绘制某个变量的频率直方图和累积频率直方图来判断其随机分布规律。为了研究某个随机变量的分布规律，首先要对该变量进行大量的观测，然后按照以下步骤绘制直方图。

① 从观测数据中找出最大值和最小值。

② 确定分组区间和组数，区间宽度为 Δx。

③ 算出各组的中值。

④ 根据原始记录，统计各组内测量值出现的频数 m_i。

⑤ 计算各组的频率 $f_i(f_i = m_i / \sum m_i)$ 和累积频率。

⑥ 绘制频率直方图和累积频率直方图。以观测值为横坐标，以频率密度（$f_i / \Delta x$）为纵坐标，在每一分组区间，作以区间宽度为底、频率密度为高的矩形，这些矩形所组成的阶梯形称为频率直方图；再以累积频率为纵坐标，可绘出累积频率直方图。从频率直方图和累积频率直方图的基本趋向，可以判断该随机变量的分布规律。

直方图的另一个作用是数值比较，把大小不同的数据用不同长度的矩形来代表，可以得到一个更加直观的比较。

7.4.3　函数方式

试验数据之间存在着一定的关系，把这种关系用函数形式表示，将使试验结果更精确、更完善。为试验数据之间的关系建立一个函数，包括两个工作：一是确定函数形式，二是求函数表达式中的系数。试验数据之间的关系是复杂的，很难找到一个真正反映这种关系的函数，但可以找到一个最佳近似函数。常用来建立函数的方法有回归分析、系统识别等方法。

7.4.3.1　确定函数形式

由试验数据建立函数，首先要确定函数的形式。函数的形式应能反映各个变量之间的关系，有了一定的函数形式，才能进一步利用数学手段来求得函数式中的各个系数。

函数形式可以从试验数据的分布规律中得到，通常是把试验数据作为函数坐标点画在坐标纸上，根据这些函数点的分布或由这些点连成的曲线的趋向，确定一种函数形式。在选择坐标系和坐标变量时，应尽量使函数点的分布或曲线的趋向简单明了，如呈线性关系；还可以设法通过变量代换，将原来关系不明确的转变为明确的，将原来呈曲线关系的转变为呈线性关系。常用的函数形式以及相应的线性转换见表7-7。还可采用多项式如：

$$y = a_0 + a_1 x + a_2 x^2 + \cdots + a_n x^n \tag{7-37}$$

表 7-7　常见函数形式以及相应的线性变换

图形及特征	名称及方程
	双曲线 $\dfrac{1}{y} = a + \dfrac{b}{x}$
	令 $y' = \dfrac{1}{y}, x' = \dfrac{1}{x}$，其中 $y' = a + bx'$
	幂函数曲线 $y = rx^b$
	令 $y' = \lg y, x' = \lg x, a = \lg r$，则 $y' = a + bx'$
	指数函数曲线 $y = re^{bx}$
	令 $y' = \ln y, a = \ln r$，则 $y' = a + bx$

续表

图形及特征	名称及方程
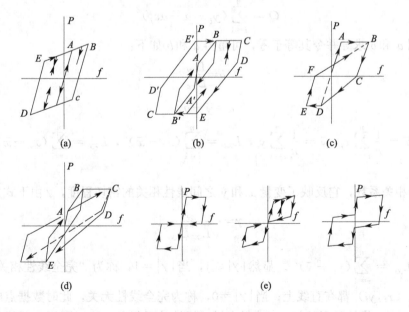 (b<0, b>0)	指数函数曲线 $y=re^{\frac{b}{x}}$
	令 $y'=\ln y, x'=\dfrac{1}{x}, a=\ln r$，则 $y'=a+bx'$
(b>0, b<0)	对数曲线 $y=a+b\lg x$
	令 $x'=\lg x$，则 $y=a+bx'$
(1/a)	S形曲线 $y=\dfrac{1}{a+be^{-x}}$
	令 $y'=\dfrac{1}{y}, x'=e^{-x}$，则 $y'=a+bx'$

　　对于研究结构的恢复力特性，可以采用图 7-3 所示的函数形式。如果研究的问题有两个或两个以上的自变量，则可以选择二元函数或多元函数。

　　确定函数形式时，应该考虑试验结构的特点，考虑试验内容的范围和特性，如是否经过原点，是否有水平或垂直或沿某一方向的渐进线、极值点的位置等，这些特征对确定函数形式很有帮助。严格来说，所确定的函数形式，只是在试验结果的范围内才有效，只能在试验结果的范围内使用。如要把所确定的函数形式推广到试验结果的范围以外，应该要有充分的依据。

图 7-3　结构的恢复力模型

(a) 双线型模型；(b) 三线型模型；(c) Clough 模型；

(d) D-TRI 模型；(e) 滑移型模型

7.4.3.2　求函数表达式的系数

对某一试验结果，确定了函数形式后，应通过数学方法求其系数，所求得的系数使得这一函数与试验结果尽可能相符。常用的数学方法有回归分析和系统识别。

（1）回归分析　设试验结果为 $(x_i, y_i;\ i=1,2,3,\cdots,n)$，用一函数来模拟 x_i 与 y_i 之间的关系，这个函数中有待定系数 $a_j\ (j=1,2,3,\cdots,m)$，可写为：

$$y=f(x,a_j;\ j=1,2,\cdots,m) \tag{7-38}$$

式中，a_j 为回归系数。

求这些回归系数所遵循的原则是：将求得的系数代入函数式中计算得到的数值，应与试验结果呈最佳近似。通常用最小二乘法来确定回归系数 a_j。

所谓"最小二乘法"，就是使由函数式得到的回归值与试验值的偏差平方之和 Q 为最小，从而确定回归系数 a_j 的方法。Q 可以表示为 a_j 的函数：

$$Q=\sum_{i=1}^{n}\left[y_i-f(x_i,a_j;j=1,2,\cdots,m)\right]^2 \tag{7-39}$$

式中，x_i、y_i 为试验结果。

根据微分学的极值定理，要使 Q 为最小的条件是把 Q 对 a_j 求导数并令其为零，如：

$$\frac{\partial Q}{\partial a_j}=0\quad (j=1,2,3,\cdots,m) \tag{7-40}$$

求解以上方程组，就可以解得使 Q 值为最小的回归系数 a_j。

（2）一元线性回归分析　设试验结果 x_j 与 y_j 之间存在着线性关系，可得直线方程如下：

$$y=a+bx \tag{7-41}$$

相对的偏差平方之和 Q 为：

$$Q=\sum_{i=1}^{n}(y_i-a-bx_i)^2 \tag{7-42}$$

把 Q 对 a 和 b 求导并令其等于零，可解得 a 和 b 如下：

$$b=\frac{L_{xy}}{L_{xx}} \tag{7-43}$$

$$a=\bar{y}-b\bar{x} \tag{7-44}$$

式中，$\bar{x}=\dfrac{1}{n}\sum\limits_{i=1}^{n}x_i$，$\bar{y}=\dfrac{1}{n}\sum\limits_{i=1}^{n}y_i$，$L_{xx}=\sum\limits_{i=1}^{n}(x_i-\bar{x})^2$，$L_{xy}=\sum\limits_{i=1}^{n}(x_i-\bar{x})(y_i-\bar{y})$。

设 γ 为相关系数，它反映了变量 x 和 y 之间线性相关的密切程度，γ 由下式定义：

$$\gamma=\frac{L_{xy}}{\sqrt{L_{xx}L_{yy}}} \tag{7-45}$$

式中，$L_{yy}=\sum\limits_{i=1}^{n}(y_1-\bar{y})^2$。显然 $|\gamma|\leqslant 1$，当 $|\gamma|=1$，称为"完全线性相关"，此时所有的数据点 (x_i,y_i) 都在直线上；当 $|\gamma|=0$，称为完全线性无关，此时数据点的分布毫无规则；$|\gamma|$ 越大，线性关系越好；$|\gamma|$ 很小时，线性关系很差，这时再用一元线性回归方程来代表 x 与 y 之间的关系就不合理了。表 7-8 为对应于不同的 n 和显著性水平 α 下的相关系数的起码值，当 $|\gamma|$ 大于表中相应的值时，所得到直线回归方程才有意义。

表 7-8　相关系数检验表

n−2	α		n−2	α	
	0.05	0.01		0.05	0.01
1	0.997	1.000	21	0.413	0.526
2	0.95	0.990	22	0.404	0.515
3	0.878	0.959	23	0.396	0.505
4	0.81	0.917	24	0.388	0.496
5	0.754	0.874	25	0.981	0.487
6	0.707	0.834	26	0.374	0.478
7	0.566	0.798	27	0.367	0.470
8	0.632	0.765	28	0.361	0.463
9	0.602	0.735	29	0.355	0.456
10	0.576	0.708	30	0.349	0.449
11	0.553	0.684	35	0.325	0.418
12	0.532	0.661	40	0.304	0.393
13	0.514	0.641	45	0.288	0.372
14	0.497	0.623	50	0.273	0.354
15	0.482	0.606	60	0.250	0.325
16	0.468	0.590	70	0.232	0.302
17	0.456	0.575	80	0.217	0.283
18	0.444	0.561	90	0.205	0.267
19	0.433	0.549	100	0.195	0.254
20	0.423	0.537	200	0.138	0.181

（3）一元非线性回归分析　若试验结果 x_i 和 y_i 之间的关系不是线性关系，可以利用表 7-7 进行变量代换，转换成线性关系，再求出函数式中的系数。如假设试验结果为：

$$y=a_0+a_1x+a_2x^2 \tag{7-46}$$

因涉及 x 的平方项，这是一个一元非线性回归问题，当做变量代换时，令 $x_1=x$，$x_2=x^2$，则上式变为：

$$y=a_0+a_1x_1+a_2x_2 \tag{7-47}$$

此时问题便转化为二元线性回归分析问题。

另外，当试验结果 x_i 和 y_i 之间的关系不是线性关系时，也可以直接进行非线性回归分析，其基本思路与线性回归分析大体相同，也是采用最小二乘法。但首先要构造误差函数，回归系数应使误差函数取极小值，以此为条件，得到一个方程组，求解这个方程组，便可得到这个回归系数。对变量 x 和 y 进行相关性检验，可以用下列的相关指数 R^2 来表示：

$$R^2=1-\frac{\sum(y_i-y)^2}{\sum(y_i-\bar{y})^2} \tag{7-48}$$

式中，$y=f(x_i)$ 为把 x_i 代入回归方程得到的函数值；y_i 为试验结果；$\bar{y}_i$ 为试验结果 y_i 的平均值。

相关指数 R^2 的平方根 R 也可称为"相关系数"，但它与前面的线性相关系数不同。相关指数 R^2 和相关系数 R 是表示回归方程或回归曲线与试验结果拟合的程度，R^2 和 R 趋近 1 时，表示回归方程的拟合程度好；R^2 和 R 趋向于零时，表示回归方程的拟合程度不好。

（4）多元线性回归分析　当所研究的问题中有两个以上的变量，其中自变量为两个或两个以上时，应采用多元回归分析。设试验结果为 $(x_{1i}, x_{2i}, \cdots, x_{mi}, y_i, i=1, 2, \cdots, n)$，其中自变量为 $x_{ji}(j=1, 2, 3, \cdots, m)$，$y$ 与 x_j 之间的关系由下式表示：

$$y=a_0+a_1x_1+a_2x_2+\cdots+a_mx_m \tag{7-49}$$

式中，a_j（$j=0,1,2,3,\cdots,m$）为回归系数，用最小二乘法求得。

（5）系统识别方法　在土木工程结构动力试验中，常常需要根据已知的结构激励和结构反应来识别结构的某些参数，如刚度、阻尼和质量等。把结构看做一个系统，对结构的激励是系统的输入，结构的反应是系统输出，结构的刚度、阻尼和质量等就是系统的特性。系统识别就是用数学方法，由已知系统的输入和输出，找出系统的特性或它的最优近似解。在模拟地震振动台试验中，可以用系统识别方法确定试验结构的某些参数，如刚度、阻尼和质量或恢复力模型，基本步骤如下。

① 建立数学模型和选定需要识别的参数。建立试验结构在地震加速度作用下的运动方程，选定一个恢复力模型和阻尼形式，选定刚度或恢复力模型中的控制点参数和阻尼为需要识别的参数。通常，不把质量作为要识别的参数。

② 构造误差函数。以在确定的动力激励时间内，结构的实际反应与计算反应之差的平方和作为误差函数。结构的实际反应为试验中实际测得，即结构的系统输出；计算反应是以振动台台面运动加速度作为输入，利用假定的恢复力模型和阻尼等参数，通过对运动方程的积分得到。

③ 对选定的系统参数进行优化。选用一种参数优化方法，对参数进行优化迭代，直至误差函数值小于某一规定的数值。常用的参数优化方法有单纯形法，它是从一系列给定的参数出发，计算动力反应和误差函数。如果误差函数不满足规定的精度要求，则用反射、压缩和扩张三种方式形成新的参数系列进行迭代；用新的参数系列计算动力反应和误差函数，并进行判别，如果误差函数仍不满足要求，则要继续进行迭代，直到某一个参数列的误差函数满足要求时，该参数列就是需要识别的参数，到此迭代终止。

用以上方法得到的函数，应该在试验结果的范围内使用，一般不要外推。如果有相当的根据，也应该慎重行事。

复习思考题

1. 为何要对结构试验采集到的原始数据进行处理？数据处理的内容和步骤主要有哪些？

2. 进行误差分析的作用和意义何在？

3. 误差有哪些类别？是怎样产生的？应如何避免？

4. 试验数据的表达方式有哪些？各有什么基本要求？

5. 测定一批构件的承载能力，得 4520N・m、4460N・m、4610N・m、4540N・m、4550N・m、4490N・m、4680N・m、4460N・m、4500N・m、4830N・m，试分析其中是否包含过失误差？

附　录

电阻应变计（片）命名规则（GB/T 13992—2010）

电阻应变计的型号由汉语拼音字母和数字组成，共有 8 项。见附图 1。

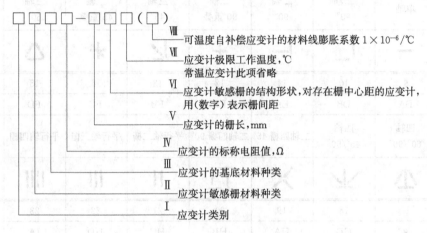

附图 1　应变计型号示例

a. 第一项的字母表示应变计的类别。

应变计类别代号：B，箔式应变计；S，丝式应变计；T，特殊用途应变计。

b. 第二项的字母表示应变计的敏感栅材料。

应变计敏感栅材料的代号：D，大应变合金；C，康铜合金；K，卡马合金；I，恒弹性合金；W，铂钨合金。

c. 第三项的字母表示应变计的基底材料。

应变计基底材料代号：H，环氧类；F，酚醛类；J，聚脂类；B，玻璃纤维布浸胶类；A，聚酰亚胺类；Q，其他。

d. 第四项的数字表示应变计的标称电阻值。

e. 第五项的数字表示应变计的栅长。

栅长小于 1mm 时，小数点省略。如栅长 0.2mm，表示为 02。对于某些应变计，它们的敏感栅尺寸不能用栅长来表示，则该项数字所表示的结构尺寸由制造单位规定。

f. 第六项由两个字母组成，表示应变计敏感栅的结构形状。

对于存在栅中心距的应变计，可在字母后的括号内加数字以表示栅间距；应变计结构形状常用代号见附表 1。

g. 第七项的数字表示应变计的极限工作温度，常温应变计此项省略。

h. 第八项括号内的数字，表示温度自补偿应变计所适用试件材料的线膨胀系数，对于非温度自补偿应变计此项省略。

示例：BCH350—3AA（23）表示：常温、箔式、单轴，敏感栅材料为康铜，基底材料为环氧类，电阻值为 350Ω，栅长为 3mm，温度自补偿所适用试件材料线膨胀系数为 23×10⁻⁶/℃的电阻应变计。

注：当制造厂有特殊需要时，可在上述型号之后附以其他字符表示特有的含义，并在用户手册或样本中注明。

附表 1　应变计结构形状与符号

序号	1	2	3	4	5	6	7	8
仪表字母	AA	BA	BB	BC	CA	CB	CC	CD
敏感栅形状	单轴	二轴90°	二轴90°	二轴90°重叠	三轴45°	三轴45°重叠	三轴60°	三轴120°
序号	9	10	11	12	13	14	15	16
仪表字母	DA	DB	EA	EB	FB	FC	FD	GB
敏感栅形状	四轴60°/90°	四轴45°/90°	二轴四栅 45°	二轴四栅 90°	平行轴二栅	平行轴三栅	平行轴四栅	同轴二栅
序号	17	18	19	20	21	22	23	24
仪表字母	GC	GD	HA	HB	HC	HD	JA	KA
敏感栅形状	同轴三栅	同轴四栅	二轴二栅 45°	二轴四栅 45°	二轴六栅 45°	二轴八栅 45°	螺线栅	圆膜栅

用于应力分析的应变计单项技术指标分为 A、B、C 三级，各等级技术指标应符合附表 2 的规定。

附表 2　用于应力分析的应变计单项技术指标

序号	工作特性	说明			级别 A	级别 B	级别 C
1	应变计电阻	对平均值的允差	单栅	±%	0.3	0.5	0.8
			双栅	±%	0.7	1.0	1.5
			多栅	±%	0.8	1.0	1.5
		对标称值的偏差		±%	1.0	1.5	2.0
2	灵敏系数	对平均值的分散		±%	1	2	3
3	机械滞后	室温下的机械滞后		μm/m	3	5	8
		极限工作温度下的机械滞后		μm/m	10	20	30
4	蠕变	室温下的蠕变		μm/m	3	5	10
		极限工作温度下的蠕变		μm/m	20	30	50
5	横向效应系数	室温下的横向效应系数		±%	0.6	1	2
6	灵敏系数的温度系数	工作温度范围内的平均变化		±%/100℃	1	2	3
		每一温度下灵敏系数对平均值的分散		±%	3	4	6

续表

序号	工作特性	说明		级别		
				A	B	C
7	热输出	平均热输出系数	$(\mu m/m)/℃$	1.5	2	4
		对平均热输出的分散	$\pm \mu m/m$	60	100	200
8	漂移	室温下的漂移	$\mu m/m$	1	3	5
		极限工作温度下的漂移	$\mu m/m$	10	25	50
9	热滞后	每一工作温度下		15	30	50
10	绝缘电阻	室温下的绝缘电阻	$M\Omega$	10^4	2×10^3	10^3
		极限工作温度下的绝缘电阻	$M\Omega$	10	5	2
11	应变极限	室温下的应变极限	$\mu m/m$	2×10^4	10^4	8×10^3
		极限工作温度下应变极限	$\mu m/m$	8×10^3	5×10^3	3×10^3
12	疲劳寿命	室温下的疲劳寿命	循环次数	10^7	10^6	10^5
		极限工作温度下的疲劳寿命				
13	瞬时热输出	根据用户需要,测试并给出应变计平均瞬时热输出数据或曲线				

　　用于传感器的应变计单项技术指标分为 A、B、C 三级,各等级技术指标应符合附表 3 的规定。

附表 3　用于传感器的应变计单项技术指标

序号	工作特性	说明			级别		
					A	B	C
1	应变计电阻	对平均值的允差	单栅	$\pm\%$	0.2	0.3	0.6
			双栅		0.7	1.0	1.5
			多栅		0.8	1.0	1.5
		对标称值的偏差		$\pm\%$	0.5	0.8	1.5
2	灵敏系数	对平均值的分散		$\pm\%$	1	2	3
3	机械滞后	室温下的机械滞后		$\mu m/m$	3	5	5
		极限工作温度下的机械滞后		$\mu m/m$	10	20	30
4	蠕变	蠕变对平均值的分数		$\mu m/m$	3	5	10
		极限工作温度下的蠕变		$\mu m/m$	20	30	50
5	灵敏系数的温度系数	工作温度范围内的平均变化		$\pm\%/100℃$	1	2	3
		每一温度下灵敏系数对平均值的分散		$\pm\%$	3	4	6
6	热输出	平均热输出系数		$(\mu m/m)/℃$	1.5	2	4
		对平均热输出的分散		$\pm \mu m/m$	30	100	200
7	漂移	室温下的漂移		$\mu m/m$	1	3	5
		极限工作温度下的漂移		$\mu m/m$	10	25	50
8	疲劳寿命	室温下的疲劳寿命		循环次数	10^7	10^6	10^5
		极限工作温度下疲劳寿命					

注：1. 对高、中、低温及特殊情况的应变计,企业可根据具体情况制定相关的企业标准。

　　2. 对于 4 栅以上的应变计,允许生产厂和用户协商确定其"应变计电阻对标称值的偏差"的技术指标。

附表 4　常用电阻应变计粘结剂

种类	主要成分	牌号	适合的应变片基底	固化条件	固化压力 /MPa	适应温度范围/℃	特　点
氰基丙烯酸酯	氰基丙烯酸甲酯单体	KH501	纸基、胶基、箔式基	室温 1h(固化完成 3h 以上)	贴片时指压加 0.05~0.1	-50~+80	固化速度快,粘结力强,使用简单,蠕变、滞后小,耐温耐热性差,储存期短(24℃,6 个月)
	氰基丙烯酸乙酯单体	KH502					

续表

种类	主要成分	牌号	适合的应变片基底	固化条件	固化压力/MPa	适应温度范围/℃	特点
环氧类	环氧树脂、聚硫酸铜、胺固化剂等	914	纸基较好，胶基、箔基片稍差	室温 2.5h（固化完成需 24h）	0.05～0.1	−60～+80	粘结力强，防水性、耐蚀性、绝缘性好，固化收缩小，使用方便，储存期24℃ 12 个月，硬化后性脆不耐冲击
	环氧树脂、固化剂等	509	纸基好、胶基可用，箔基片较差	200℃,2h	0.05～0.1	−60～+80	基本同上
	E44环氧树脂100,邻苯二甲酸二丁酯 5～20 乙二胺 6～8	自配	纸基好、胶基可用，箔基片较差	室温 24～48h,人工干燥 2h	0.1～0.2	−60～+80	粘结力强，防潮性、绝缘性、耐蚀性好，也可用于防水、防潮、保护包扎等，软硬可调
酚醛类	酚醛树脂聚乙烯醇缩丁醛	JSF-2	胶基，箔式片	150℃,1h	0.1～0.2	−60～+150	性能稳定、耐酸、耐油、耐水、耐振动，常温可存放 6 个月
	酚醛树脂、聚乙烯醇甲乙醛、溶剂	1720	胶基，箔式片	190℃,3h	指压 0.05～0.1	−60～+100	性能稳定、蠕变小，滞后小，疲劳寿命长，黏结力大、耐老化、耐水、耐油、性脆、阴凉处可存放 1 年
	酚醛-有机硅	J-12	胶基、玻璃纤维布	200℃,3h		−60～+350	耐水、防潮、耐有机溶剂性较好
	酚醛—环氧间苯二胺，石棉粉	J06-2	胶基、玻璃纤维布	150℃,3h	2	−60～+250	黏结力强，对聚酰胺基底粘结力尤强
硝化纤维素	硝化纤维素（或乙基纤维素）溶剂（如丙酮等）	可自配	纸基	室温 10h 或 60℃,2h	0.05～0.1	−50～+80	价廉、易配、使用方便，吸湿性、收缩率较大，绝缘性较差，适合室内短时量测
聚亚酰胺	聚酰亚胺	30#-14#	胶基、玻璃纤维布基	280℃,2h	0.1～0.3	−150～+250	耐水、耐酸、抗辐射、耐高温
聚酯	不饱和聚酯树脂，过氧化环己酮	自配	胶基、玻璃纤维布基	室温 24h	0.3～0.5	−50～+150	
氯仿黏结剂	氯仿（三氯甲烷），有机玻璃粉（3%～5%）	自配	纸基、玻璃纤维布基、箔式片等	室温 3h	指 压	室 温	用于在有机玻璃上贴片

附表 5　常用电阻应变计防潮剂

序号	种类	配方或牌号	使用方法	固化条件	使用范围
1	凡士林	纯凡士林	加热去除水分，冷却后涂刷	室温	室内，短期<55℃
2	凡士林黄蜡	凡士林40%～80% 黄蜡 20%～60%	加热去除水分，调均、冷却后用	室温	室内，短期<65℃
3	黄蜡松香	黄蜡60%～70% 松香 30%～40%	加热溶化，脱水调均，降温至50℃左右用	室温	<70℃
4	石蜡涂料	石蜡40% 凡士林20% 松香30% 机油10%	松香研末，混合加热至150℃，搅匀，降温至 60℃后涂刷	室温	一般室内外试验−50～+70℃

序号	种类	配方或牌号	使用方法	固化条件	使用范围
5	环氧树脂类	914环氧粘结剂A和B组分	按重量A：B＝6：1 按体积A：B＝5：1 混合调匀用即可	20℃,5h或 25℃,3h	室内外各种试验及防水包扎,－60～ ＋60℃
		E44环氧树脂100, 甲苯酚15～20, 间苯二胺8～14	树脂加热至50℃左右,依次加入甲苯酚,间苯二胺,搅匀	室温10h	室内外各种试验及防水包扎,－15～ ＋80℃
6	酚醛—缩醛类	JSF-2	每隔20～30min涂一层,共2～3层	70℃ 1h 140℃,1～2h	室内外各种试验 －60～＋180℃
7	橡胶类	氯丁橡胶(88#,G1G2 等)90%～99%,列克纳胶(聚乙氰酸脂) 1%～10%	把涂料先预热至50～60℃, 胶拌匀后分层涂敷,每次涂完晾干后,再涂下一层,直至5mm左右	室温下硫化	液压下常温防潮
8	聚丁二烯类	聚丁二烯胶	用毛笔蘸胶,均匀涂在应变片上,加温固化	70℃,1h 130℃,1h	常温防潮
9	丙烯酸类树脂	P-4	涂刷或包扎	室温5min内溶剂挥发,24h 完全固化或80℃ /30min更佳	各种应力分析应变片及传感器防潮及保护;也可固定接线与绝缘－70～120℃

参 考 文 献

[1] 姚谦峰等. 土木工程结构试验. 第 2 版. 北京：中国建筑工业出版社，2006.

[2] 王天稳等. 土木工程结构试验. 第 2 版. 武汉：武汉理工大学出版社，2006.

[3] 刘明. 土木工程结构试验与检测. 北京：高等教育出版社，2008.

[4] 王天稳. 土木工程结构试验. 武汉：武汉大学出版社，2014.

[5] 梅村魁等. 结构试验和结构设计. 北京：人民交通出版社，1980.

[6] 邱法维，钱稼茹，陈志鹏. 结构抗震试验方法. 北京：科学出版社，2000.

[7] 周明华，王晓，毕佳等. 土木工程结构试验与检测. 南京：东南大学出版社，2002.

[8] 余世策，刘承斌. 土木工程结构实验——理论、方法与实践. 杭州：浙江大学出版社，2009.

[9] 王军文，刘志勇. 土木工程结构试验. 北京：中国铁道出版社，2008.

[10] 李忠献. 工程结构试验理论与技术. 天津：天津大学出版社，2004.

[11] 熊仲明，王社良. 土木工程结构试验. 北京：中国建筑工业出版社，2006.

[12] 吴绍倩，赵来顺，李筱毅. 巷道支架试验台设计探讨. 西安矿业学院学报，1985，23（01）：1-9.

[13] 张淑云，白国良，朱佳宁，李红星. 钢筋混凝土框架异型边节点抗震性能试验研究. 西安科技大学学报. 2005，25（2）：148-152.

[14] 赵宏强，赵来顺，王丽梅. 加大截面法加固混凝土构件的动力性能试验研究. 土工基础，2009，23（05）：76-80.

[15] 建筑结构检测技术标准（GB/T 50344—2004）. 北京：中国建筑工业出版社，2012.

[16] 混凝土结构试验方法标准（GB/T 50152—2012）. 北京：中国建筑工业出版社，2012.

[17] 砌体工程现场检测技术标准（GB/T 50315—2011）. 北京：中国建筑工业出版社，2011.

[18] 工程结构可靠性设计统一标准（GB 50153—2008）. 北京：中国建筑工业出版社，2008.

[19] 建筑结构荷载规范（GB 50009—2012）. 北京：中国建筑工业出版社，2008.

[20] 回弹法检测混凝土抗压强度技术规程（JGJT 23—2011）. 北京：中国建筑工业出版社，2011.

[21] 超声回弹综合法检测混凝土强度技术规程（CECS 02—2005）. 北京：中国建筑工业出版社，2005.

[22] 钻芯法检测混凝土强度技术规程（CECS 03—2007）. 北京：中国计划出版社，2007.

[23] 拔出法检测混凝土强度技术规程（CECS 69—2011）. 北京：中国计划出版社，2011.

[24] 钢结构工程施工质量验收规范（GB 50205—2001）. 北京：中国建筑工业出版社，2001.